风险灾害危机管理丛书

基于脆弱性视角的灾害管理整合研究

INTEGRATED DISASTER MANAGEMENT:
From the Perspective of Vulnerability Science

陶 鹏/著

社会科学文献出版社
SOCIAL SCIENCES ACADEMIC PRESS (CHINA)

风险灾害危机管理丛书编委会

目　录

导 论

第一节 研究缘起与意义

一 研究缘起

长期以来，灾害研究领域的主导话语归属自然科学与工程技术研究传统，导致灾害管理的实践层面呈现出技术主义倾向。通过技术革新可以提升灾害管理能力，但也使得灾害管理模式的创新与发展缺乏理念与制度支撑。本研究注重对于灾害管理的人文主义基础研究，进而构建灾害管理制度创新与优化所需的灾害社会科学知识体系。进入21世纪以来，人类遭受了数次重大灾害事件，如2004年印度洋大海啸、2005年美国卡特里娜飓风（Hurricane Katrina）、2008年中国南方多省（区、市）的雨雪冰冻灾害、2008年中国汶川大地震、2010年海地地震、2011年日本大地震等。这些灾害事件带给人类社会重大损失。重大事件形塑着本地文化形态及其运作逻辑。在灾后恢复阶段，对于灾害应对与管理制度更新与优化成为灾害研究者与实践者不断探索的核心议题。近些年来，我国发生的几次重大灾害事件冲击着原有的应急管理制度体系。2003年“非典”（SARS）蔓延事件之后，我国应急管理体系做出了一系列重大历史变革，确立了以“一案三制”为主轴的应急管理制度。随着该项制度的贯彻实施与评估完善，其制度绩效在随后发生的灾害事件应对中均得以体现。

当前，外部环境对我国应急管理制度可持续发展挑战巨大，其中，既有来自全球风险社会的复杂性、不确定性剧增背景，也有来自灾害危机事件非预见性特征，更受到中国转型期高风险社会特殊现状的影响。在面对全灾种管理环境时，2003年之后陆续建立、完善的中国应急管理制度仍然会出现各种冲突与不适情形，而本研究对此问题的认知与思索缘起于近年来发生的重大灾害危机事件。

首先可以追溯的是2008年初中国南方多省（区、市）的雨雪冰冻灾害。在较少发生雨雪灾害的我国南方地区，灾害导致交通运输、能源等基础功能的跨区域中断，同时，又在“春运”特殊背景下，使得灾害危机的跨界性与社会性影响特征得以显现，也暴露出现有应急管理体系在府际关系协调上所存在的诸多不足，[①] 而社会科学在灾害研究中的重要性也得以初步体现。[②]

2008年中国汶川地震是对我国应急管理制度产生重大考验的标志性事件。在面对超预期、超常规的巨灾事件时，深度不确定性情形下的应急决策与执行，党、政、军和社会组织参与协调，以及灾区内外的志愿主义兴起等成为关键研究议题，这为灾害社会科学提供了研究空间。

而又一具有启发意义的研究是针对2010年我国西南五省（区、市）旱灾事件。有学者指出“旱灾乃典型的穷人之灾”。[③] 该判断直接启发了本研究对于灾害行为与灾害社群的关注，二者如今皆已成为灾害社会学与灾害政治经济学研究的经典领域。

---

① L. Xue，K. Zhong. *Turning danger*（危）*to opportunities*（机）：*reconstructing China's national system for emergency management after* 2003，in H. Kunreuther，M. Useem（eds.）. *Learning from catastrophes*，New Jersey：Pearson education Inc，2010，p. 207.

② 张海波：《高风险社会中的自然灾害管理——以“2008年南方雪灾”为例》，《北京行政学院学报》2010年第3期。

③ 陶鹏、童星：《我国自然灾害管理中的“应急失灵”及其矫正——从2010年西南五省（市、区）旱灾谈起》，《江苏社会科学》2011年第2期。

灾害社会科学研究对于灾害管理实践有着重要意义，而如今社会科学知识尚未成为我国灾害管理政策产出的基础支撑力量。从灾害社会科学研究层面探究其原因，大致可以得出：①基础理论建构不足。当前我国灾害社会科学研究中政策面向研究居多，难以与基础理论相结合。②理论研究层次的深度与多样性不足。注重规范理论构建与应用如灾害管理周期理论，而与学科基础理论的结合不足，更缺乏灾害研究的核心理论建构。③基础概念混乱。当前灾害研究中，研究者常常对风险、危机、灾害等该领域内的基础核心概念存在认识分歧，而从研究传统来看，不同学科对于灾害问题的聚焦加深了对灾害的认知，也不断加剧着学科间的视阈分歧。

本研究注意当前灾害社会科学研究中所存在的问题，试图从整合性视角构建灾害管理的基础理论，而已有灾害社会科学研究也对本研究的目标实现具有重要价值。首先，南京大学社会风险与公共危机研究中心的研究传统影响了本研究选题，中心研究团队注意到长期以来在风险与危机领域研究的话语分歧与学科视角分野，并致力于通过跨学科视角聚焦风险、灾害以及危机问题，中心研究团队在研究方法、研究议题、学科传统、研究概念等方面做了大量的整合工作，使得本研究有了扎实的基础，同时也确立了本研究的整合范式导向。其次，如果南京大学社会风险与公共危机研究中心的研究侧重于“风险”议题，那么，美国特拉华大学灾害研究中心（Disaster Research Center，University of Delaware，DRC）则是以自然灾害为研究对象而展开的跨学科研究中心，作为目前世界上最顶尖的灾害社会科学研究阵地，DRC 所开设的“灾害社会学”“风险社会学”“灾害管理学”“灾害政治与政策”以及“集体行为”等课程启发了本书的写作。如今，脆弱性科学（vulnerability science）已然成为灾害社会科学领域的一个重要流派，灾害的脆弱性研究体现了灾害研究的整合发展趋势。同时，脆弱性概念对于灾变社会行为、灾害制度、灾害文化等方面的聚焦，使其相比于以行政—政治视角的危机管理传统更加全面深入。脆弱性概念作为灾害社会科学整合研究的起点与话语平台，不同学科可以将此概念作为基本切入点，投入灾害社会科学的研究之中。其中，由大卫·麦克恩塔尔主编的《学科、灾害与应急管理》（*Disciplines, Disasters and Emergency Management*）一书，邀请来自不同学科的学者基于脆弱性概念共同聚焦灾害问题。该研究开拓了本人对于灾害脆弱性研究的视野，从而初步意识到以脆弱性为基础来构建整合式灾害研究的可能性。而通过 DRC 所设灾害研究相关课程的学习以及与灾害研究领域的顶尖学者的交流，集体行为、灾害政治、灾害文化、灾害群体等概念逐渐使本人加深了对灾害社会科学的基本认识，并不断充实和坚定着本研究基于脆弱性视角的灾害社会科学整合研究的构想。于是，从当初对灾害中“人祸”“不平等性”“应急失灵”等议题的关注，从跨学科视角的危机研究框架的认知，再到集体行为、灾害政治、灾害文化、灾害政策等理论与实践的学习，最终形成了本书以脆弱性为视角的整合式灾害社会科学研究尝试。

二　研究意义

（一）理论意义

自 2003 年以来，受到“非典”蔓延事件对我国原有危机应对体系冲击的影响，学界开始普遍关注我国应急体系建设与完善问题。当前，应急管理已经成为行政管理学、社会学、新闻传播学等学科的热门研究领域。中国应急管理研究体系逐渐形成以府际关系、部门应急管理、治理结构转型、应急管理政策等为核心议题的行政管理学视角的研究；以社会变迁与转型、社会风险预警、风险社会等为内容的社会学视阈下的危机研究；以管理工程、政治学、经济学、传播学等学科相结合的交叉研究取向；以医院、高校、铁路、高速公路系统为代表的部门应急管理研究；

应急管理国际比较研究。① 如今，在社会科学视阈下的应急管理研究，仍然存在着基本概念界定与使用上的分歧，如应急管理、危机管理、灾害管理三者之间的关系，以及三者与风险管理之间的关系；风险、危险源、威胁之间的关系；灾害、危机、巨灾之间的关系等。除了存在对概念关系认知混乱的现状之外，还存在应急管理与基础学科之间的关联性不足问题，如应急管理研究浮于事件表面，缺乏对事物深层联系的发掘；相关核心议题目前仍未受到重视，如灾害危机社会动力学演进、组织与群体或个体行为认知、社会脆弱性评估、灾害文化与政治等。

从危机研究的方法论角度看，本研究属于交叉整合研究，力图通过深度辨析概念内涵及其概念间逻辑关系架构，构筑整合式灾害社会科学研究的理论基础，从而改变了长期以来学科间由于自身视阈所限而造成的对于灾害危机认知与管理偏差。同时，本研究立足于社会科学，实现社会科学视角的灾害研究的初次整合。

从研究属性上看，本研究属于基础理论研究，力图构建一整套灾害社会科学研究的话语体系，并从脆弱性视角将灾害社会科学所关注的政治、经济、社会、文化面向，通过以组织适应、脆弱性分布、灾害文化等为代表的核心概念与灾害管理政策实践相结合，并对灾害社会科学研究的议题设定、理论脉络、研究方法、政策意义等进行深入探索，从而实现灾害管理理论与实践的有效结合。

从国际学术对话层面上看，本研究所秉持以脆弱性视角为基础的整合式灾害研究，一方面回应了国外灾害研究所出现的整合研究趋势；另一方面，则将当前灾害研究领域最热门的概念——脆弱性引入我国灾害社会科学基本理论构建之中。

---

① 高小平、刘一弘：《我国应急管理研究述评（下）》，《中国行政管理》2009年第9期。

（二）现实意义

灾害管理不是一个抽象概念，它是由诸多灾害管理政策工具构成的有机系统。学术研究与灾害管理的结合并实现灾害管理实践的优化乃灾害研究之根本。为此，以过程方法（processual approach）为基础的灾害危机管理将灾害过程分割成周期循环过程，减灾、整备、反应、恢复通常被认为是最具操作性的结构化划分方式。其中，风险评估、预案编制、资源整合与调动、应急演练、紧急疏散、应急沟通与协调、社会与心理重建等构成了灾害管理核心过程。而微观管理机制与工具的设计与优化决定了灾害管理制度绩效。作为一项基础理论性研究，将灾害管理过程中的相关机制或工具的设计与完善，视为本研究实践意义体现。如果说当前我国灾害管理实践呈现出技术性与管理性双重短缺的话，那么，本研究更多是基于社会科学视角来完善我国灾害管理制度。

为此，在本书理论分析框架之中，灾害管理实践被置于基础地位，从脆弱性概念及其宏观面向，再到相关中层概念的归纳演绎，最后导出灾害管理政策实践领域的问题及其对策构建。对灾害管理实践与政策进行设计与完善的方式，是基于灾害社会科学基础研究而得出，本研究的实践意义主要体现在以下几个方面：

其一，减灾层面。通过对减灾政治和组织适应中的减灾行为、减灾文化、个人安全文化、组织风险文化、社会减灾文化、脆弱性分析等议题的聚焦，从理论层面剖析减灾行为及其过程，从而使得减灾行动分析更具有理论依据。本研究所主张的脆弱性分析可被视为灾害风险管理的核心构件，适用于减灾实践，可以成为我国防灾减灾过程中的重要政策工具。在减灾政策制定与实施过程中，通过对相关经典议题的分析以提升减灾动力与绩效。

其二，整备层面。灾害整备是灾害社会恢复力的重要考察维度。本研究通过对预案编制、灾害的组织适应、群体间的灾害政治经济学分析、灾害整备文化等领域的探索，从而为灾害应急整备政策产出提供了有益的理论参考。相关理论建构与分析结果有助于对灾害整备的本质、原则与特征的理解，并为灾害预案编制认知与管理提供理论依据。

其三，反应层面。灾变过程是灾害危机研究的重要领域。本书通过灾害危机的组织适应类型学及其推论的演绎，对灾变中的群体与个体行为分析，以及针对文化要素对于灾变动力学演进的影响分析等，为灾害应对提供了组织架构、决策方式、疏散政策、灾变集体行为、反迷思文化等具有重要现实意义的理论命题，从而优化了组织灾变反应模式。

其四，恢复层面。灾害恢复过程作为迈向具有灾害恢复力特征的重要社会起点，灾害恢复中依然存在着政府驱动型、市场驱动型及二者结合的模式选择，还存在着组织适应中的结构与功能优化问题，即危机与政府扩张问题。同时，灾害恢复政策设计过程中需要关注到群体间的恢复能力差异并加以干预，而心理重建、社会重建以及设施重建都应被视为灾后重建的重要方面。本研究对问责政治的分析也指出，灾后社会学习中可能存在的诸多困境，而在政策设计时需要将此纳入并进行统筹思考。

第二节　研究设计

一　研究目的

本研究旨在完善我国灾害社会科学研究，改变灾害研究的碎片化现状，力图以脆弱性概念为基础，通过深入探寻灾害危机的社会客观规律，为开展灾害社会科学研究提供概念话语体系、理论分析框架、经典议题、方法论等；主张倡导建立灾害的脆弱性科学，完善当前以自然科学为主导的灾害风险分析方法，主张将社会科学视角下的脆弱性分析范式纳入灾害风险管理过程之中；推动灾害危机研究与基础科学、经典理论的结合，以便更加深入地揭示灾变情境下的各种客观社会规律，实现灾害研究与主流学术研究的进一步融通；最后，通过对灾害问题的多学科视角探析，旨在促成灾害社会科学的话语平台与多学科研究可能，从而为社会科学视角下的灾害研究在我国深入开展提供基础，以便于更好地服务于灾害管理实践，优化当前灾害管理体系，提升我国灾害管理制度绩效。

二　研究问题

本研究的关键科学问题是：灾害社会科学的整合性话语体系应当如何构建？如何从灾害认知、话语以及政策层面来提升灾害管理体系？

首先，面对概念模糊、理论差异、视角分散、话语隔离的灾害社会科学研究现状，本研究试图探寻一套全新话语来弥合灾害研究的学科间话语差异，并构建灾害社会科学的学术话语体系。其中，梳理和分析风险、危机、灾害的概念与研究是基础工作；而如何选取能够整合灾害社会科学庞杂体系的概念成为整合研究的基本前提；在完成灾害整合研究所需的概念梳理与选取的基础之上，还需要厘清概念关系，构建分析框架以进一步阐释灾害的社会动力学演进过程，这部分工作成为整合式灾害社会科学研究的核心理论。

其次，如何完成宏大叙事话语与灾害管理实践的有效对接并优化灾害管理实践是本研究所要解决的又一重要问题。其中，如何创设相关中层概念，将社会脆弱性的宏观叙事话语与灾害研究话语、管理实践相对接，可作为本部分研究的前提；而如何将纷杂的灾害管理工作依循灾害生命周期和中层概念进行二维分析，这是探寻灾害管理的社会科学基础的核心问题；在完成话语、理论对接基础上，如何提升和优化灾害管理体系成为本研究的重中之重。

三 研究思路与方法

（一）研究方法

灾害研究的学科交叉属性造就了灾害研究方法的多样性。灾害研究领域存在着模拟仿真行为分析、地理信息系统分析（Geographic Information System，GIS）、工程—结构脆弱性分析，等等。就灾害社会科学而言，调查研究（survey research）、历史学方法（historical methods）以及定性研究（qualitative research）等被广泛应用于灾害的社会科学研究之中。不能将灾害社会科学研究仅限定为某一方法独占的领域，灾害研究能够存在并发展就是由于对于传统与新方法的创新运用，正如罗伯特·斯托林斯（Robert A. Stallings）所言："灾害研究者需要两种类型的训练：第一，需要掌握一般的定量和定性研究方法；第二，还需要掌握依据灾害环境来应用这些方法。"①

本研究采取以文献研究为主导的定性灾害研究方法。采取此研究方法的原因是：其一，本研究为灾害社会科学整合研究范式，作为一项跨学科基础理论研究，需要对社会科学视阈下的针对灾害问题的诸多理论、议题以及研究传统进行梳理分析。其二，对于尚未形成话语体系的新兴学科而言，建构一套基于灾害脆弱性视角的、本土化的整合话语体系至关重要，通过对基础概念及其概念关系的逻辑归纳与演绎以弥合概念认知分歧与知识差距。其三，强调中观层面的研究取向，可以将灾害社会科学研究层次拓展到组织与社区层面，从而使得研究的比较意义与适用性得以呈现。其四，作为基础理论研究，在归纳大量已有实证与理论研究的基础之上，采取新的叙事视角转变原有认知体系，并提

① R. A. Stallings. "Methods of disaster research: unique or not?", In Robert A. Stallings (ed.). *Methods of Disaster Research*, Philadelphia: Xlibris, 2002, p. 22.

出灾害社会科学领域的相关理论命题，有助于灾害社会科学领域的方法论、测量技术以及研究理论的有效融合。

（二）技术路线图（见图0-1）

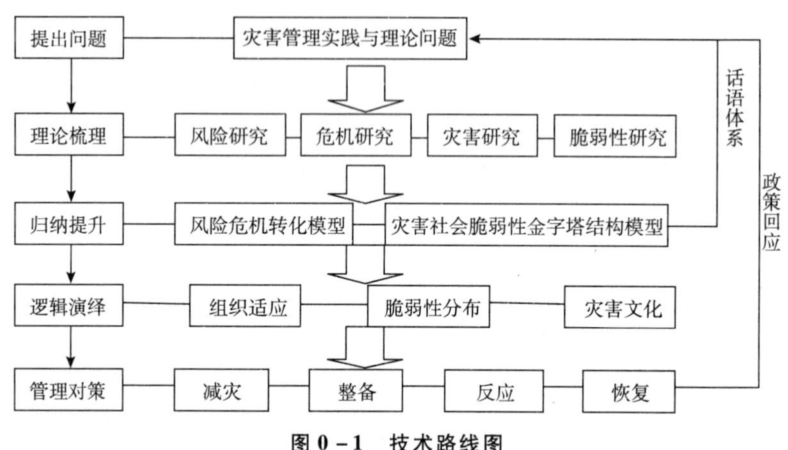

图0-1　技术路线图

（三）结构安排

本书结构安排如下：

第一章为基本概念与文献综述，对风险、危机、灾害、脆弱性的概念与研究体系做了理论梳理，其中，对灾害社会科学研究历史与灾害脆弱性研究的流派进行了系统的文献述评。

第二章为研究理论框架的建构部分，本章提出了总体研究框架即“风险—危机转化理论模型”，在此基础上，发展并演绎出“灾害社会脆弱性金字塔结构模型”，并将灾害社会脆弱性与灾害管理实践通过“组织适应”“脆弱性分布”“灾害文化”相连接。

第三章为灾害的组织脆弱性问题研究，创设了“情境差距”概念，并以此概括了灾害管理的本质属性即组织的灾害适应，通过对组织适应类型学、灾害周期与组织适应、组织适应局限要素等分析，揭示官僚制管理体系的组织适应困境与突破。

第四章为灾害的群体脆弱性面向的分析。该部分将灾害问题与社会问题相连接，视灾后社会状况为现实社会状态的存续影响，提出了“脆弱性分布”概念，并对其分布属性以及与风险分布的比较做了初步探讨，最后从灾害脆弱群体视角探讨了其在灾害生命周期内的表现。

第五章为灾害的文化脆弱性研究。本章首先溯源灾害的文化研究的过程与发展，探讨灾害、文化以及脆弱性之间的联系，以“风险文化”“灾害迷思”以及“灾后社会学习”为基础，重点分析了文化在减灾、整备、反应、恢复方面对于灾害管理的意义。

第六章探讨了灾害认知、话语体系对于灾害管理重构的意义。在完成了对灾害概念认识结构分析的基础上，分析了灾害管理制度变迁过程与模式类型，从社会脆弱性话语视角全面阐释了灾害动力学演进过程。

第七章为管理对策部分。基于前文对于灾害脆弱性研究之上，本章依循灾害的社会恢复力分析范式，提出从组织、群体以及文化层面消减脆弱性以达成迈向具有灾害社会恢复力的社会，分别提出开放灾害管理系统观、灾害社会管理、灾害文化培育等建设方向，为我国灾害管理实践提供有益借鉴。

第一章 基本概念与研究综述

第一节 基本概念

对于一门学科而言，术语是学术研究基础与对话平台。灾害研究历史呈现出与灾害自然与社会双重属性相统一的多学科交叉视角特征，随着多学科聚焦灾害领域，学科所专有的话语也随之进入灾害研究领域中，廓清灾害及其相关领域的诸多基本概念，破除灾害研究领域的“盲人摸象”“通天塔”式（Tower of Babel）的话语困境，是通向整合灾害研究之基石。“风险”（risk）“危机”（crisis）“灾害”（disaster）分别是风险、危机以及灾害研究领域的核心基础概念，不同研究传统之间既呈现区隔性又存在互通性。不同学科、不同学者对于这三个概念的界定皆存在差异。

先看“风险”的定义。其在传统的自然科学范式下，通常被认为具有客观、可量化特征；而在社会科学范式下，则分别从政治、经济、社会、文化、心理视角对其定义，认为风险是社会的、建构的、动态的。从与风险密切相关的“危险源”（hazards）概念的界定来看，自然科学角度下，危险源是客观、自然形态的事件、物体以及状态，而社会科学视角下，危险源则是社会层面的，对其界定的过程实质是社会主体的价值选择过程。

再看“危机”的界定，也受到标准不同而带来的内涵差异。有从影响范围来界定危机，也有从组织决策视角的危机定义。例如从心理学、政治学、社会学、技术工程、文化人类学等不同视角，面对相同事件，各学科依据核心判断标准能够获得不同的情境认知，从而可以给出不同的危机定义。

而关于“灾害”的界定，同样也存在巨大差异。自然科学从损失、范围、长度等客观维度来界定灾害，而社会科学则强调从社会、文化、政治、心理等社会与心理维度来界定灾害。其实，多视角、多学科的交叉研究极大地丰富了灾害研究。灾害社会科学强调多学科交叉视角的研究取向，这是由其本身的特点所决定，无法想象只将灾害作为一个纯自然现象进行认知，它也应被视为一种社会现象。

一　风险

风险（risk）一词是意义相当丰富的词汇，在口语和书面语中都有不同词义。在口语中可以表示危险（danger）、冒险、机遇，在保险学的话语里它可以表示机会（chance）和不确定性（uncertainty），而在科技领域它又可以表示危险（hazard）、可能性（likelihood）、结果（consequences）。[1] 关于“风险”的经典认识，认为风险是伤害损失结果的可能性，这就将风险与后果区分开，风险是指一种概率、可能性，而危机与灾害是已然发生的事件（结果）。传统的风险定义和方法都认为风险的可能性及其后果可以进行量化，如风险 = 损失 × 概率。这种风险定义方法的存在，与早期的科学—工程领域针对自然危险源和技术危险源的测量有关。该定义会带来两个问题，即数据要求难以满足[2]以及“低风险—高损失”的管理困境。

风险认知新转向即将风险区分为客观风险和感知风险，前者为专家所运用，后者是社会大众的风险认知。感知影响行为，而决定感知的则是人们的知识、经验及其他个人特征。风险研究中

---

① C. G. Jardine, S. E. Hrudey. “Mixed Messages in Risk Communication”, *Risk Analysis*, 1997 (4): 489 - 498.

② K. J. Tierney. “Toward a Critical Sociology of Risk”, *Sociology Forum*, 1999 (2): 215 - 242.

的心理学和社会心理学的测量范式，一直在风险社会科学研究中占据主导地位，它们主要聚焦个人风险感知与个体风险决策行为。风险心理认知研究范式的核心论点是大多数人由于对风险信息理解困难而很难有准确的风险评估。这种范式利用对人类感知过程的分析，聚焦外在客观风险（科技风险、自然风险）如何被个人所扭曲。在此研究路径下，研究者已经意识到个体风险感知的重要性，社会对风险的认知不再被视为基于专家知识的整体统一认识，而是具有个体差异的异质性认识。正如巴鲁克·费什霍夫（Baruch Fischhoff）指出的，这种范式摆脱了“二元”的风险认识观而进入更复杂范畴。[①] 但是，风险测量范式关注的风险仍然是外在、客观的，并将风险置于量化框架之内。

而以文化和意识形态如何影响并塑造社会关于危险的定义是人类学研究视角对于风险定义的贡献。玛丽·道格拉斯（Marry Douglas）和阿隆·维达斯基（Aaron Wildavsky）指出，风险并不是对客观现实的反映，而是一个文化现象，反映了社会与群体依据自身价值体系对危险的一种阐释，[②] 即普遍性风险进入本地社会过程，进入该社会特殊政治、制度、文化、冲突关系的洗礼之中，而发展为由本地社会脉络出发诠释与建构的风险。有学者进一步认为个体的风险感知依靠社会背景，并用传统的文化思维来看待世界和发生的事件。[③] 而又有研究提出了组织风险行为的文化模型，指出组织利益塑造着风险评估。[④]

文化视角将风险认识提升到全球文化层面进行理解，却忽视了社会—政治层面的风险认识。而随着以乌尔里希·贝克（Ul-

① B. Fischhoff. “Risk Perception and Communication Unplugged: Twenty Years of Process”, *Risk Analysis*, 1995 (2): 137 – 145.

② M. Douglas, A. Wildavsky. *Risk and Culture: An Essay on the Selection of Technical and Environmental Dangers*, Berkeley: University of California Press, 1982.

③ A. Kirby. *Nothing to fear: Risk and Hazards in American Society*, Tucson: University of Arizona Press, 1990, p. 282.

④ S. Raynor, R. Cantor. “How fair is safe enough? The cultural approach to societal technology choice”, *Risk Analysis*, 1987 (7): 3 – 13.

rich Beck)、安东尼·吉登斯（Anthony Giddens）等为代表所提出的风险社会理论出现，使风险进入了以风险社会理论为主轴的崭新领域。该理论通过对西方国家宏观社会结构分析指出，伴随着晚期现代化（late - modern）的完成而出现了无处不在的（all - pervasive)、不可见的（invisible）新风险，且风险具有不可计算性（incalculable)。吉登斯则以专家系统切入现代性与风险的关系中，将风险分为外部风险（洪水、瘟疫、饥荒）和人为风险（以环境风险为主)，并认为人为风险已经取代了外部风险，而我们对如何处理人为风险知之甚少。“我们不知道风险的水平如何”“我们生活在一个风险是由我们自己创造的世界”。[①]

心理感知、文化、政治范式的风险研究已经将风险认识提升到了更为广阔的分析层面和话语体系中，而在美国社会学传统看来，欧洲社会学传统更加关注科技风险与正式组织而很少触及自然风险，且这种宏观风险叙事“过于抽象而难以操作”。[②] 其实，在风险宏观叙事与微观量化分析之间一直存在着中观层面的风险研究，它的政策产出和指导实践能力更强。社会建构理论强调将风险视为社会建构的产物，这也是风险社会学研究的主要理论工具。社会建构主义并不是试图否认客观风险的存在，而是强调“社会团体创造并限定了什么是风险”。[③] 凯瑟琳·蒂尔尼（Kathleen J. Tierney）认为风险的社会建构学说主要关注社会、文化因素是如何影响风险客体与风险分析中的社会建构问题，认为影响风险认识的客体（风险客体）都是社会建构的，认为风险客体中

① E. L. Quarantelli. “Urban Vulnerability to Disasters in Developing Societies: The Need for New Strategies and for Better Applications of Valid Planning and Managing Principles”, In A. Kreimer, M. Munasinge (eds.). *Environmental Management and Urban Vulnerability*. Washington D. C.: World Bank Discussion Paper, 1992, pp. 187 - 236.

② K. J. Tierney. “Toward a Critical Sociology of Risk”, *Sociology Forum*, 1999 (2): 215 - 242.

③ L. Clarke, J. Short. “Social Organization and Risk: Some Current Controversies”, *Annual Review of Sociology*, 1993 (19): 375 - 399.

的事件可能性、事件特征、事件影响与损失、事件原因，都是政治、媒体、专家、社会团体等利益相关人者共同建构的产物。

在该风险研究路径上，应急组织、社会团体、商业部门、政府部门以及专家塑造风险特征并选择风险管理策略，风险争论是由于利益团体间的博弈体现。在自然灾害研究领域，罗伯特·斯托林斯（Robert Stallings）用“制造地震”（Earthquake Establishment）来形容地震威胁的社会建构过程。[①] 查尔斯·佩罗（Charles Perrow）分析了组织背景如何影响核能风险评估从而导致系统失败。[②] 在风险分析（Quantity Risk Analysis，QRA）过程中，保持价值中立与评价客观性具有挑战性，风险评估的过程实际是一个价值选择过程。[③] 风险的社会竞技场（Social Arena of Risk）理论则给出了一个分析风险与政策产出的有益框架，而基于传统宏观风险叙事分析的贝克、尼古拉斯·卢曼（Niklas Luhmann）等人也开始了风险研究的组织层面转向，[④] 风险研究已经将风险认识聚焦到了组织层面，宏观风险叙事与微观风险分析在中观组织层面出现整合趋向。

其中，影响与应用最广的是风险的社会放大理论（Social Amplification of Risk）。无论是心理学视角的风险感知研究还是社会—文化视角的风险研究，它们都固守在各自领域而缺乏对风险的整体、动态认识。将风险纳入整体性、动态性认识并弥合心理学与社会—文化视角分歧的是风险的社会放大理论，它以“信号”（signals）进入过滤过程（filtering process）中受到科学家、媒体、

① T. Dietz, R. W. Rycroft. *The Risk Professionals*, New York: Russell Sage Foundation, 1987.

② P. Charles. *Normal Accidents: Living with High Risk Technologies*, New York: Basic Books, 1984.

③ K. S. Shrader - Frechette. *Burying Uncertainty: Risk and Case Against Geological Disposal of Nuclear Waste*, Berkeley: University of California Press, 1993, p. 7.

④ U. Beck, B. Hozler. “Organizations in World Risk Society”, In C. M. Pearson, C. Roux - Dufort, J. A. Clair (eds.). *Organizational Crisis Management*, London: Sage, 2007, pp. 3 - 25.

政治系统、利益团体等构成的放大站（amplification stations）影响而形成了风险的加剧（intensification）与衰减（attenuation）情形。它解释了为什么有些危险源（hazards）与事件（events）受到了社会过分关注而有些却被忽视，也进一步解释了事件所导致的超出其本身影响范围的次生“涟漪效应”（ripple efforts）。[①]

于是，风险认知由此呈现出了以风险分析为代表的测量范式与以风险的质性研究范式，正如美国学者保罗·斯洛维奇（Paul Slovic）认为，在风险的研究领域，风险评估与风险管理已经成为主要研究范式。前者关注的是健康与环境领域的风险确认（identification）、量化，后者是风险管理、风险消减、决策而展开的围绕沟通过程。[②] 同时，对于风险属性的认知也从静态的、统计的、客观的，走向了动态的、主观的、建构的。这种认知转变表明，风险不再是一个学科独占概念，而是一个多学科视角交叉下的概念。就社会科学而言，所有关于风险的定义都遵循共同的原则——风险的原因和后果通过社会过程来调节，[③] 有别于自然科学路径下的风险客观自然过程。正如有学者指出的“风险是散落在客观实际和主观建构上的一个连续统”。[④]

二　危机

将危机的定义与风险相联系可以得出该概念的广义范围即已经或正在发生的事件并对社会已经或可能造成严重影响的情境。

① R. E Kasperson, O. Renn, P. Slovic, H. S Brown, J. Emel, R. Goble, J. X. Kasperson, S. Ratick. “The Social Amplification of Risk: A Conceptual Framework”, *Risk Analysis*, 1988 (2), pp. 177 - 187.

② P. Slovic, E. U. Weber. “Perception of Risk Posed by Extreme Events”, Http://www. Ideo. columbia. edu/CHRR/Roundtable/slovic_ wp. pdf.

③ 奥特温·伦内：《风险的概念：分类》，载于谢尔顿·克里姆斯基、多米尼克·戈尔丁《风险的社会理论学说》，北京出版社，2005，第63～64页。

④ J. F. Short Jr. “The social fabric at risk: Toward the social transformation of risk analysis”, *American sociology review*, 1984 (49): 711 - 725.

关于危机的认识视角与判断标准的差异性使得人们讨论危机时常常缺乏最基本的共识。长期以来，危机研究领域同样存在多学科交叉属性的分散研究现状，心理学视角、政治—社会视角、技术—工程视角是危机认识的三股主流力量，并通过4C结构来认识危机：原因（Cause）→结果（Consequences）→警示（Caution）→应对（Coping）。心理视角基于危机分析的个体视角来分析个体认知、心理与创伤，认为个体在组织危机中扮演中重要的作用。组织危机的原因可能是行为、错误导向或是其他认知限制导致组织中的人在组织结构与技术上缺乏沟通；而导致的结果是成员心理受伤；强调要识别个体脆弱性；最后，应对上要加强情感与行为上的重建。社会—政治视角试图从文化符号与价值信念视角认识危机，将危机视同“文化崩溃”（cultural collapse）所导致的社会失序，而要在集体行为和认知层面防止共同价值、信仰的崩溃。技术工程视角试图将危机定义扩大到技术工具与管理程序、政策、实践、惯例的互动层面，由于互动的紧密耦合的科技与管理、结构以及其他内外部因素，导致危机出现并造成生命、财产损失，那么，高风险科技应当加强机构与组织系统设计从而规避有形与无形的损失。[①]

而溯源危机的本质可以发现，有学者将危机定义为“人们感知到威胁核心价值体系或持续生存功能的紧急情形并需要在不确定的条件下来处理它”。[②] 可见，构成危机定义的三个元素：威胁性、时间压力、不确定性。在充满不确定性的条件下，处理威胁与紧急事件是对危机管理者的挑战。在政治—行政传统视角下的危机管理看来，该项管理活动不仅仅是政府部门应对能力的体现，而更应被视为一项政治性的活动，进而指出危机管理所面临

---

① C. M. Pearson, J. A. Clair. “Reframing Crisis Management”, *The Academy of Management Review*, 1998 (1): 59-76.

② U. Rosenthal, M. Charles, P. 't Hart (eds.). “Coping with crises: The management of disaster, riots and terrorism”, Springfield IL: Charles C Thomas, 1989, p. 10.

的五项挑战：危机共识（sense making）、决策、政策建构、终结危机、学习。[①] 比较而言，政治—行政视角侧重于正式组织视角下的灾变环境特征，而社会学则偏向个体与社会群体的灾变反应行为，紧急规范（emergent norm）、角色冲突、角色抛弃（role abandonment）、社会心理等维度的组织或个体行为特征被纳入危机分析研究视域。[②] 于是，可以总结得出，危机情境一般充斥着不确定性（uncertainty）、紧急性（urgency）、威胁性（threat）、联系性（link）特征。

1. 不确定性

不确定性的出现是由于未被预见、未想象且几乎不可管理的事件造成大范围模糊性与混淆性。富兰克·奈特（Frank Knight）在《风险、利润与不确定性》一书中将不确定性划分为：可度量不确定性与不可度量不确定性，并分别使用“风险”指代前者，而“不确定性”则常常指代后者，二者之间的真正区别在于“前一种情况下，在一组事例中（通过计算的先验概率或以往经验的统计），结果的分布是已知的；在后一种情况下，结果分布是未知的，因为所涉及的情况具有唯一性，对实例进行分类是不可能的。”[③] 在奈特看来，风险更加具有“客观概率”特征。风险的可计算性（calculable）是风险定义与研究核心要素，而风险真正成为社会科学关注焦点源于1970年代到1980年代以核能为代表的环境议题的兴起，对于风险的研究也进入风险感知与风险沟通为代表的更广阔领域。

而随着风险社会理论的发展，风险的可计算性特性已受到更

---

① A. Boin, P. 't Hart. "The Crisis Approach, in H. Rodriguez", E. L. Quarantelli, R. R. Dynes (eds.). *Handbook of Disaster Research*, Springer, 2006, pp. 42 - 54.

② E. L. Quarantelli. "Disaster Crisis Management: A Summary of Research Findings", *Journal of Management Studies*, 1988 (4): 373 - 385.

③ 富兰克·H. 奈特：《风险、利润与不确定性》，中国人民大学出版社，2005，第172页。

多质疑，风险越来越具有不确定性特征，即未来变化指向、程度、概率、结果都难以准确预计，因为风险不仅仅受到事件自身影响，同时还嵌入本地与全球社会背景中而变得更加不确定。风险社会理论揭示的其所具有的新特征，即产生原因复杂性、不可预测与潜藏性、影响不限于时—空与阶层、难以察觉、人类自身制造性。核技术、基因科学、全球气候变化、非典型性肺炎（SARS）、甲型流感（H1N1）、疯牛病（BSE）等危机事件所带来的影响更加具有不确定性，现代社会是具有更多不确定性的时代。

2. **紧急性**

无论是急性危机还是慢性危机，当风险演化为灾变情形，社会功能与结构便会受到破坏，一旦危机程度被社会所感知并进入政府干预范围，政府行动在所难免。灾变条件存在着“突变性”或“突发性”（相对于政府部门来说，也许危机早已实际存在），即要求政府系统在时间压力下做出合适决策，并适时回应灾变条件下不断变化的社会需要。重要决策所面临的时间压力可能是几小时、几天甚至几年，因为不同危机持续的时间不同，而所要做出的决策目的是为了回应动态社会需要。紧急性体现在时间压力下对突现型社会需要的回应上。

3. **威胁性**

就政府层面而言，无论是自然灾害、人为灾难还是混合型灾害，愈发明显地表现出对政府合法性的动摇，现代灾难中的人为因素成为灾后问责的重点，即便是与政府相关程度最弱的自然灾害也会造成一定的政治混乱，如 1985 年墨西哥城大地震后所造成的政治动荡。从社会总体看来，灾变导致的人们行为的短期与长期改变，实际对社会发展构成威胁。从短期来看，灾变带来的社会破坏是对社会价值、社会规范、社会结构的冲击。从长期看，灾变所产生的威胁（如社会心理）将持续较长时间，并具有较强破坏力。灾变的重要特点：一种不希望发生的事情（Un - ness）一旦出现，其后果大多具有破坏性并对社会造成威胁。

4. **联系性**

现代社会子系统之间耦合程度增强，社会也更具脆弱风险。单个小危机可能带来链式“滚雪球”（snowballing）效应，跨越人口、地区、行业、阶层等条件限制，形成更大范围、不同类型的危机，即通常被称为“越界危机”（transboundary crisis），其特征是产生的威胁可能跨越地域、时间以及功能边界而从一个系统跨越到另外一个系统。在走向危机的过程中，表面上无关的因素结合起来，并变成破坏性力量。有时人们把这些因素称为病原体，因为在危机变得明显之前，它们早已存在。而一个系统变得越复杂，人们就越难从整体上理解它。一个系统的组成部分与其他系统的密切联系，导致了该系统内部的互动性及错误越来越多。非线性动力和复杂性使得危机并不容易被发现。[1]

如今再也不能以片面眼光来看待危机。在全面联系的社会系统中，原先非政治性的问题可能成为政治性问题，原先不相关事物在灾变情境下可能变得联系紧密。有关灾害与集体行为的研究发现，人们在灾变条件下的行为变化实际是受到与之相联系的社会系统所影响，并造成连锁反应。例如，受早期情感分析主导的集体行为理论影响，拉尔夫·特纳（Ralph Turner）将灾害中的集体行为过程分为：骚动（milling）→谣言（rumor）→定调（keynoting）→紧急规范（emergency norm）。[2] 骚动是当灾害出现后，社会各项功能出现中断，大众此时会惯性的寻求事实（meaning）以及适当反应的行为方式，在组织与制度过程不足或不适合当时情形时骚动会广泛出现，它是沟通与交通

① A. Boin, P. t' Hart, E. Stern, B. Sundelius.《危机管理的政治学——压力下的公共领导力》,《北京大学中国与世界研究中心研究报告》2008 年第 2 期。

② R. Turner. “Rumor as Intensified Information Seeking: Earthquake Rumors in China and the United States”, in R. R. Dynes, K. J. Tierney (eds.), *Disaster, Collective Behavior, and Social Organization*. Newark, Delaware: University of Delaware Press, 1994, pp. 244 - 256.

系统崩溃的结果；谣言即在骚动过程中，沟通与互动方面新形式的出现对当前发生的情况进行解释，如大众得不到或不相信传统权威的解释，其他非正式、非传统的沟通渠道便成为选择，于是各式谣言被催生出来，它传播关于灾害情形的本质的各种或简单或片面或错误的信息；定调是指在多种信息进行博弈后留存下来的相对统一的看法；紧急规范基于定调的结果而形成的集体行动。

三 灾害

诚如恩里克·克兰特利（Enrico L. Quarantelli）所言“只有在我们澄清和获得最基本的关于灾害概念的共识后，我们才可以继续灾害的特征及其结果等方面的研究”。[①] 在社会科学视角范围内，寻找和提出关于灾害的定义无疑是令人沮丧的工作，这也是当前灾害研究学者所面临的最重要和最基础的问题。定义灾害研究中最基础概念——灾害，这是十分必要的研究前提。与“风险”“危机”概念类似，灾害（disaster）一词的定义也十分复杂，定义灾害概念必然会触及关于灾害研究的梳理，二者是相互联系交叉的。那么，什么是灾害？显然，这个问题不像表面上看起来这么简单，它其实是一个复杂问题，对于它的回答十分棘手。著名灾害研究学者克兰特利曾经主编了两本（1998、2005）同名著作《什么是灾害》（*What is a Disaster*），来讨论这个领域中最重要的概念。结合灾害研究流派，关于灾害的认识主要可以分为以下五种。

（一）结构—功能主义：作为功能—事件的灾害

在灾害定义领域，美国灾害社会科学研究的先行者之一的福

① E. L. Quarantelli. “What is a Disaster?”, *International Journal of Mass Emergencies and Disasters*, 1995 (3): 221 - 229.

瑞茨（Fritz）的定义被视为经典定义，它影响了研究者的关于灾害的思考和写作方式，且这种影响一直延续至今。福瑞茨认为“灾害是一个具有时间—空间特征的事件，对社会或社会其他分支造成威胁和实质损失，从而造成社会结构失序、社会成员基本生存支持系统的功能中断”。[①] 这种功能主义的灾害认识体现了社会学“结构—功能”分析传统，凯瑟琳·蒂尔尼（Kathleen J. Tierney）将这种灾害定义归纳为“事件导向”（event - orient）或功能主义（functionalism）的灾害认识。

在此定义逻辑下，研究者关注更多的是灾害的社会影响。灾害被视为是一个事件（event）而造成的社会各方面的影响，这种事件被限制在“时间—空间”范围内思考，即认为事件是瞬间的、突发性的、外部的。这种灾害概念认识影响了跟进的研究者，加里·克雷普斯（Gary Kreps）将灾害定义为例外事件（non - routine events）并造成社会混乱和物质损失。[②] 斯托林斯（Stallings）使用例外（exception）、突破常规来形容灾害与社会秩序之间的关系，认为“灾害是对社会常规的破坏”,[③] 这点与克兰特利所提倡的将灾害视为一种社会现象相一致。菲利普·巴克尔（Philip Buckle）认定的灾害的基本定义标准是：社会是否需要“长期恢复”。[④] 丹尼斯·史密斯（Denis Smith）认为灾害事件首先带来的是死亡和损失，进而造成社会、政治、经济的中断

---

① C. E. Fritz. “Disaster”, in R. K. Merton , R. A. Nisbet (eds.). *Contemporary Social Problems*, New York: Harcourt, 1961, p. 655.

② G. A. Kreps. “Disaster as systemic event and social catalyst”, in E. L. Quarantelli (ed.), *What Is a Disaster? Perspectives on the Question*, London: Routledge, 1998, p. 34.

③ R. A. Stallings. “Disaster and the theory of social disorder”, in E. L. Quarantelli (ed.), *What Is a Disaster? Perspectives on the Question*, London: Routledge, 1998, p. 136.

④ P. Buckle. “Mandated definitions, local knowledge and complexity”, in R. W. Perry, E. L. Quarantelli (eds.), *What is a disaster: New answers to old questions*, Philadelphia: Xlibris, 2005, p. 179.

(disruption)。[①] 阿简·波恩（Arjen Boin）总结经典定义是：灾害是造成社会基本生存功能的崩溃。[②] 亨利·费舍尔（Henry Fischer）也接受福瑞茨定义标准，即认为社会学应该研究在灾害情境下的社会变化。[③] 的确，社会科学尤其是社会学主要是沿着这条路径来不断完善对灾害的研究。

这种“事件导向—功能主义”的灾害认识也衍生出了很多研究视角和新概念，如社会中断（social disruption）、集体压力（collective stress）、极端情形（extreme situation）、紧急情形（emergency situation）、紧急规范（emergency norm）、危机（crisis）。社会中断（social disruption）是福瑞茨定义标准下的社会失序和功能中断的另一种表述，即灾害的负面效果。同时，还有对于灾害发生后的情形描述中常用到的极端情形和紧急情形，艾伦·巴顿（Allen Barton）使用集体压力来形容灾害对于社会系统的影响。[④] 美国特拉华大学灾害研究中心致力于组织社会学视角的灾害中个体与群体心理与行为变化的研究，并经常使用“紧急规范”来表述人们灾害发生后的行为变化，并逐渐衍生出了“一致型”危机和“分歧型危机”的区分。所谓“一致型危机”，是指在危机过程中当事各方对于局势含义的理解，对于当下适合采取并优先采取的规范与价值等存在着认识上的一

---

① D. Smith. “Through a glass darkly”, in R. W. Perry, E. L. Quarantelli (eds.), *What Is a Disaster: New Answers To Old Questions*, Philadelphia: Xlibris, 2005, p. 301.

② A. Boin. “From crisis to disaster: Towards an integrative perspective”, in R. W. Perry, E. L. Quarantelli (eds.), *What Is a Disaster: New Answers To Old Questions*, Philadelphia: Xlibris, 2005, p. 159.

③ H. Fischer. “The sociology of disaster: Definitions, research questions and measurements”, *International Journal of Mass Emergencies and Disasters*, 2003 (21): 91-108.

④ A. H. Barton. “Communities in Disaster: A Sociological Analysis of Collective Stress Situations”, Garden City, NY: Doubleday and Co. in R. W. Perry, E. L. Quarantelli (eds.). *What is a disaster: New answers to old questions*, Philadelphia: Xlibris, 2005, p. 4.

致性；所谓“分歧型危机”，则指危机中的当事各方对于局势、后果与解决之道的认识往往形成鲜明的反差（sharply contrasting）。[1] 在关于灾害情境表达时，研究者也会使用危机一词，而基于政治—行政传统下这一词被经常提及，危机的经典定义是指威胁到基本结构、社会价值与规范的情形下并且在时间压力与高度不确定性下做出的关键决策。[2]基于政治学传统的学者如罗森塔尔、波恩、路易斯·康福（Louise K. Comfort）倾向于使用危机，而巴顿习惯使用集体压力。

经典灾害定义是将灾害认为是一个触发事件并造成社会负面后果。危险源仍然是自然的、客观的、外部的，而造成的影响是社会内部的。危险源和社会结果之间的“关系链”是非连续的（discrete）、中断的、静态的，即社会在灾害发生之前是稳定的，造成社会后果的是突发并瞬间作用的、外部的灾害事件。就整个社会系统而言，它经历了一个“稳定—中断—调整—恢复”的循环过程。

基于事件—功能主义的经典定义和研究范式，目前仍然是灾害社会学的研究主流，但在理论与现实中也遇到了新的挑战。这种挑战来自：

（1）“时间—空间”定义模式中灾害突发性特征受到挑战。在作用时间上，有些灾害存在作用时间缓慢现象（creeping phenomenon），如全球变暖、干旱等灾害形式。

（2）社会破坏性。这种定义标准下，强调灾害必须对社会整体价值和秩序造成影响和威胁，而很多的灾害并没有造成如此程度的社会后果。

（3）灾害的定义与研究主要集中于科技与自然层面，传统灾

---

① E. L. Quarantelli, R. R. Dynes. “Response to Social Crisis and Disaster”, *Annual Review of Sociology*, Vol. 3, 1977: 23 – 49.

② U. Rosenthal, M. Charles, P. 't Hart (eds.). *Coping With Crises: The Management of Disaster, Riots and Terrorism*, Springfield IL: Charles C Thomas, 1989, p. 10.

害概念主要针对的是自然、科技危险源定义，而对于这种同样具有突发性、社会后果的事件[1]却没有纳入定义和分类中。如在美国“9·11”恐怖袭击事件后，对以恐怖袭击为代表的新型灾害的定义上失效。

（4）传统定义忽视致灾因素的分析。这种定义下仍然强调的是自然灾害的发生是自然作用过程（act of nature），注重的是对灾害结果的分析，注重人和组织层面对灾害的被动反应。于是，灾害定义与灾害研究也转向新研究范式。

（二）危险源分析视角：作为脆弱性结果的灾害

灾害的危险源分析视角认为极端事件是灾害发生原因光谱（reason spectrum）上的一部分，且不是原因光谱的最后一环（end of the spectrum）。并且强调关注灾害发生的原因，关注危险源的分析和理解。这一传统受到了来自地理科学研究思想的影响，“尽管还关注社会结果相关议题，但真正关注的却是自然系统与社会系统相互作用的过程”。[2] 在这种认识背景下，灾害被认为是由危险源与社会背景相互作用的结果，即由于社会文化系统的失败而造成社会成员面对外部和内部的脆弱性表现。[3] 在波恩看来，灾害发生原因是根植于社会结构与社会变迁之中。

保罗·苏斯曼（Paul Susman）、菲尔·奥科菲（Phil O' Keefe）、本·威斯勒（Ben Wisner）从传统地理学者的观点定义灾害，即认为灾害是“易于遭受伤害的人群与极端自然事件相互

---

① W. L. Waugh. “Terrorism as a disaster”, in H. Rodriguez, E. L. Quarantelli, R. R. Dynes (eds.). *Handbook of Disaster Research*, Springer, 2005, pp. 388 - 404.

② R. W. Perry. “What is a disaster?”, in H. Rodriguez, E. L. Quarantelli, R. R. Dynes (eds.), *Handbook of Disaster Research*, Springer, 2005, p. 9.

③ F. L. Bates, W. G. Peacock. *Living Conditions*, *Disasters And Development*, Athens, GA: University of Georgia Press, 1993, p. 13.

作用的结果”。[1] 苏姗·科特（Susan Cutter）认为“灾害不再能被认为是一个突发事件，灾害的发生其实是人类面对环境威胁和极端事件的脆弱性表现”。[2] 大卫·亚历山大（David Alexander）认为灾害不能仅仅被视为事件一种动态社会结果，[3] 灾害是自然环境与社会环境的作用结果，灾害发生原因具有社会性质（social in nature），人类活动可以被视为造成灾害的重要原因。那么，灾害发生不仅仅是极端事件的作用，而是脆弱性的结果。依据这种认识范式，土地使用、建筑标准、经济活动等都是造成灾害脆弱性的原因，那么，灾害后果可以通过人类自身行为调整来消减。这种调节是以预防灾害、减少损失为目标的，通常针对一些公共工程，如水库、堤坝等，通过建立预警和疏散系统、建筑标准、抵御自然危险源的加固手段，以保护人员和财产安全。

基于危险源分析视角的定义，改变了以结果导向的灾害认知并转向了灾害社会原因层面的认识，特别是对脆弱性（vulnerability）与恢复力（resilience）的考察。正如克兰特利指出的它“完善了传统的灾害定义和研究”。确实，从传统的灾害对人与社会层面影响分析转向了灾害危险源中的人为因素分析，让灾害的认知和管理不再显得被动，而是赋予灾害的“可管理性”的特质，灾害不再是纯自然行为（act of nature）或上帝的行动（act of god），同时也有人类社会系统的原因（act of human system）。由此，灾害研究真正从“天灾”层面拓展到了“人祸”层面，即从

① P. Susman, P. O'Keefe, B. Wisner. “Global disasters, a radical interpretation”, in K. Hewitt (ed.), *Interpretations of Calamity*, Boston: Allen and Unwin, 1983, p. 264.

② S. Cutter. “Are we asking the right question?”, in R. W. Perry, E. L. Quarantelli (eds.). *What Is a Disaster: New Answers To old Questions*, Philadelphia: Xlibris, 2005, p. 39.

③ D. Alexander. “An interpretation of disaster in terms of changes in culture, society and international relations”, in R. W. Perry, E. L. Quarantelli. *What Is a Disaster: New Answers To Old Questions*, Philadelphia: Xlibris, 2005, p. 29.

将人为因素全部排除出的将灾害归结于“天”、归因于纯自然过程，到认为灾害也受到“人祸”层面因素的作用，突出了许多情况下的人的因素，于是灾害认识真正进入了多元联系、动态发展的认识框架之下。

（三）社会建构主义：作为建构的灾害

持社会建构主义观点的学者反对将灾害结果和特征都视为给定的客观自然现象，而认为灾害概念的定义与使用及灾害发生的原因、灾害的结果、减灾手段等都是组织“观点制造”（claims - making）的社会过程。从这个观点出发灾害不是自然界将发生或发生的灾害结果（死亡、损失、失序），而是组织关于灾害及其结果的建构过程。

具体地：

（1）灾害发生原因的社会建构层面。灾害研究者在聚焦灾害发生的自然客观因素的同时，也从各自主观视角对灾害发生的其他因素进行分析理解，特别是将灾害发生的人为要素加入灾害原因之中，使得灾害发生原因呈现多样性，如灾害发生是由于对自然的过度开发、不合理的资源利用、大型水利工程的兴建、灾害管理的缺失等，而各种话语的冲击与碰撞过程实质上是对灾害发生原因的建构过程。

（2）灾害结果应对层面。政治制度、利益团体、媒体等在灾害结果的判定之中存在重要影响。如今，分级响应系统在灾害管理体系中被普遍使用，政治系统影响着灾害结果的判断，“总统声明”（president declared）“领导批示”“领导视察”等直接影响到灾害响应程度。与此同时，发达的传统媒体与新兴的社会媒体对灾害事件的深度聚焦，在一定程度上影响了大众对于灾害程度的判断。而灾害作为社会建构的结果，还受到来自部门与组织利益的影响，斯托林斯具体分析了地震问题，揭示出地震与科技组织之间存在着密切的关系，地震强度、威胁、管理策略等，都是由工程师、地理学家、地震专家、私部门以及政府机构组成的小团体所制造，地震问题的社会认知不是由于一般大众的认知结果而是由利益团体所建构。他将此过程称为“地震制造”（earthquake establishment）。[①]

（3）灾害风险管理层面。灾害风险的存在、程度以及干预方式受到主观建构的影响。于是，灾害危险源的识别与减灾方式的选择上，灾害管理主体的风险感知与风险消减行为选择上，皆有灾害管理主体特征之作用。

当然，社会建构主义灾害观并不否认灾害的发生现实，而是认为利益团体和不同利益相关者决定了灾害问题是否被纳入公共议程，并以何种方式应对才是可靠的。凯·埃里克森（Kai Erikson）也认为，发生灾害损失及其原因都是被“社会定义”的。[②]加里·克雷普斯和德拉贝克（Drabek）则进一步认为，灾害定义是历史文化背景、社会对于灾害的认知与实际社会后果相结合的产物。[③] 蒂尔尼提出了“风险客体”（risk objects）的概念，它包含事件、事件可能性、事件特征、事件影响与损失、事件原因等；并认为风险客体是一个社会建构的产物。由此看来，事件（灾害）的发生、结果等都是社会所建构的。[④] 总之，社会建构主义的观点是将灾害的危险源、发生的原因以及造成的结果，都视为利益相关者、文化、媒体、科技团体等主体共同建构的结果。当然，建构主义的灾害观并没有否认灾害的客观存在，而是将灾害从被视为“社会之外”拉回到了社会与组织建构层面的分析上来。

---

① R. A. Stallings. *Promoting Risk*: *Constructing the Earthquake Threat*, New York: Aldine de Gruyter, 1995.

② K. T. Erikson. *Everything in Its Path*: *Destruction of Community in the Buffalo Creek Flood*, New York: Simon and Schuster, 1976.

③ G. A. Kreps, T. E. Drabek. “Disaster Are Non – routine Social Problems”, *International Journal of Mass Emergency and Disaster*, 1996 (2): 129 – 153.

④ K. J. Tierney. “Toward a Critical Sociology of Risk”, *Sociology Forum*, 1999 (2): 215 – 242.

（四）风险社会理论：作为不确定性的灾害

由欧洲兴起的风险社会理论范式对灾害研究的贡献巨大。就灾害的属性分类来看，欧洲的研究传统主要聚焦于科技灾难。以乌尔里希·贝克、安东尼·吉登斯、尼古拉斯·卢曼、斯科特·拉什（Scott Lash）等人为代表所提出和完善的风险社会理论认为，随着自然与传统终结，西方社会进入风险社会阶段，正如吉登斯认为，“在所有的传统文化中、在工业社会中以及直到今天，人类担心的都是来自外部的风险……然而，在某个时刻（从历史的角度来看，也就是最近），我们开始很少担心自然能对我们怎么样，而是更多地担心我们对自然所做的。这标志着外部风险所占的主导地位转变成了被制造出来的风险占主要地位。”[①] 这便带来了风险社会的“中心悖论”（central paradox），即现代化过程试图控制风险，反而导致了内部风险的出现。[②] 贝克认为在风险社会中，风险不再是过去可计算的风险（risk），而是具有大量不可计算的威胁（threats）。面对大量的未知风险，如核能、化学、转基因风险，正式组织却因为自身的或各种客观的原因而无能为力，或让事情变得更糟，从而使威胁转化为风险。[③] 伴随着晚期现代化（late - modern）的完成，出现了无处不在（all - percasive）、不可见的（invisible）新风险，且风险具有不可计算性（incalculable）。与巴顿和福瑞茨等人主张的灾害发生外因论不同，贝克坚持认为科技灾害是现代社会的产物，具有内生性。风险社会理论对于灾害的定义和研究，特别是其对于灾害发生原因的分析极具启发意义，它

---

① U. Beck. “Politics of Risk Society”, in J. Franklin (ed.). The Politics of Risk Society, Cambridge: Polity Press, 1998, p. 23.

② U. Beck. “Politics of Risk Society”, in J. Franklin (ed.). The Politics of Risk Society, US: Blackwell, 1998, p. 10.

③ U. Beck. Ecological Enlighten*ment*: *Essays on the Politics of the Risk Society*, Atlantic Highlands, NJ: Humanities Press, 1995, p. 2.

扩展了人们关于灾害的危险源的认识，研究视线不再拘泥于外在危险源。

长期以来，风险研究呈现出了以风险分析为代表的测量范式与以风险的质性研究范式。相比较于美国灾害研究，欧洲灾害研究更多的是科技灾难或风险方面，而美国灾害研究则面向更为广阔，还包括了自然灾害与风险的研究。在话语方式上，欧洲的理论范式显然在分析上更加抽象，强调的是宏观风险叙事。而美国的实证传统在灾害发生原因上是更加实证与微观，如保罗·斯洛维奇的微观风险分析。而近些年来，这两种研究范式都将自身的理论研究转移到了组织层面，这样宏观风险叙事与微观风险分析在组织层面达成了共识，以组织为基本分析单位的研究更加易于产出政策与指导实践。

在《风险：一个社会学理论》（*Risk*：*A Sociology Theory*）一书中，卢曼认为风险是潜在损失，这种损失是由于决策的结果。卢曼认为现代社会中的各种组织之间是一种“耦合结构”（structure coupling），这让社会变得更具风险。卢曼认为现代人不仅仅更加依靠决策，同时，没有能力去辨别什么样的决策和谁的决策会带来负面结果。①

而以尤里·罗森塔尔（Uriel Rosenthal）和拉加德科（Lagadec）、查尔斯·赫尔曼（Charles Hermann）等人为代表的基于组织视角的危机研究是将现代社会的不断增加的不确定性置于组织层面的考察，这些学者倾向于将灾害（disaster）认为是危机（crisis），灾害与不确定性密切相关。这样的灾害认识主要是由于他们认为灾害的定义必须是要给社会造成一定的伤害的界定过于严格，很多没有造成社会功能中断的事件也应该被纳入研究中来，于是他强调使用危机一词，危机相较于灾害在社

① N. Luhmann, *Risk*: *A sociology theory*, New York: Walter de Gruyter, 1993, pp. 98 - 100.

会影响程度上可能更低。[①] 同时，从不确定性视角看待灾害的学者大多是来自组织、政治与公共政策学科，强调现代社会的复杂、不确定性以及沟通困境之于组织的意义，如罗森塔尔将危机界定为：一种对社会系统的基本结构和核心价值规范所造成的严重威胁，在这种状态下，由于高度的不确定性和时间压力，需要做出关键性决策。当然，这种认识范式也受到了传统灾害认识的批评，即认为这种灾害认知范式并没有给灾害认识与研究领域带来什么彻底变化，他们所强调的组织危机前人已经关注到了，并且这种范式忽略了"如人员损失、社会与政治失序"[②] 等方面。

（五）政治经济学观点：作为资源与权利的灾害

作为挑战经典灾害认识范式的重要理论，政治经济学的观点在挑战灾害发生原因外生论的同时，也加强了灾害发生原因——社会与自然互动过程的说服力。在环境政策的研究中，人们从政治经济视角和世界体系理论视角出发，认为灾害受害者是由于精英政治力量和世界资本体系的作用结果。[③④]

从全球看，所谓非发达国家容易遭到极端环境事件的影响是由于它们在国际分工体系中的附属性与边缘性角色而造成的。[⑤]

---

① A. Boin. "From crisis to disaster: Towards an integrative perspective", in R. W. Perry, E. L. Quarantelli (eds.). *What Is a Disaster: New Answers to old Questions*, Philadelphia: Xlibris, 2005, p. 159.

② C. Gilbert. "Studying disaster: changes in the main conceptual tools", in E. L. Quarantelli (ed.). *What Is a Disaster? Perspectives on the Question*, London: Routledge, 1998, p. 17.

③ F. Buttel. "Social science and the environment: competing theories", *Social Science Quarterly*, 1976 (57): 307 - 323.

④ A. Schnaiberg. *The Environment: from surplus to scarcity*, New York: Oxford University Press, 1980.

⑤ P. Susman, P. O' Keefe, B. Wisner. "Global disasters, a radical interpretation", in K. Hewitt (ed.). *Interpretations of Calamity: from the viewpoint of Human Ecology*, London: Allen and Unwin, 1983, pp. 263 - 283.

从一国内部来看，阿简·波恩认为灾害发生的原因根植于社会结构与社会变迁之中。[①] 凯瑟琳·蒂尔尼认为在美国社会中，发展的需求推动了土地使用和经济增长，这同时扩大了灾害的损失。[②] 肯尼斯·休伊特（Kenneth Hewitt）认为，相较于以往将灾看作社会系统对于极端事件的应对失败，更应该将灾害认为是与日常的社会生活交织在一起，也就是说灾害作为社会政治的“正常”结果，即风险在优势阶层与其他阶层之间的不平等分配的结果。[③] 正如有学者在研究旱灾的社会影响时指出“旱灾是典型的弱势群体之灾”。[④] 同样的，罗伯特·波林（Robert Bolin）认为，灾害的定义和研究方法将灾害及其影响应该被看作政治经济力量的结果，因为这个力量同时塑造了环境和人群的灾害脆弱性。[⑤] 在这个领域的研究中，应用最广的是“压力—释放模型”（PRA Model）和可及性模型（Access Model）。这些模型中将群体的经济能力、政治能力、社会资源等维度都纳入体系中来考察人群的灾害脆弱性。[⑥] 安东尼·奥利弗—史密斯（Anthony Olive - Smith）使用政治生态学来表述灾害与灾害研究的新方法，即关注主要群体间的权利与社会资源的分配模式与自然环境之间的关系。[⑦]

---

① A. Boin. “From Crisis to Disaster: Towards an Integrative Perspective”, in R. W. Perry, E. L. Quarantelli (eds.). *What is a Disaster: New Answers to old Questions*, Philadelphia: Xlibris, 2005, p. 161.

② K. J. Tierney. “Socio - Economic Aspects of Hazard Mitigation”, *Disaster Research Center Preliminary Paper*, No. 190.

③ K. Hewitt (ed.). *Interpretations of Calamity: From the viewpoint of Human Ecology*, London: Allen and Unwin, 1983.

④ 陶鹏、童星:《我国自然灾害管理中的“应急失灵”及其矫正——从 2010 年西南五省（市、区）旱灾谈起》,《江苏社会科学》2011 年第 2 期。

⑤ R. C. Bolin, L. Stanford. *The Northbridge Earthquake: Vulnerability and Disaster*, London: Routledge, 1998, pp. 9 - 10.

⑥ B. Wisner, P. Blaikie , T. Cannon, I. Davis. *At risk: Nature hazards, people's vulnerability and disasters*, London: Routledge, 2004, p. 51, p. 104.

⑦ A. Oliver - Smith. “Global changes and definitions of disaster”, in E. L. Quarantelli (ed.). *What Is a Disaster? Perspectives on the Question*, London: Routledge, 1998, p. 189.

政治经济学的观点不再仅仅将社会看成一个整体系统，而是将其看作“松散耦合的”（loosely - coupled）、异质的要素和网络。[①] 在这种观点下，理解灾害应该基于不同个人与群体之间的资源与权利的非公平分配，性别、种族、阶层等个人和群体特征直接影响着政治力量和资源的可得性，而这种差别又直接影响着群体的预防和抵抗灾害能力。

四 灾害脆弱性

早期人们将自然灾害认为是“上帝的行动”（act of god）或是纯自然的事件的结果，人为因素在灾难发生中的作用较少被纳入分析体系之中。该认识局限了多学科、全方位的灾害认知与研究。随着灾害的超自然性（super nature）与纯自然性（naturalness）认识被逐渐摒弃，人们意识到灾害研究不仅仅需要从物理、生物、地理、科技角度的自然属性分析，还需要社会、经济、政治的社会科学视角的分析。[②] 这种认识的转变已将灾害置于更为广阔的认识空间维度之下，人们开始重新审视对于灾害的传统认识与研究。从灾害认识论的转变到灾害研究范式的变化是一个艰难的过程。虽然灾害研究已经转向了社会因素的分析，并不断深化政治、经济、社会系统对于灾害影响的分析，但是在构建一个“全景式”研究框架时，总是缺少一般理论基础和模型。[③④] 灾害研究的历史表明，灾害研究在灾种、学科、视角与方法上皆表现出多元交叉发展趋势，但“还

---

① F. L. Bates，C. Plenda. “An ecological approach to disasters”，in R. R. Dynes，K. J. Tierney（eds.）. *Disasters*，*Collective Behavior*，*and Social Organization*，Newark，DE：University of Delaware，1994，pp. 145 - 159.

② D. Alexander. *Nature Disasters*，London：UCL Press，1993，p. xvi.

③ B. Wisner，P. Blaikie ，T. Cannon，I. Davis. *At risk*：*Nature hazards*，*people's vulnerability and disasters*，London：Routledge，2004，p. 4.

④ C. Cohen，D. Werker. “The Political Economy of Nature Disaster”，*Journal of Conflict Resolution*，2008（6）：795 - 819.

没有发展出具有一般性特征的理论视角”。[①] 在现实与理论发展的双因素驱动下，随着灾害社会科学研究的深入，以“脆弱性”（vulnerability）概念作为整合式（holistic）灾害研究新范式得以出现，试图从概念到方法加以整合来适应 21 世纪以来的灾害理论与实践领域所面临的新议题。

（一）脆弱性概念

在社会因素作为灾害发生与演化的重要条件上达成一定的共识，以及寻找到“脆弱性”概念的基础之上，研究者越来越多的使用该概念。但是“脆弱性”是一个极具张力的词汇，不同的研究者可能会给出不同的定义并有不同的用法。脆弱性一词可以追溯到拉丁语中的“vulnerare”意指“被伤害”或面对攻击而无力防御。[②] 而在自然灾害研究中脆弱性一般是被定义为暴露于自然危险源之下而没有足够能力来应对其影响。脆弱性最早出现在工程领域，而后被社会科学家扩展到了社会—经济与政治—制度层面。[③] 曾有学者列出了学界关于脆弱性的多达 25 种以上的定义，这充分体现了脆弱性概念的多样性。[④] 更为复杂的是，脆弱性概念在使用中经常与风险、恢复力、抵抗力等概念混用，这便造成了术语混乱，正如比尔克曼（Birkman）将这种现状称为“脆弱性悖论”（vulnerability paradox）。[⑤] 脆弱性的定义复杂多样。为了厘清该概念的全面内涵，本研究试图

---

① K. J. Tierney. “Toward a Critical Sociology of Risk”, *Sociology Forum*, 1999 (2): 215 – 242.

② K. C. Lundy, S. Janes. *Community Health Nursing: Caring for the Public's Health. 2nd ed.*, Massachusetts: Jones and Bartlett Publishers, 2009, p. 616.

③ J. Twigg. “Disaster Reduction Terminology: A commonsense approach”, *Humanitarian Practice Network*, 2007 (38): 1 – 30.

④ S. B. Manyena. “The concept of resilience revisited”, *Disasters*, 2006 (4): 433 – 450.

⑤ J. Birkman. *Measuring Vulnerability to Natural Hazards: Towards Disaster Resilient Societies*, New York: United Nations University Press, 2006, p. 11.

从时间演变和学科视角这两条脉络来梳理不同时期和学科下的脆弱性概念认识。

1. 时间维度上的脆弱性概念演变

（1）作为被动的、限制性因素的“脆弱性”。1970 年代的脆弱性概念被引入且被认为是对自然灾害的被动反应。1980 年代脆弱性获得更多关注，主要原因是其挑战了传统灾害发生原因认知。[①] 早期脆弱性被定义成影响社会在面对自然灾害时的应对、恢复能力的限制因素。[②③] 后来被用作测量社会及其群体暴露于风险的程度，脆弱性被当作一种“测量工具”[④]“程度”。[⑤] 在此研究线路下，社会脆弱性的研究被置于与地理区位脆弱性相并列的研究框架中，脆弱性被认为是一个消极后果而非灾害原因。[⑥]

（2）作为个体或群体应对能力的“脆弱性”。自 1990 年代以来，脆弱性概念经历了更大的转变，开始关注个人能力在灾害反应和恢复中的作用，而非仅仅强调其限制性特征。如有学者认为

---

① G. Bankoff，G. Frerks，D. Hilhorst（eds.）. *Mapping Vulnerability：Disaster，Development and People*，London：Earthscan，2004，p. 29.

② T. Gabor，T. K. Griffith. “The assessment of community vulnerability to acute hazardous material incidents”，*Journal of Hazardous Materials*，1980（8）：323 – 333；R. W. Kates. The interaction of climate and society，in R. W. Kates，J. H. Ausubel，M. Berberian. *Climate Impact Assessment*，New York，NY：Wiley，1985，pp. 3 – 36.

③ W. C. Bogard. “Bringing social theory to hazards research：conditions and consequences of the mitigation of environmental hazards”，*Sociological Perspectives*，1989（31）：147 – 168.

④ W. J. Petak，A. A. Atkisson. *Natural Hazard Risk Assessment and Public Policy：Anticipating the Unexpected*，New York：Springer，1982.

⑤ S. L. Cutter. *Living with Risk*，London：Edward Arnold，1993，p. 214.

⑥ D. Liverman. “Vulnerability to global environmental change”，in R. E. Kasperson，K. Dow，D. Golding，J. X. Kasperson（eds.）. *Understanding Global Environmental Change：The Contributions of Risk Analysis and Management*，Worcester，MA：Clark University Press，1990，pp. 27 – 44.

脆弱性是指不同群体或个人在处理危险或事件时的能力差异。[①]道宁（Downing）使用了人口学的指标分析，如人口年龄、经济依赖、种族，等等。[②]维斯勒认为还要关注以上因素的相互作用过程。于是，有学者认为灾害中的脆弱性是指个人、群体的特征以及它们所在的社会系统影响其抵御灾害风险、应对灾害以及灾后恢复的能力。[③]脆弱性被视为一个"社会建构的议题"，[④]它实际是社会不公而造成的部分群体易于受到灾害干扰并塑造人们灾害中的行为。[⑤]正如休伊特所指出的，这种方法的演进将人们从过去悲观的灾害受害者转向了主动的行动者从而带来了积极的转变。[⑥]同时，脆弱性概念也更具有动态性内涵，强调主客观的互动性。

2. 多学科视野下的脆弱性概念

脆弱性的概念在不同学科视角下呈现出不同内涵，大卫·麦克恩塔尔（David McEntire）曾经在《学科、灾害与应急管理》（*Disciplines, Disasters and Emergency Management*）一书中分别从科学技术和人文社会科学领域中的诸多学科视角总结出相对全面的脆弱性概念认识（见表1－1）。

---

① M. J. Watts, H. G. Bohle. "The space of vulnerability: the causal structure of hunger and famine", *Progress in Human Geography*, 1993 (17): 43－67.

② K. Dow, T. E. Downing. "Vulnerability Research: Where Things Stand", *Human Dimensions Quarterly*, 1995 (1): 3－5.

③ B. Wisner, P. Blaikie , T. Cannon, I. Davis. *At Risk: Nature Hazards, People's Vulnerability and Disasters*, London: Routledge, 2004, p. 14.

④ E. L. Quarantelli. "A Social Science Research Agenda for The Disasters of The 21th Century: Theoretical, Methodological, Empirical Issues and Their Professional Implementation", in R. W. Perry, E. L. Quarantelli (eds.). *What Is a Disaster: New Answers to old Questions*, Philadelphia: Xlibris, 2005, p. 159.

⑤ J. H. Sorenson, B. V. Sorenson. "Community Process: Warning and Evacuation", in H. Rodriguez, Enrico L. Quarantelli, R. R. Dynes. *Handbook of Disaster Research*, Springer, 2006, pp. 183－199.

⑥ K. Hewitt. *Regions of Risk: A Geographical Introduction to Disasters*, Essex: Longman, 1997, p. 167.

表 1－1　脆弱性的多学科视角认识①

学　科	脆弱性概念认识	建　议
地理学	由高风险区域决定	土地使用规制
气象学	是由于缺乏恶劣天气的预警系统	建立和有效利用预警系统
工程学	即构造结构无法抵抗灾害毁坏力	设计和建造具有灾害抵抗力的建筑
人类学	源于价值、态度、实践方面的限制	改变产生风险的态度与行为
经济学	与贫困有关并且导致在灾害的预防、准备、恢复的能力缺乏	财富分配、购买保险来最小化损失和提升恢复力
社会学	是由于不准确的灾害行为预期并且与种族、性别、年龄、残疾等有关	理解灾害中的行为模式并且注意特殊人群的特别需要
心理学	是由于轻视风险并且没有很好地处理环境压力	帮助人们认识风险并且提供危机咨询来提升恢复力
流行病学	是由于营养不良和其他健康因素导致的疾病和受伤	在灾害循环周期内要提升公共健康的应急医疗
环境科学	是由于环境退化可能造成的气候变化与长期灾害	资源保护、保护绿色空间、环保意识
政治学	产生于政治结构与决策行为	改变政治系统的结构与灾害知识教育
公共行政学	产生于法律误解、政策缺乏有效执行、规制能力受到限制	通过灾害准备、政策执行来加强灾害反应与恢复能力
法学	源于对法律的执行的忽视	理解法律并确保与应急管理中的伦理议题的一致性
新闻学	是由于缺乏关于灾害的危险源与应对的公共意识造成的	消除灾害迷思并提升媒体能力以教育公众

① D. A. McEntire. *Disciplines, Disasters and Emergency Management: the Convergence and Divergence of Concepts, Issues and Trends from the Research Literature*, Washington, DC: FEMA, 2006, p. 15.

续表

学科	脆弱性概念认识	建议
应急管理	是由于缺乏能力去执行灾害发生前后的各种功能（例如，疏散、搜救、公共信息等）	促进公众的灾害意识，通过危险源与脆弱性分析、资源可得分析、预案、训练与练习来加强能力建设
国土安全	源于文化差异、边境渗透、结构易碎、灾害管理组织的缺陷	改正本土与对外政策错误、加强恐怖主义应对能力、边境安全、提升应对大规模杀伤性武器（WMD）能力

在科学技术研究传统下，脆弱性的定义常与技术—工程—自然要素相结合。例如，地理学认为脆弱性由高风险区域所决定；气象学则认为脆弱性是由于缺乏恶劣天气的预警系统；工程学认为脆弱性与构造结构无法抵抗灾害破坏力相关；环境科学认为环境退化可能导致气候变化和长期灾害就是脆弱性的重要表现；流行病学则认为营养不良与其他健康因素的差异导致群体面对灾害的脆弱性不一。在科学技术传统看来，加强土地使用规制，建立和有效利用预警系统，提升建筑的防灾级别，加强资源保护和环保意识等皆可作为干预灾害脆弱性的路径选择。

在人文社会科学研究传统下，脆弱性的定义则常常与结构—功能—制度—文化关联。例如，人类学认为脆弱性源于价值、态度、实践方面的限制；经济学则认为脆弱性与贫困有关从而导致群体在灾害预防、整备、恢复方面的能力缺乏；社会学则从社会结构切入脆弱性认知中，认为脆弱性与群体的种族、性别、年龄、健康度等要素相关；心理学则认为脆弱性是人们轻视风险并无法很好地处置环境压力；政治学从政治结构、决策行为以及政策执行过程等方面识别脆弱性；在法学视角看来，脆弱性源于对法律执行的忽视；新闻学认为脆弱性是由于对灾害危险源认知和应灾意识缺乏而造成。在人文社科传统看来，改变人们风险态度，优化社会结构，关注弱势社会群体，加强心理引导，完善政治系统结构并加强防灾减灾政策的执行，消除灾害迷思（disaster myth）并提升媒体能力以教育公众等是消减灾害脆弱性的重要方式。

（二）脆弱性与恢复力

当前美国灾害社会科学研究领域两个最热门概念分别是“脆弱性”和“恢复力”。脆弱性概念出现在前，恢复力概念出现在后。其中关于两个概念间的内涵与关系的争论颇多。恢复力的概念一般都与应对与恢复能力（capacity）和适应力（adaptive）联系在一起，较为典型的如威尔达夫斯基将恢复力定义为“非预期危险成为现实后的应对能力和迅速恢复力”。[①] 路易斯·康福同样将恢复力定义为“利用现存资源和技能以适应新的系统和操作环境的能力”。[②]

有学者曾将这两个概念之间的关系主要区分为两种：

（1）二者分别处于连续统的两极，一极为脆弱性即是导致灾害的原因，而另一极则是恢复力即抵抗与应对灾害的能力。脆弱性更多的被认为是威胁、暴露于危险中，而造成群体处于危险境地的原因就在与社会、经济、政治、技术、地理区位等因素。从灾害管理周期角度上看，脆弱性关注的是减灾（mitigation）阶段，而恢复力关注的是灾害发生后的应对与恢复阶段。

（2）脆弱性包含恢复力即恢复力是构成脆弱性的一个因素，脆弱性和恢复力在能力层面上达成统一。那么，脆弱性的定义中同时包含了负面和正面双重作用，它是二者相互作用的结果。相似地，恢复力也可以同样包含脆弱性。互为包含的关系形成了“恢复力是脆弱性的一部分，同样脆弱性也可是恢复力的一部

① A. Wildavsky. “Trial Without Error: Anticipation Vs. Resilience As Strategies For Risk Reduction”, in M. Maxey, and R. Kuhn (eds.), *Regulatory Reform: New Vision Or Old Course*, New York: Praeger, 1985, pp. 200 - 201.

② L. K. Comfort, et al. “Reframing disaster policy: the global evolution of vulnerable communities”, *Environmental Hazards*, 1993 (1): 39 - 44.

分”。这种认识方式可能是“过于简单”而导致将脆弱性认识局限在“造成脆弱性是缺乏恢复力，而恢复力不足是由于脆弱性造成”。就灾害管理周期而言，此处，脆弱性被用作恢复力（灾害的应对和恢复）的管理实践中，被当作一种评估与测量工具，其强调的是脆弱性的工程—科学视角，而失去了脆弱性自身独有的基于政治经济学视角的灾害解释力。

（三）脆弱性与风险（灾害）

在自然灾害研究中，脆弱性的概念常常与风险、灾害联系在一起使用。其中，有两个等式被用来表述三个概念之间的关系，它们分别是：

风险（R）=危险源（H）+脆弱性（V）　　(1)

风险（R）=危险源（H）×脆弱性（V）　　(2)

两个等式中的“危险源”（hazard）是指极端自然事件并可能造成自然灾害。脆弱性（vulnerability）是指可能造成损失的社会背景因素。等式中的风险概念也不再是表述为一种一般意义的“不确定性”，而是极端事件发生的一种可能性，风险（risk）被认为是灾害结果出现的可能性（risk of disaster）。两个等式都表达出的核心思想是灾害的出现是由于自然事件与群体或个体所具有的社会特征共同作用的结果。但是，两个等式在使用上却有细微差别，即等式右边危险源和脆弱性之间的关系是加抑或乘，而这种差别正体现出脆弱性概念从静态走向动态的变化。从文献来看，等式（1）的提出早于等式（2），维斯勒等人提出并使用了等式（1）并被其他学者所采用，即视灾害是极端自然事件与脆弱的人群相互作用的结果。但这个等式后来被认为存在问题，因为它将脆弱性视为静态。路易斯（Lewis）在等式（1）的基础上进行改造并提出相对精确的等式（2），轻微的改动在于将加法关系改为乘法关系，因为等式（2）中认为造成脆弱性的原因是多方面的，如贫困、性别、种族、年龄等方面，而这些脆弱性特征又会导致灾害脆弱性成倍增加（increase exponentially）。同时，相对前者，后者所强调的极端灾害的脆弱性更加多元化，等式（2）也被最广泛的应用。

第二节　研究综述

一　灾害社会科学研究历史与范式变革

经过超过半个世纪的发展，灾害社会科学从最初以灾变社会行为研究发展到以灾害脆弱性为整合话语基础的包含理论范式与测量工具的新兴学科；从以灾害社会学主导转变成集合政治学、经济学、心理学、行政管理学等多学科交叉研究学科；从作为灾害自然科学研究的附属角色转变为灾害研究与政策产出不可或缺的重要学科门类。灾害社会科学已经成为灾害研究与灾害管理实践领域的重要推动力量。通过对灾害研究的历史梳理，可以发现不同时期学者在灾害研究的思想、路径与方法等方面的转变。

（一）灾害研究：社会科学的介入

灾害的自然与社会双重属性特征形塑了灾害科学研究的学科多样性，而直到 1970 年代灾害研究仍是主要由自然科学所主宰的领域，采用灾害单一危险源（single hazards）研究方法，[①] 如，火山学家可能会关注岩浆流和气体压力，气象学家、海洋学家可能关注大气循环，而地理学家则关注地球板块运动与地质构造等。相对于自然科学视角的灾害研究，灾害社会科学研究的历史较短。据拉塞尔·戴恩斯（Russell Dynes）考证，灾害社会科学领域中的第一个经验研究出现在第一次世界大战末期，而第一个理论研究成果是在 1942 年乔治·贝克尔（George W. Baker）、德

① K. Hewitt, I. Burton. *The Hazardousness of a Place*, Toronto: University of Toronto Press, 1971, p. 5.

怀特·查普曼（Dwight W. Chapman）编写的《灾难中的人与社会》（*Man and Society in Calamity*）。①

早期灾害社会科学研究的问题与方法受到传统灾害自然科学的较多影响。灾害研究试图回答灾害中的基本问题，如灾害的分类、术语表达。对基本问题的回答直接启发了灾害的多视角研究，尽管这些分类与术语依然处于简单层面。如早期将灾害分为地球上、地球内、大气的，或是分为影响动物或植物层面的。关于灾害的术语表述研究中，查尔斯·福瑞茨（Charles E. Fritz）所采用的灾害概念阐述维度（频率、时长、地域与空间广度、作用速度）为后来灾害社会科学研究的开展奠定了基础。

随美苏"冷战"开始，美国社会学开始介入极端事件（自然灾害、科技灾难）的研究中，此时灾害研究视角大多聚焦人们对核战争的行为反应模式。而随此类研究的深入展开，社会学者开始发现，关于自然灾害与科技灾难的研究有助于理解人们在灾变条件下的社会行为，便开始了早期灾害社会学的研究。其中，最具标志性的事件是由恩里克·克兰特利、拉塞尔·戴恩斯、尤金·哈斯（Eugene Haas）所共同创立的灾害研究中心（于1963年建立于美国俄亥俄州立大学，后迁至美国特拉华大学），该中心基于集体行为、符号互动主义、组织社会学理论等经典社会学理论，以大量实证研究为方法基础与数据来源，对灾变条件下的组织与社会行为进行探索。另外，早期灾害社会科学还受到来自自然科学研究的重要影响。由地理学者吉尔伯特·怀特（Gilbert White）于1976年所创立的美国科罗拉多大学自然风险研究中心（Hazards Center），其研究特色是聚焦人与社会对于自然灾害的适应。伊恩·伯顿（Ian Burton）、罗伯特·凯兹（Robert Kates）以及吉尔伯特·怀特于1978年所著《环境作为灾害源》（*The Environment as Hazard*）一书指出，可以通过调整人类行为而减少灾害

① R. R. Dynes. *Organized Behavior in Disaster*, Lexington, MA: Heath Lexington Books, 1970, p. 54.

损失。受地理学研究传统影响，他们强调卫星、地震仪等现代科技工具在预测和预防灾害中的应用。[①]

DRC 与美国科罗拉多大学自然风险研究中心的成立代表了以社会学为基础的灾害社会科学研究开端。两个中心将灾害社会科学的研究视角扩展到灾害全周期，前者注重对于灾变发生后的各种社会行为的反应与恢复，后者更加注重人类社会对于灾害事件的行为调试，以满足减灾与灾害整备之需要。同时，作为社会科学领域内的灾害研究中心，它们不仅培养出新一代的灾害研究学者，还为其他社会科学内的学者（政治学、经济学、管理学、心理学等）提供了灾害研究平台。

（二）灾害社会科学研究的发展期

1970 年代末和 1990 年代中期是灾害研究发展的第二阶段。这段时间内的灾害研究也出现了很多变化。在第一阶段，“硬科学”主导着人们对于灾害的认识，社会科学在这一时期仍然处于“附属”地位。相对于前一阶段，第一阶段研究的实践和理论发展表明，自然科学的灾害研究已经不足以解释与解决现实问题，灾害研究中社会科学开始与自然科学并驾齐驱。

继灾害社会科学初始阶段对灾害神话论的挑战以及树立灾害的纯自然性（act of nature）认识后，第二阶段的社会科学又进一步挑战了灾害的纯自然性认识，同时也逐步扩展了原有灾害研究的范围。随着人类现代科技的发展，工业事故也给人类造成了巨大伤害，如 1974 年的英国化学设施泄漏爆炸事故、1976 年意大利二噁英（dioxin）泄漏事故、三里岛（three miles island）核事故以及影响深远的切尔诺贝利核泄漏事故。这些事件使人们逐渐认识到人为因素对灾难的作用。于是，危险源的范围不再仅仅局限于自然形态而是扩展到了更广阔的“人造”层面，灾害的发生

---

① I. Burton，R. W. Kates，G. F. White. *The Environment as Hazard*，London：Oxford University Press，1978.

不能仅归因于自然本身，人类社会作为灾害事故发生的触发因素不可被忽视。

这段时期有两本著作被后来的研究者们广泛引用并改变了灾害社会科学研究，它们分别是由休伊特主编的《诠释灾难》(*Interpretation of Calamity*) 和卡尼 (Cuny) 主编的《灾害与发展》(*Disaster and Development*)，他们都注意到欠发展（贫困）与灾害之间的关系。而在研究结论层面，二者却存在差别，休伊特和他的同事们受到早期奥卡菲、维斯勒等人的影响，认为依赖科学来预测和预防灾害事件的"技术专家"(technocrats) 实际上在减灾方面的作用很小，灾害的出现与日常社会状态所造成的贫困和社会剥夺有关，社会剥夺系统的运行实质上增加了人们遭受灾难的可能性。[①] 相对于休伊特的研究结果，卡尼的研究则更加具有乐观色彩，他认为灾害与发展天生相互交织，灾害与发展之间的关系应是互动的，与之前研究认为的发展是造成灾害的主因不同，卡尼认为发展是解决灾害的路径，社会、政治、经济等层面的发展是可以被广泛应用于防灾减灾之中。

针对一些现代工业技术事故的发生，理论界也兴起了一套反思现代性话语体系构建与因应策略分析。由贝克、吉登斯等人提出并不断完善的风险社会理论，体系性地对现代性进行反思，揭示全球风险社会的到来，它对于现代社会中的灾难与事故提出了社会政治层面的宏观话语诠释。与风险社会宏观叙事分析传统不同，针对三里岛事件、"挑战者"号事故以及安德鲁飓风等重大事件的发生，查尔斯·佩罗、陶德·拉波特 (Todd La Porte)、罗森塔尔、拉扎德克、波恩、康福等人分别从组织视角切入复杂社会形态下的灾害发生机理与应变分析中。这些研究共同拓展了组织视阈的灾害分析，当时所提倡的"高信度组织""正常灾难"

① K. Hewitt (ed.). *Interpretations of Calamity: From the Viewpoint of Human Ecology*, London: Allen and Unwin, 1983.

"社会技术组织"等概念影响深远。

在这段时期，灾害社会学依旧遵循灾害行为研究传统，通过大量实证研究的积累，逐步提出了一些有价值的理论，例如，灾害迷思、DRC 类型学、疏散行为模式等，这些理论使灾害社会学形成了独具灾害背景特征的社会学理论。文化人类学视角的灾害研究传统也对当前研究影响较大。在安东尼·奥利弗—史密斯、霍夫曼（Hoffman）、玛丽·道格拉斯以及阿隆·威尔达夫斯基等人的带领下，对灾难文化、风险文化、灾害政治经济学等主题的研究，直接启发了随后兴起的灾害的脆弱性科学研究。诸多大事件的发生使得灾害研究进入快速发展阶段，灾害的社会属性得到进一步挖掘。而在这段时期内，各学科仍然保留自身的传统研究领域。

（三）灾害社会科学的转型期

1990 年代末期以来的灾害社会科学研究出现了许多新面向，研究取向的改变主要受到两股变革力量的推动，它们分别来自于理论发展与实践需要这两大层面。

1980 年代末期在欧洲兴起的风险社会理论，宏观展现了现代社会的不确定性特质。贝克、吉登斯、卢曼等人的研究使风险社会理论内涵更加丰富。相对于早期的风险心理测量和文化范式的风险研究，风险社会理论则更具有宏观叙事性。而随着风险社会理论的兴起，在欧洲，关于风险社会的风险治理路径的分析便逐渐发展起来，并且与美国社会学界关于组织风险管理的研究遥相呼应，二者最终都将风险研究的视角放在组织层面。与此同时，政治和管理层面的危机管理也得到了进一步发展，以罗森塔尔、波恩、康福等人为代表的危机管理研究，更多是强调不确定性条件下的组织领导力、决策结构、应对能力、组织的应灾科技等方面的研究。而风险社会理论逐渐改变了早期强调宏观叙事的特点，开始逐步强调组织作为中观层面的风险治理主体的研究，于是，风险治理和组织内部风险控制成为风险社会理论在管理层面的应用，而风险社会理论补强了危机管理理论的基础。

21 世纪第一个十年所发生的几件重大事件（例如 2001 年美国“9·11”恐怖袭击事件、2003 年印度洋大海啸和 SARS 事件、2005 年美国卡特里娜飓风、2008 年中国汶川大地震等）冲击着传统灾害（或危机）的认识与管理。其中，“9·11”恐怖袭击改变了美国应急管理的理念与整体组织架构。长期以来面向多灾种管理的美国联邦紧急管理署（FEMA）被并入美国国土安全部（DHS），灾害管理变成了偏重于应对恐怖主义袭击的管理。此举遭到灾害研究学界的批评，在面对 2005 年卡特里娜飓风袭击时，这些批评意见得以应验。然而以灾害社会学为核心的传统灾害社会科学研究，无论是在理论概念上还是在管理实践上，都受到了传统概念定义与研究视阈的束缚，无法将研究触角深入恐怖主义、全球变暖、疯牛病等灾害事件中。在理论层面，随着风险社会理论、风险治理理论、危机管理研究的不断丰富与完善，为灾害研究提供了风险叙事话语、治理结构、应灾体制与机制变革、管理技术、灾变行为等方面的支持，为灾害社会科学的发展提供了全方位保障。

与此同时，灾害社会科学研究者已经发现了灾害、危机、风险研究所呈现的混乱现状。为了克服“盲人摸象”式的灾害认识与研究现状，一种强调整合学科和理论视角的灾害研究取向开始出现。虽然该研究取向还没有形成统一的话语体系和分析工具，但是通过在概念、理论、视角、方法上的整合尝试，使其与以往的灾害研究范式存在着明显差异。从文献上看，灾害整合研究趋势的发展驱动力主要来源于三个方面，它们所采用的整合方式也存在一定的区别。

首先，基于学科视角的灾害社会科学整合研究。这股力量以 DRC 为代表。DRC 的发展过程就是不断寻求灾害研究多元化的过程，从最初的社会学为主导逐渐发展成为整合社会科学与自然科学，以及社会科学内部多学科的多元研究取向。在理论层面，

DRC 倡导灾害社会科学的整合研究，它强调学科基础理论及其实际应用的整合，例如强调风险评估与灾害管理的结合、强调灾害社会学理论与灾害公共政策的结合、强调灾害科学技术与灾害管理的结合等。

其次，基于“危机”概念视角的灾害社会科学整合研究。有些学者开始寻找一些中层概念以解决新形势下灾害认识分歧，力图将灾害研究引入整合研究模式中，其中，波恩以危机概念为基础的整合研究最具代表性。波恩提出以危机作为事件后果的程度界定的中层概念，并将灾害视为“危机变坏的结果”（crisis gone bad）；认为很多事件的发生并没有达到社会功能中断的程度，却同样给人类带来巨大挑战，比如恐怖主义袭击，使用危机这样的中层概念就很容易将其纳入灾害研究。波恩还认为，危机发生的原因没有明确起点，而是根植于社会背景之中，微观上可以是人为错误，宏观上可以是复杂现代社会带来的巨大不确定性。换言之，危机的发生被认为是受到个人错误、组织问题以及环境变迁的作用，而这些要素的作用过程则需要研究者更多地从政策与组织层面进行分析。[①] 波恩基于政治—行政视角试图弥合灾害社会学研究与危机管理研究的长期分野，寻找二者在研究概念、方法、对象上的交叉。

最后，基于“风险—危机”转化范式的灾害社会科学整合研究。这就是笔者所在的研究团队正在努力进行的工作。我们在继承波恩关于危机与灾害关系的处理基础上，提出了“风险—灾害（突发事件）—危机”的演化机理，揭示风险、灾害与危机之间的连续统属性，并注重对灾害、危机的前端即“风险”环节的分析，认为灾害、危机的发生根源于风险之中，风险被理解为一种不确定性。通过这样的研究，企图挑战自然灾

① R. A. Boin. “From Crisis to Disaster: Towards an Integrative Perspective”, in R. W. Perry, E. L. Quarantelli (eds.), *What is a disaster: New answers to old questions*, Philadelphia: Xlibris, 2005, pp. 159 – 163.

害长期以来主导灾害社会科学研究对象的现实格局，通过多种类型突发事件作为风险最终转化为危机的触点，打破灾种之间的学科界限并形成统一的话语体系。[①] 在此基础上，又在“风险—灾害—危机”转化理论模型架构中增加了社会脆弱性概念，将社会脆弱性与触发因素共同视为风险—危机转化的“催化剂”与基本条件。社会脆弱性概念的加入，使灾害更具有管理内涵，使灾害逻辑叙事与灾害管理政策实践互通。社会脆弱性与灾害风险易感性正相关，它可以由政治脆弱性、社会脆弱性、经济脆弱性、文化脆弱性构成，针对其构成要素的干预正是灾害管理的主要内容，而针对其构成要素的研究则呈现出灾害研究学科多面向性。[②]

二　灾害的脆弱性研究述评

（一）灾害脆弱性研究的学科类型

与灾害脆弱性概念的情况一样，灾害脆弱性分析同样也是处在碎片化的境地。在灾害研究中，不同学科从自身角度定义和使用脆弱性概念。维斯勒将脆弱性分析范式分为四种类型：脆弱性的人口统计学分析、脆弱性的存因类型学分析、脆弱性的多元情境分析、脆弱性的公民参与和治理分析。[③] 从学科视角看来，关于脆弱性的研究可以分为如下四种：

其一，自然科学视角下的脆弱性研究。自然科学范畴的脆弱性研究主要关注如何定位与寻找区域内暴露于自然危险源与威胁

① 童星、张海波：《基于中国问题的灾害管理分析框架》，《中国社会科学》2010 年第 1 期。

② 陶鹏、童星：《灾害社会科学：基于脆弱性视角的整合范式》，《南京社会科学》2011 年第 11 期。

③ B. Wisner，P. Blaikie，T. Cannon，I. Davis. *At risk：Nature hazards，people's vulnerability and disasters*，London：Routledge，2004，p. 24.

的人群。预警系统、环境保护、搬迁、土地规划与使用等是该视角下解决社区免遭灾害的有效政策工具，而却忽视了关于人们为什么会居住在这些高风险地区的解释。

其二，工程—技术视角下的脆弱性研究。工程—技术视角更加强调技术改进与材料优化对于抵抗灾难的积极意义。这些学者认为建筑设计、材料及整体规划的不足是导致脆弱性增加的关键因素。如果这些方面得到改进，那么灾害损失便会自动减少。而批评者指出，这种改进方式也许只在已知高风险地区会有实效，一般情形下，人们建造房屋是不管危险高低而只要求满足基本居住需要。

其三，社会结构视角下的脆弱性研究。这种视角基于经济社会与地理因素的双重考量。其核心观点认为，造成个人或群体脆弱性的首要因素应该是社会结构因素，而其他如地理、工程等方面应是次要因素。在这一视角下，种族、性别、年龄、贫富等因素影响群体面对灾害的能力。其中，该类型的研究中被广泛引用的是“压力—释放”模型。而在美国卡特里娜飓风的实际情形也表明，那些被飓风影响最严重的是缺少经济资源的少数族裔人群（minorities）。但是，这种关于脆弱性视角的研究直接导向了贫困研究，将贫困与脆弱性几乎视为同样的概念与过程，而忽略了致灾的其他面向。

其四，组织—管理视角下的脆弱性研究。与前三种视角下的脆弱性认识相比较，组织—管理层面的脆弱性认识更加强调灾害的应对与恢复，与强调消减和预防灾害发生及其损失相比，组织—管理视角下的脆弱性分析更加强调灾后阶段的领导力、管理、适应与政策构建方面的管理与组织能力。通常这一视角下的脆弱性研究采用的概念是“恢复力”（resilience）。其实，这两个概念很难区分谁是被动谁是主动，只是从各自不同的视角看待与分析问题的角度差异而采用的概念表述。根本上，二者都是聚焦灾害演化的社会因素分析与干预对策建构。

（二）灾害脆弱性研究的模型方法

1. **风险—危险模型**（Risk - Hazard Model，RH Model）

风险—危险模型源于自然灾害研究的地理学研究传统，主要理论贡献者是怀特和巴顿。[①] 该研究路径试图强调灾害后果是自然因素与人类社会因素相互作用的结果。RH 模型的重要贡献是将极端事件的影响分为两个组成部分，即面对危险的暴露程度和特定人群的敏感性，二者是评估灾害影响的基本依据（见图 1 - 1）。在此，脆弱性被视为具有静态性与结果导向性。

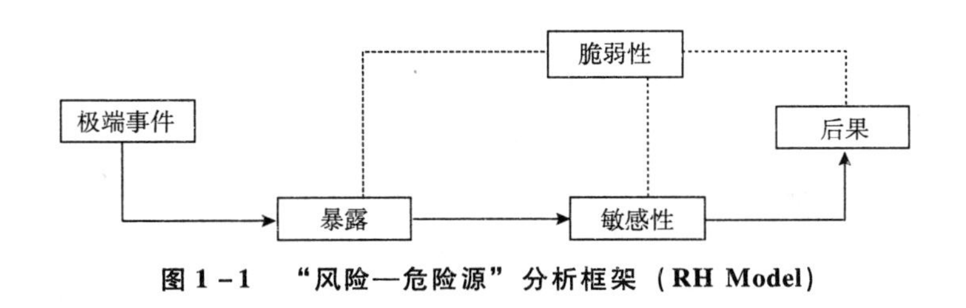

图 1 - 1　“风险—危险源”分析框架（RH Model）

在灾害的脆弱性分析工具发展过程中，RH 模型开创了将脆弱性模型化、量化的先河，而随着人们对灾害认识的发展该模型也受到后进研究者的批评。特纳指出 RH 模型将分析重点放在自然灾害事件的社会干扰与压力（stressors）上，在灾害对系统的影响以及系统本身的反应的理解上存在局限。同时，RH 模型还将致灾因素与过程分析过分简单线性化处理，将事件与灾害结果通过敏感性和暴露程度来连接，显然忽视了其他子系统对于灾害结果出现的重要性，尤其是社会结构与社会制度在塑造不同暴露程度和灾难结果上的作用被忽视。于是，政治经济学视角被纳入脆弱性模型之中。

2. **“压力—释放”模型**（Pressure and Release Model，PAR Model）

政治经济学或政治生态学（political - ecology）方法近些年来

① G. F. White. *Natural Hazards*, New York: Oxford, 1974.

被广泛引入灾害分析中。当RH模型无法回答和解释的相关问题，诸如“为什么特定人群处于更易于遭受灾害影响的境地”“他们是怎样变得脆弱”以及“哪种人群才是脆弱的”时，产生于结构主义和新马克思主义思想的政治经济学视角将脆弱性研究引入政治—经济或政治—生态理论框架下，强调对社会和经济过程的分析。脆弱性的政治—经济视角分析，从融合社会政治、文化、经济因素为一体的分析网络来解释群体在危险暴露程度、受影响程度、应对与恢复能力等方面的差异性。脆弱性不再被视为一种结果而是被视为现存的一种状态和过程，它富于动态性且难以量化。“压力—释放”模型（PAR）是基于政治生态或政治经济学视角的灾害脆弱性分析工具，在灾害研究和危机管理文献中被广泛应用。

压力—释放模型由布莱克等人所提出，弥补了RH模型所无法回答和解释的问题，重点关注的是脆弱性的产生原因和灾害发生之间的互动关系分析。该模型更加强调动态性，认为灾害的发生是由于两种相对力量的共同作用的结果。PAR模型力图说明政治与经济背景是灾害发生的根本原因，这些背景因素同时又塑造了人和组织在灾害中的行为反应（见图1－2）。

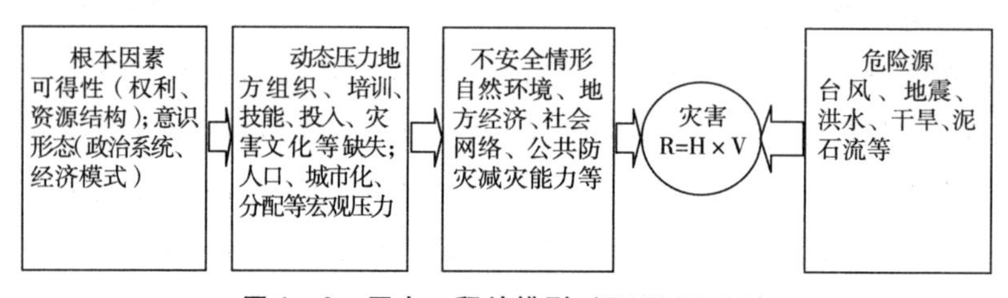

图1－2 压力—释放模型（PAR Model）

在压力—释放模型中，灾害的发生除了与自然突发事件相关，还有人类社会自身的原因，这与RH模型有些相似，即将自然属性与社会属性相结合作为灾害发生的存因考察。而与RH模型所不同的是，PAR模型更加注重对灾害的社会存因的互动过程分析，政治与经济因素被认为是灾害发生的深层社会因素，而政治经济因素通过影响人们在权利和资源方面的可得性进而形成如缺乏技能、投资、训练等方面的“动态压力”，最终将人群暴露于不安全的情形下，如处于危险的空间布局、低收入与高生活风险、缺乏有效的灾害应急准备与措施，等等。不安全情形与灾害事件的共同作用造成了特定人群的受灾状况。与 PAR 模型相对应的是可及性模型（Access Model）。该模型作为 PAR 模型的补充，揭示了权利、资源在不同人群之间的具体分配过程。另外，PAR 模型还具有管理意义，模型中的“释放能力”就是强调通过一系列的政策行为来减少灾害影响。

3. **脆弱性指标化与制图**

灾害的脆弱性视角分析为了满足地区间的脆弱性程度比较需要而出现了脆弱性指标与量化研究。同时，随着地理信息系统（Geography Information System，GIS）在灾害研究领域的应用，脆弱性区域制图也被认为是社会科学与自然科学相结合而形成的有效分析工具。

在脆弱性的指标建构上，以苏珊·科特（Susan L. Cutter）为代表的社会脆弱性指标（Social Vulnerability Index，SoVI）研究影响最广。该研究以美国为研究样本，利用美国人口普查数据，对美国各州的社会脆弱性状况进行比较研究。[①] 该研究试图将社会脆弱性分成多个维度来进行测量。这些维度分别是个人健康、年龄、建筑密度、单个部门经济依赖性、住宅与租用权、性别、种族、职业、家庭结构、教育、公共设施依赖程度。这些都是社会脆弱性指数（SoVI）的构成基础。社会脆弱性指数可用于脆弱性程度的地区间量化比较分析。它的重要功能是可用于估计灾害可能造成的潜在各种影响，从而在管理和政策层面进行相关事前干预。

沿着脆弱性的量化与指标化的研究，脆弱性的制图成为脆弱

---

① S. L. Cutter, B. J. Boruff, W. L. Shirley. “Social Vulnerability to Environmental Hazards”, *Social Science Quarterly*, 2003（2）: 242 – 261.

性研究者与政策制定者、其他学科研究者及社区之间的政策沟通核心工具。虽然制图在灾害管理领域已经有了相当长的使用历史，但是长期以来都以自然科学为主导。近年来随着社会科学视阈下的脆弱性指标被引入制图要素（如社会脆弱性指数的引入），极大地丰富了脆弱性制图的政策与社会意义，将更多的社会因素吸收到脆弱性制图中也拓展了 GIS 分析工具的适用性。

第二章　研究框架与理论模型

第一节　整合式灾害社会科学研究：理念与视角

灾害社会科学发展的历程表明，灾害研究在灾种聚焦、学科视角以及方法模型上呈现出多元交叉的全新趋势，但“还没有发展出具有一致性特征的理论视角”。[①] 随着现实与理论发展的双因素驱动，作为整合式（holistic）的灾害研究理念随之出现。该研究取向下的灾害研究从概念到方法都经历了整合以适应21世纪以来所面临的灾害新议题。本研究将此类型的灾害研究称为整合式灾害社会科学研究。

整合式灾害研究的理念强调全灾种（all hazards）、全程性、综合性、关联性，以及全球与本地的结合。全灾种，是指灾害社会科学研究强调引致灾害危机的危险源不仅有纯自然要素，也有人为因素。全程性，是指灾害社会科学与危机研究、风险研究有所不同，后两者关注灾害管理的某一阶段或某种功能，而灾害社会科学注重对灾害周期的全程关注和研究。综合性，是指灾害社会科学不再是各个学科分兵作战，而是综合社会科学多学科交叉的分析模式，聚焦灾害领域，从而终结研究视角相互封闭的历史，在研究方法层面实现多学科共存、交叉和渗透。关联性，是指强调无论是自然灾害还是人为灾难，都需要强调多元背景要素

① K. J. Tierney. “Toward a Critical Sociology of Risk”, *Sociology Forum*, 1999 (2): 215 - 242.

相互联系作用的现实，不执迷于专业性而将研究对象置于广泛联系的世界中去认识。最后，作为整合的灾害社会科学研究方法，也强调全球化的世界背景与本地实际情况的结合，探寻全球变迁对本地的深刻影响，并实现不同国度间学术话语的转换和对接。整合理念的灾害社会科学研究特点，在具体的概念、研究视角与方法的设计上也得到体现。

一　整合式灾害社会科学研究：核心概念

研究概念作为理论探索的基础，也是研究框架构建与学术对话的基本前提。长期以来灾害社会科学领域形成了以社会学为主导的灾害研究、以管理学和公共政策为主导的灾害管理（应急管理或危机管理）[①] 以及心理学、社会心理学、传播学等多学科参与的风险研究。这些学科所聚焦的研究对象都是灾害事件及其社会后果，就逻辑顺序来看可以分为可能发生与已经发生，“风险（risk）—危险源（hazards）”与“灾害（disaster）—危机（crisis）”这两组相似的概念在不同学科间被普遍使用。而作为整合的灾害社会科学研究的起点，需要完成概念整合。

首先，在灾害发生原因层面，关于风险与危险源认知的冲突与整合。风险概念实际存在着可计算性与不可计算性的冲突。在早期风险实证研究传统看来，基于计算性的风险分析是作为政策产出的基础，而以风险社会理论为代表的风险不可计算性观点则认为风险概念的意义应该被推广到一般性范畴，并发展出关于风险社会的一套阐释话语与风险治理的政策实践。有学者基于公共

① 这三个词在灾害学术话语中常常存在互换的现象，灾害管理相比较应急管理与危机管理而言范围更广，前者可能包括政府主体之外的其他社会主体的灾害参与，而后两者关注层面相对集中。但不同的学者对此有自己的界定和习惯用法。本研究主张使用灾害管理。具体参见 R. T. Sylves. *Disaster Policy and Politics: Emergency Management and Homeland Security*, Washington, DC: CQ Press, 2008, p. 233。

性层面定义风险，风险被认为是“表示各种不确定性”，同时可能在公共性层面上对社会集体造成威胁。[①] 在承认风险作为一般性的概念范畴和非可计算性的同时，将风险与公共性结合并赋予风险的公共性内涵。风险与危险源的概念冲突实则体现了传统的自然灾害研究与政治—社会灾害研究的学科隔阂。自然危险源在灾害研究中常被使用并表示可能造成负面结果的事件、物体、行为、状态等。而在危险源分析范式下，风险的一般性内涵被认为是“十分抽象的”，而抽象与具体之争实际上是学科研究传统的封闭性体现，就概念范畴而言，风险概念是将灾害发生的原因范畴置于更具一般性的广阔领域。于是，在灾害发生的原因层面出现了整合人为性与自然性的概念——风险。

其次，在灾害结果层面，关于灾害与危机的概念认知冲突与整合。传统自然灾害研究中负面事件的结果常常被定义成“灾害”（disaster），而波恩提出将危机作为事件后果的程度界定的中层概念，认为要将灾害视为“危机变坏的结果”（crisis gone bad）。他认为很多事件的发生并没有达到整体社会功能中断的严重程度，但却同样给人类社会造成巨大挑战，比如恐怖主义袭击也需要被吸纳到灾害研究之中，那么使用“危机”这样的中层概念来界定极端事件的影响是合适的，因为它是“包罗万象似的概念，可以包括所有负面（un－ness）事件”。[②] 那么，自然灾难、科技灾难、恐怖主义袭击事件的社会影响就被统合到“危机”层面，在公共性层面，这些负面事件都对“基本结构、社会价值与规范”[③] 造成威胁。于是，关于极端事件的影响结果层面的话语表述中，以“危机”这一更具一般性的概念来涵盖各种类型的

---

① 童星、张海波：《基于中国问题的灾害管理分析框架》，《中国社会科学》2010 年第 1 期。

② K. Hewitt (ed.). *Interpretations of Calamity from the Viewpoint of Human Ecology*, Boston: Allen and Unwin, 1983.

③ U. Rosenthal, M. Charles, P. 't Hart. *Coping with Crises: the Management of Disaster, Riots and Terrorism*, MA: Springfield, 1989, p. 10.

灾祸。

最后，在原因结果之间的关系链层面，完成以“突发事件”为代表的灾害外因论与以群体脆弱性为代表的灾害内因论的整合。灾害的经典认识即外部突发事件所导致的社会功能中断。一直以来，该认识主导着人们对于灾害的认识与思考方式，而原因与结果之间的连接即关系链则变为一种自然过程。随着对灾害认知的不断深入，以灾害的群体脆弱性为代表的社会与自然互动型关系链出现。该类型研究认为，在危机结果出现的原因光谱上，所谓“突发事件”并不是该光谱的最后一环，而人为因素掺入危机后果出现的要素之中。显然，以上两种认识皆存在局限性，前者作为经典认识，常常遇到一些诸如无直接或难以寻找的触发事件的慢性灾难而丧失解释力，而后者常常将危机发生与资源权利连接在一起，从而出现“灾害结果出现的原因在于贫困的认识”，脆弱性被限制在了贫困范畴内而忽视了其他灾害中非贫困群体同样受灾的现实。

本研究强调基于脆弱性的灾害关系链层面的概念整合，在以往关于脆弱性的研究基础上再做以下两方面的调整。

其一，从突发事件到触发因子的调整。灾害是由于致灾因子与各种脆弱性共同造成的社会功能中断后果。而关于灾害的影响程度可能是多样的，但是，所有灾害形式都拥有一些共同特征即都包含致灾因子与脆弱性。致灾因子可能源于自然环境、人类活动以及二者混合。本研究中，强调各类灾害是由触发因子（triggering agents）与各种脆弱性相互作用的结果。而使用触发因子来替代自然事件是由于触发因子的含义更广，它涵盖了慢性灾害事件，而不仅仅是突发事件所引致的危机。触发因子包含自然、技术以及人类社会层面的要素。同时，从目前研究来看，自然灾难中的人为因素也是灾害发生的重要原因，虽然不否认突发自然事件对于灾害发生的决定性，而不可忽视的是人为因素的致灾影响，故使用触发因子是符合基于脆弱性的整合灾害研究需要。

其二，脆弱性的概念范畴界定问题。脆弱性可以被扩展到导致灾害或危机出现的各种因素，其中包括自然和社会层面的各种因素。于是，脆弱性作为一般性概念而不仅仅局限在与贫困相关的群体脆弱性。而从社会科学视角出发，脆弱性内涵更多与社会层面因素相联系，那么，可将脆弱性的概念范畴进一步缩小即社会脆弱性。它所聚焦的是造成危机情境的纯社会层面因素。与群体脆弱性相比，社会脆弱性的概念范畴更大，不仅仅是由于人或群体原因，还包含了诸如管理、政策、组织、传播、文化等方面的因素。这些社会因素与触发因子共同作用将各种潜在的风险可能转化为危机现实。

二　整合式灾害社会科学研究：理论视角

理论视角多样性不仅是灾害研究的特点，也是造成灾害社会科学研究存在学科分野的重要原因。本研究试图以社会脆弱性作为整合式灾害社会科学研究的概念基础，进而寻找到一整套可以将灾害社会科学的众多学科视角有效整合的理论框架。首先对脆弱性的概念进行学科整合，再以具有综合性的社会脆弱性概念对灾害进行社会科学视角的研究，并基于社会脆弱性对灾害管理的影响提出具有灾害恢复力特性灾害管理政策建议。

1. 关于灾害研究交叉学科属性及其整合

在完成灾害、风险、危机概念整合的基础上，针对灾害研究领域的多元学科视角的整合成为必要。长期以来，以灾害、风险、危机为核心概念展开的灾害研究包括了多种学科，各学科对三大概念的研究则分别对应“科学—技术”学科传统、“政治—社会”学科传统、“组织—制度”学科传统。[①] 随着理论的发展与演进，社会学进入自然灾害领域的研究并关注自然灾害的社会

① 童星、张海波：《基于中国问题的灾害管理分析框架》，《中国社会科学》2010年第1期。

属性分析，风险研究领域的成果被不断地应用到灾害与危机管理领域中，危机管理技术与政治层面、组织治理结构层面等与灾害社会学研究相融合，并形成灾害管理。可见，传统的三大概念之间的学科边界正逐渐相互渗透、相互影响。同时，人类社会发展也出现了前所未有的挑战，全灾种的灾害管理模式是适应全球风险社会的必然。那么，灾害社会科学是力图弥合学科间的概念分歧、构建社会科学领域内的多学科间的对话平台，回应现实社会变迁的需要，它是灾害研究领域不断发展而实现自身变革的必然结果。

2. 以社会脆弱性为理论视角的学科整合方法

从学科上看，存在着工程学、地理学、政治学、社会学、新闻学、心理学等多种角度的灾害脆弱性认知与识别方式，每个学科都可以从自身角度给出关于脆弱性与灾害之间关系的理解。而学科之间的隔阂造成了对灾害的脆弱性的“盲人摸象”式的认识。本研究作为一项社会科学领域的灾害研究，科学—技术领域视角下的灾害脆弱性分析并不是本研究讨论范围，而是强调灾害的社会脆弱性整合分析。从灾害的脆弱性认识多样性可见，脆弱性是多面向的。从宏观层面来看，这些视角可以归纳为五大方面即政治、社会、经济、文化、环境面向。环境要素属偏向自然灾害的单灾种要素分析，且属于科学—工程领域的研究范畴，故不成为本研究所设定的研究对象。于是，社会脆弱性应主要包括四大层面即政治面向、社会面向、经济面向、文化面向。[①] 四大要素基本囊括了灾害社会科学研究的宏观范畴，那么，社会脆弱性便可以成为灾害社会科学的学科整合工具与理论基础（见图2－1）。

---

① 本书所指的灾害的社会脆弱性（social vulnerability）与苏珊·科特（Susan Cutter）、班克夫（Bankoff）等人为代表的社会脆弱性概念有所区别，后者属于政治经济学传统的灾害脆弱性分析，注重群体和个体的能力、资源。为与之区别，本研究将此类研究定义为“灾害的群体脆弱性”（people's vulnerability on disaster）。

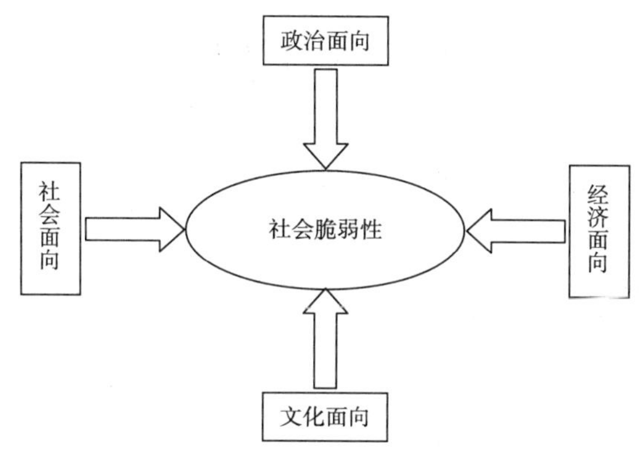

图 2－1　社会脆弱性构成要素

3. 灾害学术研究与灾害管理实践的整合

长期以来，以灾害社会学为主导的灾害社会科学研究与危机管理、风险研究之间存在区隔性。灾害社会学聚焦社会组织、群体、个体的灾变反应与行为方式，危机管理研究注重政策与组织结构面向的管理过程，风险研究则注重风险感知与风险沟通，灾害人类学的研究则注重灾害与文化的互动意义。而灾害管理实践的提升需通过灾害学术研究与现实灾害管理需要的结合，那么，整合式的灾害社会科学研究还需要在灾害管理实践层面达成研究与实践层面的整合。而灾害社会脆弱性研究注重风险易感性、应灾能力、恢复能力的不足，其在揭示问题与缺陷上，还需要政策与管理层面予以回应。本研究在揭示灾害的社会脆弱性基础之上，试图以灾害恢复力理论来构建和完善有效的灾害管理，分别聚焦灾害管理的预防、整备、反应、恢复四个基本管理阶段，实现政治、经济、社会、文化层面的宏观干预与灾害管理实践的结合。在灾害动力学的社会脆弱性视角分析基础上，揭示社会脆弱性在灾害管理行为与过程中的体现，并以此为切入口构建灾害的社会恢复力，对灾害管理各阶段中的价值观念、管理技术、政策工具等层面提出政策建议。

第二节　研究理论模型

一　“风险—危机”转化模型

在梳理风险、危机、灾害、脆弱性等基本概念的全面内涵基础上，本研究还基于整合式灾害社会科学研究之需要，将风险、危机、灾害、脆弱性、突发事件等概念重新定义，并逐渐形成灾害社会科学的核心概念体系。

长期以来，危机认识与研究领域可分为两大认识传统，即触发事件路径（trigger event approach）与过程路径（processual approach）。前者视灾害危机的出现是由单一触发事件引致，后者则改用过程路径来定义与研究危机即视危机的发生存在一个长期的潜伏期并以突发事件为显化条件。如拉尔夫·特纳等人认为，危机过程为“警告讯号、激烈的阶段、放大与解除”；芬克（Fink）提出危机四阶段：潜伏期（prodromal crisis）、爆发期（acute crisis）、延续期（chronic crisis）及解决期（crisis resolution）理论；米特洛夫（Mitroff）则主张配合危机的演化特性，将危机的管理区分为五个阶段，分别是：发现讯息、探索与避免、阻绝伤害、恢复、学习。当前，过程路径已经成为灾害危机研究领域的主流方法。

于是，在过程路径之下，风险、危机、脆弱性以及触发因子之间的概念关系可以被理解成：从潜在风险转变成现实危机而需要触发的因素与脆弱性的相互作用。危机的出现不仅仅是单一“事件”造成，还与社会脆弱性范围内的社会因素作用过程相关。风险与危机之间的关系链是以脆弱性为基础的互动与建构、自然与社会相互并存的关系。于是，相关关键概念之间的关系可以按照事件发展逻辑顺序归纳为如图 2 - 2 所示。较之于灾害——天灾、纯自然事件而言，以脆弱性概念为基础的概念模型下，无论是自然的、人为的、混合型因素所造成的危机情境都具有了“可管理”内涵。

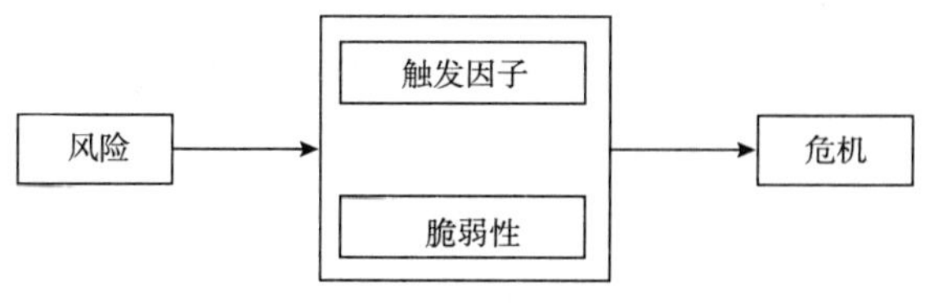

图 2－2　“风险—危机”转化模型

二　灾害的社会脆弱性：“金字塔结构”模型

乌尔里希·贝克曾经对风险社会的基本模式进行过讨论，有学者总结贝克的中心思想并利用公式将其表达为：RS = f（O + W + P）* SM。[1] 公式中 RS 表示风险社会，O 表示有组织的不负责，W 为与风险分配成正比的财富分配，P 代表个人或社会自我颠覆与反思能力，SM 为简化的现代化，造成低估与忽略更多的风险。在此模式中风险社会的形成及扩散，源自于组织不健全、财富不均以及缺乏反思能力，同时受到现代化的加乘作用影响。从现代化到风险社会的逻辑叙事过程中，贝克所选用的切入点分别是组织、财富分配以及社会反思视角。

社会脆弱性作为“风险—危机”转化的核心与媒介，其具体转化过程与机制仍缺少相关理论建构。作为一个宏观概念，社会脆弱性可以直接运用于灾害的宏观叙事话语体系之中；而社会脆弱性又不仅仅是一个宏观抽象概念，其作为一个系统，有其具体的系统构成元素即政治子系统、经济子系统、文化子系统、社会子系统。从系统视角出发，一旦过分注重单个系统要素而忽视其他部分，则必然导致整体崩溃。于是，在灾害的社会脆弱性研究中，需要处理部分与整体的关系，并强调宏观层面的社会脆弱性

① 王俊秀：《环境问题的阶级论述：环境社会学的想象》，收入翟海源主编《台湾社会问题研究》，巨流出版公司，2002，第 183 ~ 214 页。

全面内涵把握，又需要注重局部微观层面的社会脆弱性结构要素干预策略构建。

为此，灾害社会脆弱性的金字塔结构模型（图2－3）主要解决了两项任务：其一，灾害社会脆弱性的四维整合，通过将社会脆弱性研究的政治、经济、文化、社会四大理论维度整合到统一理论架构体系之下并进行全面认识与系统把握。其二，摆脱宏观叙事话语的现实局限性，达成理论与实践在中观层面的有机结合，从社会脆弱性的宏观维度到灾害管理与政策之间需要通过一些中间概念进行连接与阐释，同时，管理政策实践实际又受到政治、社会、经济、文化的交叉影响而形成，很难将某一维度直接与灾害管理政策对应。于是，本研究提出三个中层概念，它们分别是：组织适应、脆弱性分布、灾害文化。相对于宏观社会脆弱性要素而言，三大中层概念构成了灾害管理过程的共有元素，它们是社会脆弱性的政治、经济、文化、社会方面在中观层面的交叉影响的体现（见图2－3）。

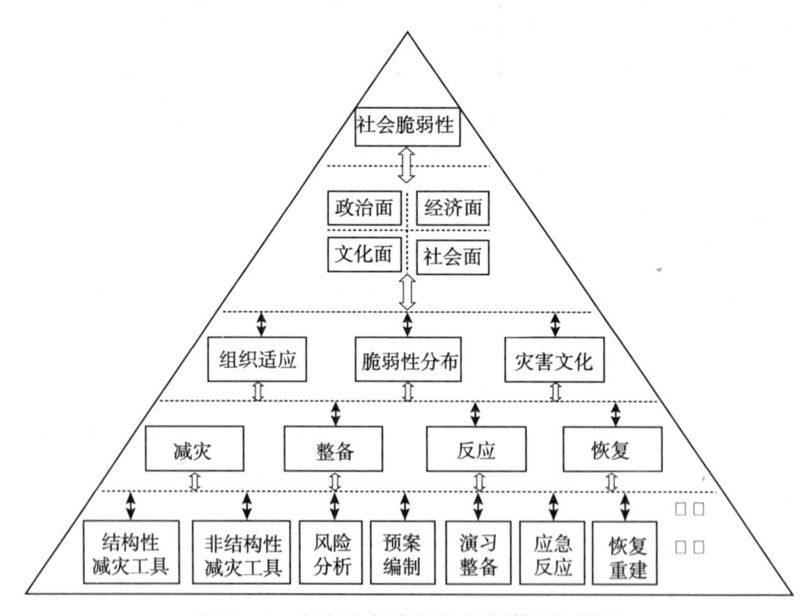

图2－3　灾害社会脆弱性金字塔结构模型

（一）组织适应与灾害管理

从自然灾害的管理主体来看，人类社会经历了从社会主体向政府主体的转变，而除自然灾害之外的其他形态的灾害如人为与混合型危机通常是以政府为管理主体。如今，正式组织对于灾害管理的成败有着决定性的影响，那么，分析社会脆弱性的政治层面作用成为必要。政府作为组织形态的一种，灾害与组织之间的关系是社会脆弱性的政治层面的核心内容。一般认为，官僚制是大型组织运行的基础，是完成复杂任务和应对特殊情形的保障。艾森斯塔德（S. E. Eisenstadt）认为“现代社会中，官僚组织是政治与经济权力拥有者面对内部（经济发展、政治需要）、外部（战争）的问题被创造出来的”。[①] 政府是官僚制特征明显的公共组织，其组织结构形式被认为散落在“集中层级式”与“水平去中心式”的连续统之间，具有目标明确、分工明细、正式结构、官方文样等方面特质。

在灾害管理中，①灾害管理被明确的区隔为预防、准备、应对、恢复这四个部分，每个部分都有明确的目标。②危机管理中的分工体系，各个职能部门的分工明细，保障危机管理过程中的政府功能有序运行。③危机管理中的正式结构性。政府危机管理体系是依靠政府的组织结构为载体，“危机反应系统其实是一个由相互分割的各级政府所组成的正式结构”。[②] ④危机管理的政策、预案、程序导向性。政府在危机应对中的行为都需要在事先设计好的预案、程序中明确，在面对危机中各部门必须按照设定的方式进行反应，否则整个系统都将面临崩溃。

如果追溯危机的本质，会发现危机具有的特征是对传统官僚制的严峻挑战。危机是指“人们感知到威胁核心价值体系或持续

---

① S. N. Eisenstadt. “Bureaucracy, Bureaucratization and Debureaucratization”, *Administrative Science Quarterly*, 1959 (4): 302－320.

② L. K. Comfort. *Managing disaster*, Durham: Duke University Press, 1988.

生存功能的紧急情形并需要在不确定的条件下来处理它”。[①] 从定义中可以看出构成危机的三个元素：威胁、时间压力、不确定。在面对充满不确定性的条件下，处理威胁与紧急事件是对危机管理者的挑战。有学者指出危机管理不仅仅是政府部门的应对能力，应被视为政治性的活动，进而指出危机管理所面临的五项挑战：危机共识、决策、政策建构、终结危机、学习。[②] 同时，在社会学关于灾害中的集体行为研究发现，在灾害中充斥着压力（stress）、紧急性（urgency）、不确定性（uncertainty）、连锁反应性（link）、冲突性（conflict）等特征。[③]

对比官僚制规范与危机情境特征可以发现，两个体系之间的交集很少，本研究将这种情形定义为：“情境差距”，即指官僚制组织结构不能满足实际危机情境下的需要的情形。目标差距、结构差距、弹性差距、知识差距、动态差距是情境差距的五种具体表现。在危机管理的实践层面来看，官僚制本身也在不断做出结构与功能方面的相应调整，本研究将这种自身改变过程称为“灾害的组织适应”。但是，灾害的组织适应还受到来自组织内外部环境的影响，而这些影响局限了组织的灾害管理能力。针对局限因素的干预是组织应对与提升灾害管理能力的有效路径。于是，便得出这样的命题即危机中的组织适应受制于组织风险感知、组织结构以及组织功能要素，组织适应力培育应该注重对这三个因素的干预。

（二）脆弱性分布与灾害管理

卡特里娜飓风（Hurricane Katrina）在新奥尔良造成的灾害情

---

① U. Rosenthal，A. Boin，L. K. Comfort. *Managing Crises：Threats，Dilemmas，Opportunities*，MA：Springfield，2001.

② A. Boin. From crisis to disaster：Towards an integrative perspective，in R. W. Perry，E. L. Quarantelli（eds.）. *What Is a Disaster：New Answers to Old Questions*，Philadelphia：Xlibris，2005，p. 159.

③ M. Dennis，T. Drabek，H. J. Eugene. *Human Systems in Extreme Environments：A Sociological Perspective*，Boulder：University of Colorado，1975，p. 61.

形表明，被飓风影响最严重的恰恰是那些缺少经济资源的少数族裔。而在环境生态学的研究中，越来越多的研究已经聚焦到环境正义（Environmental Justice）层面，随人类现代化过程而出现的各类科技设施在为社会发展带来益处的同时，也有着负面影响，而这些负面影响更多地被部分社会群体所承受。这些事件所折射出的群体在灾难面前的不平等性与冲突性，使得“面对灾难人人平等”的认知受到更多质疑。

基于冲突理论视角的灾害政治经济学研究，强调社会结构因素是影响个人或群体脆弱性程度的重要因素，与其他方面因素的结合共同造成灾害结果的出现。在这一视角下，灾害问题被认为是一种社会问题，灾前社会状况与灾后社会情形存在延续性，其中，种族、性别、年龄、贫困等是灾害脆弱群体的典型要素。这种认识范式与阿玛蒂亚·森（Amartya Sen）的权利贫困分析范式相似，而可能使“致灾”与“致贫”几乎被画上等号。由此，基于政治经济学视角的灾害脆弱性分析直接导向了贫困研究，将贫困与脆弱性几乎视为同样的概念与过程。但是，它却忽略了致灾的其他面向，难以满足全灾种视角的社会脆弱性分析需要。基于贫困研究范式的灾害脆弱性分析所呈现出的片面性，主要在于其只对经济脆弱性的形成与作用过程进行分析。而在灾害脆弱性话语体系之下，贫困只是构成灾害脆弱性的一个面向而已，贫困无法概括脆弱性概念的全面内涵。可以说，贫困必然造成灾害脆弱性，而富有者并不表示其灾害脆弱性水平就低。因为灾害的群体脆弱性维度主要有个体资本、社会资本、公共资本以及自然资本构成，任何一项资本及其分配过程都对灾害的群体脆弱性程度存在重要影响。

将个体、社会、公共以及自然资本层面与灾害脆弱性相互联系，本研究提出“脆弱性分布”概念，通过其在中观层面将脆弱性的宏观叙事与群体现实脆弱性差异相连接。以贝克为代表的风险社会理论学说，提出“风险分配”概念，认为人类社会已经从过去的财富分配走向了风险分配的时代。相对于风险社会理论所设定的非常态事件背景，本研究所聚焦的灾害程度还涵盖常态灾害事件，尤其是在发展中国家的社会背景之下，财富分配逻辑与风险分配逻辑依然同时存在。而脆弱性分布则在满足现实社会背景条件的同时，还满足了复杂社会性、全灾种性、常态性、动态性，力图将减灾、整备、反应以及恢复过程统合于脆弱性分布的逻辑框架之下。

在脆弱性分布方式上，脆弱性分布过程也是一种自然过程与社会过程相结合的复杂过程。社会分布过程强调特定地区所处的政治、经济、社会、文化背景要素所造成的群体在权利、资源方面的可得性差异，并由此而引致群体在面对灾害时的脆弱性差异。自然分布过程强调脆弱性分布的非制度影响与自然过程性。在脆弱性分布与灾害管理周期的微观结合方式上，本研究选取相关典型的灾害脆弱性群体，以社会群体为考察维度，在灾害生命周期内，分析不同群体在灾害各个阶段的脆弱性表现。在此基础上，揭示出灾害脆弱性群体的特征、需求以及政策供给缺陷等方面问题，并以此作为建设具有灾害恢复力社区的基本路径。

（三）灾害文化与灾害管理

文化作为一个极具张力的概念。在本研究中，引用“灾害文化”（culture of disaster）概念来统合灾害的文化分析范式中的诸多概念，它涵盖了灾害大众文化、灾害亚文化、灾害迷思以及灾害社会学习。灾害文化指与灾害有关的价值、规范、信念以及知识，它影响着关于灾害的社会心理、社会认知与行动。早期由摩尔（Moore）等人为代表的灾害亚文化（disaster subculture）研究拓展了灾害与文化研究的领域。灾害亚文化包括了现实和潜在的、社会、心理、物质层面的人类适应调整以应对当下或未来的灾害。[①] 在摩尔看来，人类社会面对灾害时，过去处理相似事件

① H. E. Moore. *Before the Wind: A Study of the Response to Hurricane Carlo*, Texas: University of Texas, 1964.

的经验有着重要作用。灾害的文化研究范式的不断发展，也出现了灾害大众文化（popular culture of disaster）、灾害迷思（disaster myth）等概念。灾害大众文化包含了灾难幽默、灾难游戏、灾难传说、灾难挂历、灾难诗作歌曲、灾难电影小说、媒体灾难周年祭专题、灾难涂鸦、灾难徽章、灾难卡通漫画，等等。而大众媒体传播与学术研究主导了大众对于灾害危机情境的认识，但某些认识与现实情形存在偏差，学界将此情形称为“灾害迷思”（Disaster Myth）。受到价值意识形态的影响所形成的固有认识与做法又会影响灾害管理实践。而作为灾害文化传播与优化的重要路径，灾害社会学习则起到核心作用。对于灾害结果的认知与问责制度等共同构成了灾后社会学习的基础。

在灾害生命周期维度之下，灾害文化对于灾害管理的负面影响可视为文化面向的灾害社会脆弱性体现。在防灾减灾层面，个体风险文化原型是人们风险态度与行为的直接体现，它造成个体或群体暴露于风险的程度差异；组织风险文化受限于风险认知、政治意愿以及不确定性的影响，而缺乏积极有效的风险管理措施；风险文化的整体社会认知层面所出现的种种普遍偏差而产生的不可持续发展方式，导致社会价值与意识层面所造成的整体社会的灾害脆弱性叠加。在灾变应对层面，媒体报道叙事与学术研究方面呈现出反功能性，以逃离行为、反社会行为以及灾难症候群为内容的灾害迷思认知情形，使得灾害应对过程中的政策设计与执行出现偏差，导致应灾资源的不合理分配、灾情的公共沟通困境、公众救灾参与困境以及疏散困境。它们阻滞了个体、公众、社会组织、政府对于灾害的有效反应，造成了灾害脆弱性的增加。在灾后恢复层面，灾害事件作为灾后社会学习触点。灾害问责作为社会学习的主要方式，其过程常常受到多方因素的限制影响，其中，避责行为、政治符号操作、个体与组织行为惯性、问责主体与问责悖论阻滞了灾后社会学习的开展和积极灾害文化的形成。

总之，灾害危机情境的出现，从逻辑顺序上看是由于潜在风险所引发。具体地，危机的出现与触发因素和社会脆弱性共同作用有关。脆弱性分布使群体不公平地暴露于各种风险之中，官僚制作为当代社会应对危机的主要组织结构模式，其自身也存在适应局限，灾害文化补强了文化层面与信息传播层面所造成的脆弱性情境。组织适应、脆弱性分布、灾害文化三要素共同作用于灾害管理行为，以灾害管理生命周期来看，减灾、整备、应对、恢复四个管理阶段的政策工具设计与选择受到灾害社会脆弱性各因素作用和影响。如灾害文化中的价值观念要素直接影响了减灾政策的执行效率，在危机的应对层面，关于人类危机情境下的行为认知偏差又导致预案设计与应对策略失灵，同时，危机过程中的大众信息的传播机制与报道模式可能同样影响危机的发展走向。再如从官僚制的特性来看，危机应对与恢复层面做到在刚性组织结构中注入弹性是有效危机管理的关键，同时，如何协调预防、准备为主的常态性风险管理与应急性危机处置之间的关系也是官僚制给灾害管理带来的挑战。又如从脆弱性分布过程来看，群体间的风险暴露水平不一冲击着以同质性社会需求假设为基础的灾害管理政策设计，灾害应对与恢复阶段如何考虑社会群体间的差别而做出特别的政策工具设计与调试，而在预防与准备阶段还需要考虑社会结构因素的影响。以中观层面的概念为切入点，在揭示灾害发生演化过程机制与灾害管理缺陷的基础上，本研究从灾害管理入手，讨论如何干预灾害社会脆弱性要素并构建具有恢复力的灾害管理制度。

第三章　组织脆弱性：官僚制与组织灾害适应

第一节　现代灾害管理组织及其特征

当前行政管理所面临的重大挑战是应对来自外部灾害事件的能力，“危机与紧急灾难的处理，将是未来政府行政人员面临的最大挑战”。[①] 灾害与人类社会进程相伴，灾害与历史发展紧密关联。长期以来，基于社区为主体的应对模式与行政体制模式是人类社会应对灾害的两种基本方式，而经过长期历史演变，灾害管理已被纳入各级政府的行政职能体系之中，行政体制模式便成为应对灾害的主导模式。

一　从社区走向行政的灾害管理模式

社区是基于家庭、关系、网络相互作用而形成的社会基本载体。灾害应对历史实践中，社区应对模式由来已久。社区主导的灾害应对模式是以自组织（self - organization）为主要形式的一股自发的应灾力量。[②] 自组织是一种自然与物理环境中自发出现的一种秩序。社区模式下，社会可基于环境与社会变化来识别紧急情况下的各种需要，人们出于自愿并利用他们的时间、物品、技

---

① W. J. Petak. “Emergency Management: A Challenge for Public Administration”, *Public Administration Review*, 1985 (Special Issue): 3 - 7.

② L. K. Comfort. “Self - Organization in Complex Systems”, *Journal of Public Administration Research and Theory*, 1994 (3): 393 - 410.

术、知识帮助社区应对与恢复。社区的灾前防范、灾后重建的作用明显。[①] 经过长期发展，社区的避难行为已被“体制化”（institutionalized），并在应急管理中以正式组织行为出现。可见，社区应灾模式是经过自然过程而形成的灾害社会行为。与之相对应的是以人为设计的外生型组织植入应对模式即行政体制模式。

从社区模式走向现代官僚制为基础的行政体制是受到早期现代化的发展影响。人口增长与城市化进程使人类受到灾害冲击的损失愈发增大，随之改变了人们对灾害概念的界定，社会与文化方面成为灾害定义核心要素，显然，越来越多的灾害具有了社会文化影响。而随着科学技术与现代科层制的发展，这两股理性力量以及愈发严重的灾害社会影响，共同促使灾害应对模式从社区走向行政体制。

现代化过程总是试图控制风险，而随着现实发展，灾害管理逐步扩展到自然灾害、人为灾难、混合型灾难层面，灾害种类与范围的拓展将理性行政体制应灾范围不断扩大，理性与官僚制组织延伸到了具有不确定性、无序的灾变环境之中。同时，灾害自身所造成的损失范围、严重程度等社会影响，引起了更广泛社会关注且成为公共问题，政府需要直接干预以维持其合法性，灾害越来越具有政治符号（symbolic）的意涵。

以自发、弹性为基础的社区应对模式逐渐被理性为基础的官僚行政体制所代替，并成为当代政府应对灾害的主要模式。而从灾害管理的实践层面来看，大事件与本国国情共同塑造了各国的应急管理体系，讲求专业性、科学性、管理性的灾害管理体系被建立起来。

（一）美国应急指挥体系

1970 年代，美国加利福尼亚州森林大火期间，不同部门的人

---

① T. E. Drabek. *Human system responses to disaster: An inventory of sociological findings*, New York: Springer - verlag, 1986.

员、设备、术语、组织方式影响了整体救灾效率。为了纠正这种分散地、低效率地应对方式，加州消防部门开创了“火灾辖域”（Firescope）项目，旨在协调联邦、州、地方森林消防部门，其中，该项目的重要作用是应急指挥系统（Incident Command System，ICS）的使用。随后，美国森林与国家公园服务系统使用了ICS，并称为国家联合应急管理系统（national interagency incident management system，NIIMS），即国家应急指挥系统（national incident management system，NIMS）的前身。在经历了2001年“9·11”恐怖袭击事件、2005年美国卡特里娜飓风之后，美国于2008年3月正式颁布国家应变框架（national response framework，NRF），NRF保存了NIMS的核心机制应急指挥系统（ICS）（见图3－1）。

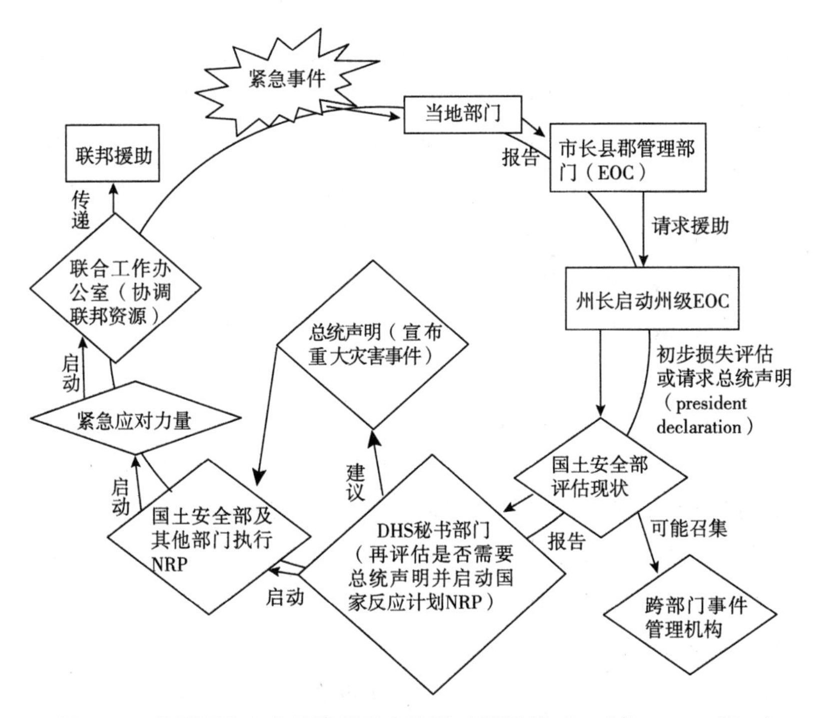

图3－1　美国国土安全部联邦反应计划（DHS National Response Plan）

资料来源：G. Haddow，J. Bullock，D. Coppola. *Introduction to Emergency Management*，Oxford：Elsevier Science，2008，p. 114。

应急指挥系统（ICS）功能多样，主要包括了统一术语使用、整合沟通方式、统一指挥结构、资源管理、行动预案等。控制、执行、预案编制、保障、资金与行政是 ICS 的五大管理系统。控制系统包括开发、指导、维持与各部门、各层级政府、公众、媒体的沟通与协作；执行系统是将行动方案付诸实施并分配各种资源；预案编制系统是为控制系统提供必要信息以指定各类行动预案；保障系统提供人员、设备，整合各层级、各部门以及社会资源为应急所用；资金与行政系统是为灾害应对与灾害恢复提供资金支持与管理。其中，预案编制系统是整个 ICS 的核心功能。

（二）日本应急指挥体系

日本在第二次世界大战之后，历经多次地震、台风破坏。日本于 1961 年正式颁布了《灾害对策基本法》，建立从中央到地方的防灾体制。日本内阁府防灾组织分为平时或灾害发生时的中央防灾会议、灾害发生初期的内阁情报管制中心及官邸危机管理中心，以及灾害时的紧急灾害对策本部或非常灾害对策本部。日本为摆脱以往中央防灾会议功能不足，以及为做到灾害及时回应，自 2001 年起，透过中央省厅的精简合并，企图强化防灾行政功能，并进行三项改革：防灾行政移至内阁府、设置特命防灾担当大臣、新设内阁重要政策会议，以强化中央防灾会议机能。

从运作方式上看，内阁危机管理运作大致可以分为内阁府、内阁官房及各省厅三部分，其中内阁官房具备实际应变指挥功能，内阁府工作属规划性，各省厅属于执行部门。灾害发生时，透过大众媒体、民间公共机构及政府相关省厅，第一时间将信息传递到内阁情报收集中心及官邸危机管理中心，并将灾情呈报首相、内阁官房长官、内阁危机管理监等人，启动设置官邸对策室，若讯息属物理攻击事件，则召开事态对处专门委员会及保障安全会议，并根据灾情发展决定是否设置政府非常灾害对策本部（见图 3－2）。

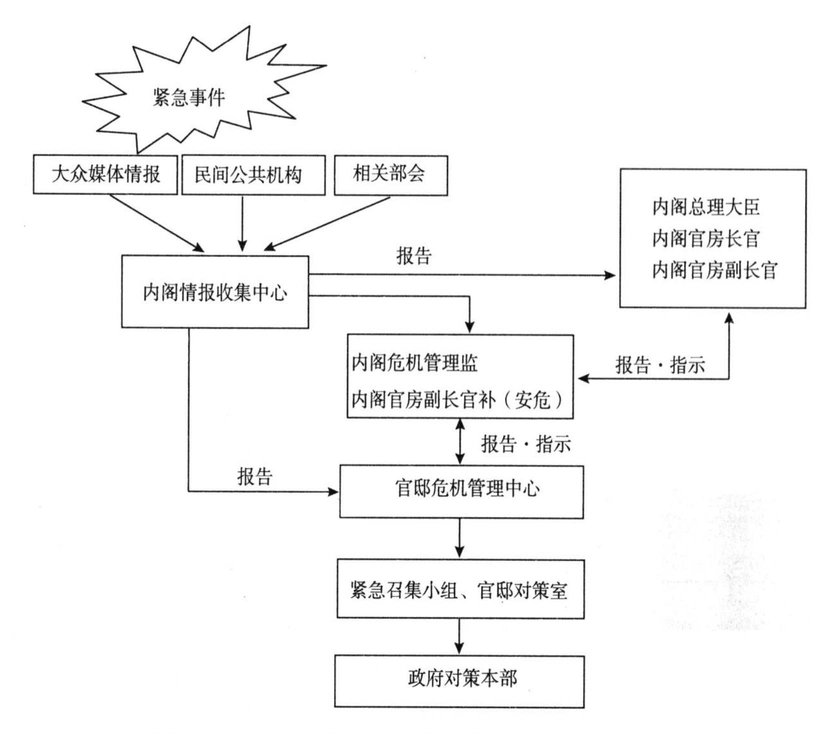

图 3-2　日本内阁府危机管理初动体制之应变流程

资料来源：熊光华、吴秀光、叶俊兴：《台湾灾害防救体系之变革分析》（会议论文），2010 年两岸公共治理论坛（公共行政、灾害防救与危机管理），台北大学公共行政暨政策学系。

（三）中国应急管理体系

自 2003 年 SARS 蔓延事件以来，以“一案三制”为基础的多层次、多部门、多风险面向的应急管理体系在我国基本形成。2007 年 8 月 30 日，第十届全国人民代表大会常务委员会第二十九次会议通过了《中华人民共和国突发事件应对法》（以下简称《突发事件应对法》），这是关于突发事件的预防与应急准备、监测与预警、应急处置与救援、事后恢复与重建等应对活动的行动总则。该法按照社会危害程度、影响范围等因素，将自然灾害、事故灾难、公共卫生事件、社会安全事件等突发公共事件，分为特别重大、重大、较大和一般四级。我国从制度层面已经跨入了整合,[1]该制度体系通过四级响应系统串联从而形成了“四委员会—应急办”[2]的层级结构(见图3-3)。[3]

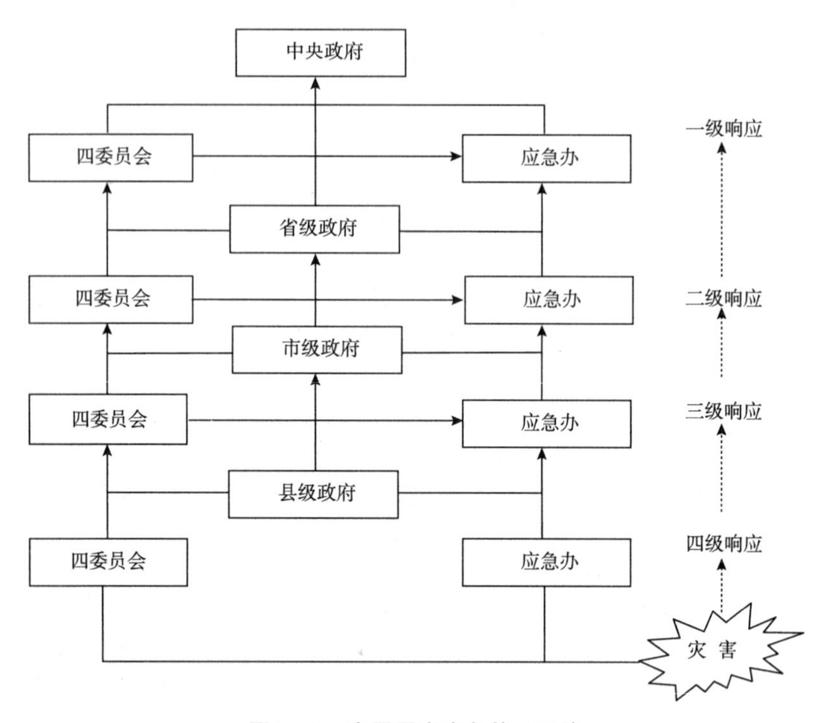

图3-3 中国国家应急管理系统

我国应急管理体系中并无专门性、全灾种性的管理机构,实际形成了一种分类、分部门的由灾种主要相关单位负责的应急反应体制(见表3-1)。

① 童星、张海波:《基于中国问题的灾害管理分析框架》,《中国社会科学》2010年第1期。

② “四委员会”包括:国家减灾委、国家安全生产委员会、国家食品安全委员会、社会管理综合治理委员会。

③ L. Xue, K. Zhong. *Turning danger* (危) *to opportunities* (机): *reconstructing china's national system for emergency management after* 2003, in H. Kunreuther, M. Useem (eds.). *Learning from catastrophes*, New Jersey: Pearson education Inc, 2010, pp. 198-201.

表 3-1　重大公共危机与国务院对口主管部门

名称	种类	主管部门
自然灾害	水旱灾害	水利部（国家防汛抗旱总指挥部）
	气象灾害	国家气象局与有关政府部门
	地震灾害	国家地震局（国务院抗震救灾指挥部）
	地质灾害	国土资源部、建设部、农业部
	草原森林	国家林业局（国家森林防火指挥部）
事故灾难	交通运输	交通部、民航总局、铁道部、公安部
	生产事故	行业主管单位、企业总部
	公共设施	建设部、信息产业部、邮电部
	核与辐射	国防科工委
	生态环境	国家环保总局
公共卫生事件	传染病疫情	卫生部
	食物中毒事件	卫生部
	动物疫情	农业部
社会安全事件	治安事件	公安部
	恐怖事件	公安部
	经济安全事件	中国人民银行
	群体性事件	国家信访局、公安部、行业主管部门
	涉外事件	外交部

资料来源：高小平：《综合化：政府应急管理体制改革的方向》，《行政论坛》2007 年第 2 期。

通过部门预案与专项预案体系，明确应急管理中的政府间关系协调及运作。于是，在政府部门中逐渐形成了针对相关灾种的应急指挥中心，这也是我国应急指挥体系中的基础核心环节。从应急指挥部运作机制来看，通过应急功能分组将应急处置现场指挥部划分为应急处置责任单位、应急救援专业部门、应急保障相关单位、协调处置相关单位（见图 3-4）。

通过比较美国、日本、中国的应急管理体系，可以发现，命令—控制型的应急管理体系是当前人类社会面临灾害的主要组织结构形态，计划、指挥、控制、协调、监督等管理手段在灾害管

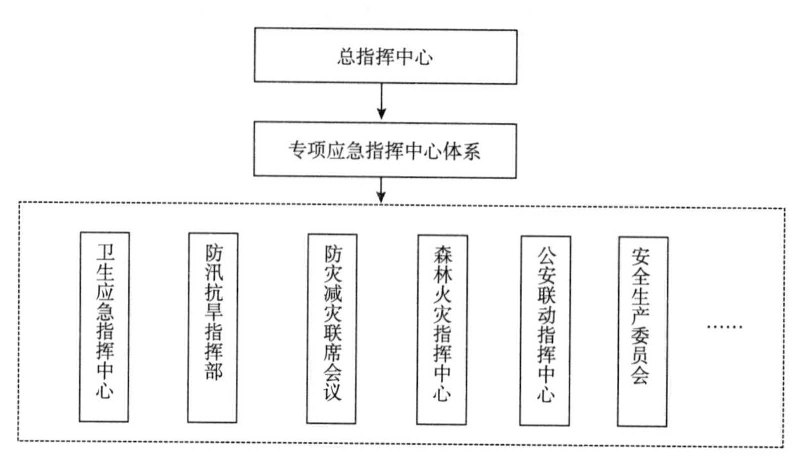

图 3－4 我国应急管理指挥体系

理中得到运用，各种预案为基础的管理行为成为政府部门应对灾害的主要工具。而灾害管理也被纳入政治—行政系统，灾害管理就更具有政治内涵与特征，二者相互交织渗透并形成了具有本地政治与社会特征的灾害管理系统。

二 官僚制：现代灾害管理组织特征

科层制亦称官僚制（德文 Bürokratie，英文 Bureaucracy）。尽管官僚制在中文中具有负面的含义，其实二者在西语中原本是一回事，均被马克斯·韦伯（Max Weber）理解为横向设科、纵向分层的组织架构，其去除人情、照章办事的刻板逻辑，现已成为以政府为代表的大型正式组织的运行基础。它是完成复杂任务和应对特殊情况的组织和制度保障。这一常被描述成具有负面意义的词汇，更多地被认为是一个问题而非问题的解决之道。马克思·韦伯认为官僚制是一个理想类型，其是有能力解决大型组织和行政体系所面临挑战的理想形态。在经典科学管理理论中，通过计划、组织、命令、协调、控制五项职能，将组织行为纳入科学管理轨道，实现组织效率最优。现代社会中的绝大多数组织都或多或少地具备官僚制特征。艾森斯塔德（S. E. Eisenstadt）认为“现代社会中，官僚组织是政治与经济权力拥有者面对内部（经济发展、政治需要）、外部（战争）的问题被创造出来的”。[①] 的确，在人类面临灾难和危机情形时官僚制起到了巨大作用，但是这种组织形式也备受批评。那么，在面对危机情境时，官僚制与危机管理二者关系的调适与发展成为政府成功应对危机的重要方式。

在马克思·韦伯的官僚制定义中，他试图“识别出现代大规模行政管理体制所共有的最基本要素，即层级制，在层级划分的劳动分工中，每个官员都有明确的界定的权限，并在履行职责时对其上级负责；连续性，借助与提供有规则的晋升机会的职业结构，公职成为一种专职的、领薪的职业；非人格性，工作按照既定的规则进行，而不听任任意和个人偏好，每一项事物都要被记录在案；专业化，官员根据实绩进行选拔，依据职责进行培训，通过存档的信息对他们进行控制”。[②] 官僚制的核心特征是系统化的劳动分工，复杂的行政问题被细分为可处理的、可重复性的任务，每一项任务归属于某一特定的公职，然后由一个权力集中的、等级制的控制中心加以协调。

一般地，官僚制基本特征包括：目标明确、分工明细、正式结构、官方文样等方面。

目标明确就是指官僚制组织被建立起来是为了解决特定问题和达成具体目标的，虽然所有组织的建立都是为了达成一定的目标，而官僚制组织的区别就在于其具有一个“高度理性的组织形式”。分工明确是为了达成大型目标，构建一个任务分工体系是完成任务的效率保障。正式结构是指为了协调组织、个人间的关系以达成目标的组织形式，官僚制结构形式被认为是散落在“集

① S. N. Eisenstadt. “Bureaucracy, Bureaucratization and Debureaucratization”, *Administrative Science Quarterly*, 1959 (3): 302-320.

② 戴维·毕瑟姆：《官僚制》，韩志明、张毅译，吉林人民出版社，2005，第6~7页。

中层级式”与“水平去中心式”的连续统（continuum）之间，但它们的共同特征是用一个明确的组织结构连接组织内部各专业部门。官方文样是指官僚制运作的基础是依靠实现设计出来的政策、计划与程序。

而在危机管理中，官僚制倾向也表现的相当明显。

其一，政府危机管理目标的明确性。危机的“生命周期理论”将危机分为发生前、发生、发生后，而政府的危机管理目标被明确为：预防、准备、应对、恢复，这成为政府应急管理的所有目标。

其二，危机管理中的分工体系。中央以及各级政府都有各自的角色，基层政府作为危机处置的第一线，迅速动员应对危机；中央和省级政府机构主要负责政府间的协调和技术、资金支持。各层级政府以及政府内部的各部门在危机中都扮演着自己的角色，发挥特有的功能以让整个应急管理系统有效运行。

其三，危机管理中的正式结构性。政府危机管理体系是依政府的组织结构为载体，危机反应系统其实是一个由相互分割的各级政府所组成的正式结构。

其四，危机管理的政策、预案、程序导向性。政府在危机应对中的行为都需要在事先设计好的预案、程序中明确，面对危机时各部门必须按照设定的方式进行反应，否则整个系统都将面临崩溃。总之，政府的危机反应系统具有官僚制特征。它有明确的目标和原则、正式的组织结构、各级政府及部门间的分工体系，并通过一系列的预案、规则、程序、政策来指导所有的危机管理行为。

三　诊断官僚制：来自灾害管理研究领域的争论

官僚制概念存在矛盾性特征。韦伯认为一个组织越是接近官僚制模式就越有效率：经验往往表明，从纯技术的观点说，行政组织的纯粹官僚制形态能够达到最高程度的效率……相比于任何其他形式的组织，它具有精确性、稳定性、可靠性与纪律严明方面的优势。韦伯认为官僚制是行政管理的效率模式，而后来许多学者对其观点进行了挑战，认为组织实际运行中，恪守官僚制的规范能提高效率，但也会降低效率。官僚制组织的各项原则远比韦伯所论述的含混不清，因而会产生严重的“反功能”（dysfunction）效应，即越是严格地使用那些原则，“反功能”的效果就越突出。换言之，每一种原则都有其特有的病态表现。例如，遵循规则会为演变为僵化和官方文样，非人格性会衍生出官僚制的冷漠与迟钝，等级制抑制了个人的责任心与创新精神，官僚作风一般会助长“多管闲事”“官腔官调”以及类似病症。而强调科学管理方法同样存在着限制，如“面对变化的环境出现适应困难……可能导致漠不关心与缺乏创新精神的官僚组织”,[1] 难以适应环境改变，是由于它是为实现预先设定的目标而设计，而不是为了创新。环境改变需要各式各样的行动与反应，行动弹性与组织能力比单纯的效率追求更加重要。在变化环境中，组织运行出现障碍是由于打破常规而导致的各层级组织无法解决所面临的复杂新议题。分工的存在导致组织横向与纵向之间在一定程度上出现相互依赖性。官僚系统的完全运转需要部门之间的协作，如果协作缺失，则会造成负面后果。

在当今灾害管理领域，灾害与政治的关系紧密，政治系统影响着灾害政策的供给与效益。而官僚制作为灾害管理系统的重要特征，正如其所具有的矛盾性特质，官僚制在灾害管理领域中的运用实效也备受争议。克兰特利、戴恩斯以及丹尼斯三人曾基于协作模型对美国 ICS 系统进行过一项评估，在他们看来，以官僚制方法为基础的 ICS 实际存在着诸多缺陷：

(1) 只有少数人负责灾害管理而没有使用全部机制促进管理；

---

① G. Morgan. *Images of Organization*, London: Sage , 1986, p. 35.

（2）指挥权从基层移交高层可能导致失控情形；

（3）ICS 在组织之间的协调上存在不足；

（4）将 ICS 的全部资源应用于小规模事件中后会带来资源浪费；

（5）ICS 并不是解决组织间沟通的“万能药”；

（6）除非事件发生之前就有合作经验，否则很难解决事件处理时的协作问题；

（7）命令—控制模型不能很好解决与其他民间组织的合作问题。①

最后，他们总结道：灾害的复杂社会属性需要多种组织协作，而不能仅仅是利用单一组织（政府部门）来应对。类似看法也出现在 2004 年印度洋海啸后的灾害管理反思中：

> 联合国灾害救助系统由多个公共与私人部门提供灾害预防与援助，它在结构和功能上高度官僚化。在海啸（2004 年印度洋海啸）发生前，当地人们认为灾害预防准备系统可以防止悲剧发生。海啸过后，人们意识到依靠官僚制方法的灾害准备不能有效应对灾害……整合与多元的应对方法应是更优选择。②

但是，一些学者认为以命令—控制为基础的灾害管理应对系统灾害存在问题，而在特殊领域（消防部门）仍然是最成功的应对方式。

> ICS 系统存在不足之处，但 ICS 在消防部门仍然是最成

① D. A. Buck, J. E. Trainor, B. E. Aguirre. “A Critical Evaluation of the Incident Command System and NIMS”, *Journal of Homeland Security and Emergency Management*, 2006（3）：1－27.

② M. B. Takeda, M. M. Helms. “Bureaucracy, meet catastrophe：Analysis of the tsunami disaster relief efforts and their implications for global emergency governance”, *International Journal of Public Sector Management*, 2006（2）：204－217.

功的应对方式，而其在非消防部门、非政府部门、志愿组织则并不成功。ICS运作良好的前提是目标明确、职责清晰。[①]

据此，休伊特等人认为评论ICS系统时应该弄清楚所采纳该系统的部门属性。

公正地说，强调命令—控制的官僚制系统在灾害管理中发挥不可忽视的作用，它明确了命令、分配责任、合作与互助、分配资源等具有十足弹性。特别是在消防部门其组织目标相对固定并需要科学程序。[②]

其实，来自灾害管理领域的官僚制管理效果评估，更多地认为官僚制是一个问题，而并非解决问题的方式。而以官僚制为主导的正式灾害管理系统，主要被诟病的是其碎片化与政治化倾向。

官僚制的碎片化即是指灾害管理体系中以单一目标为导向的组织存在分割与分散的情况，一般可以分为纵向碎片化与横向碎片化，二者使得组织在协调与沟通上出现困境。纵向碎片化（Vertical Fragmentation）发生是由中央、省、市、县（区）之间在出现跨界危机（transboundary crisis）时，单一层级独立应对以及某一层级失控时难以协调应急管理责任。横向碎片化（Horizontal Fragmentation）即相同层级的政府与部门之间的合作困境，基于不同组织目标的同级部门在危机应对中的协调上存在缺陷。纵向与横向协调困境加剧了危机管理的难度，这种碎片化难以克服。随着全灾种（all - hazards）综合治理模式的兴起，面对更多不同类型灾种，尤其是面对多种类型灾害同时作用所产生的“深

① B. Scott. “The Incident Command System, Long a Fixture in the Fire Services, has Increasingly Migrated into Law Enforcement, Other Emergency and Support Services, and even the Private Sector”, *Homeland Protection Professional*, 2004 (2).

② A. M. Howitt, H. B. Leonard. “A Command System for all Agencies?”, *Crisis/Response*, 2005 (2): 40 - 42.

度不确定"[1] 情形时，官僚制的碎片化带来的协调困境更加明显。在命令—控制模式下，决策与沟通似乎变得更加集中化（centralized）。

> 预案编制主导并建构了人造的、权力主义的（authoritarian）正式结构，它取代了被认为是无法应对灾害事件带来的压力的原生行为与结构。实际上，各种预案被创造出来并让人们纳入理性行动体系中。[2]

经历了 2001 年"9·11"恐怖袭击事件与 2005 年卡特里娜飓风后，美国应急管理体系经历了自建立以来的最全面改革，改造国土安全部（Department of Homeland Security，DHS）并将 FEMA 并入其中。DHS 除了负责自然灾害防救之外，还承担相关反恐任务，实现上是对全灾种进行统筹协调应对。而 2005 年卡特里娜飓风之后，有很多批评意见集中在灾害应对的资源协调调度、疏散、地方防灾能力等方面，于是美国政府修正了国家应变计划（NRP），于 2008 年制定国家应变框架（NRF），并加强 FEMA 与地方紧急应变部门（LEMA）之间的协调，旨在解决纵向碎片化问题。

2003 年 SARS 蔓延期间，中国应急管理系统经受巨大冲击与挑战，条块分割的行政体制，在面对"非典"时出现了信息不畅、组织功能缺失与冲突等问题。随后，以"一案三制"为基础的应急管理改革大幅提升了中国各级政府的公共危机管理水平。但是，当前我国应急管理体系仍存在碎片化问题。从纵向上看，各级应急管理组织功能相似，缺乏弹性与分工。"下方看上方，地方看中央"，各地政府都会看中央一级机构是怎么样设

① 陶鹏、童星：《深度不确定性与应急管理》，《学术界》2011 年第 8 期。

② R. R. Dynes. "Problems in emergency planning", *Energy*, 1983 (9): 653 - 660.

定的。[1]在纵向政治体系中，灾害管理变成了单一的自上而下的被动反应过程，地方政府部门的灾害管理缺乏主动性。同时，这种部门垂直管理关系也束缚了地方政府部门之间的横向信息沟通，必须要通过上一级部门的协调才能使信息传达并执行。从横向上看，由于纵向关系缺乏弹性，造成横向上"政府各部门之间缺少很好的合作，都要靠高一级政府组织才能协调，平级就不能协作"。[2] 如2008年中国南方多省雪灾时，"广东省与湖南省之间，军队与基层政府、广东省政府与铁道部以及其他部门之间出现了冲突情形"，[3] 横向碎片化问题仍是中国应急管理组织协调的困境。

灾害管理进入政治系统，灾害的发生越来越具有政治影响力，而政治要素成为影响灾害管理政策形态的核心力量。如罗森塔尔列举了1985年欧洲冠军联赛赛场上发生的"海瑟尔惨案"（Heysel Stadium Tragedy）用以说明部门利益指向性对于应急管理协调的影响。

> 1985年5月29日比利时布鲁塞尔海瑟尔体育场，主要有两个组织对该场赛事进行管理，它们分别是：秩序维持部门、紧急救援部门，前者为警察和宪兵队（gendarmerie），后者由消防队、红十字会、医疗服务部门组成。布鲁塞尔警察部门与宪兵队之间在维护赛事安全方面存在分歧，导致将体育场分成两个部分，各自管理所在部分……尽管，1985年1月出台的预案中，警察部门对消防部门具有领导权，……

---

① 薛澜：《应急管理办公室定位不清，资源和技术不足》，《中国网》2010年8月27日。

② 史培军：《地方减灾委能力太差》，《中国经济周刊（北京）》2010年8月16日。

③ L. Xue，K. Zhong. *Turning danger*（危）*to opportunities*（机）：*reconstructing china' s national system for emergency management after* 2003. in H. Kunreuther，M. Useem（eds.）. *Learning from catastrophes*，New Jersey：Pearson education Inc，2010，p. 206.

> 部门竞争导致“联系情形”没有出现……导致混乱中，各个部门之间的并没有出现合作协调情况。[①]

沿着政府行为分析主线，有学者开始关注灾害管理政策的产出问题。官僚制体系下，灾害政策进入决策议程的过程具有自身特征，政策窗口期（policy window）理论是官僚制集中决策体系下的政策议程动态认识框架，即前问题阶段（pre - problem stage），大事件引起的关注（aware of and alarmed about a particular problem），解决问题阶段（solving），关注减退（Gradual decline of intense public interest），后问题阶段（The post - problem stage）。[②] 还有，研究关注到官僚制为基础的灾害管理中的复制性与短期回报性带来的困境。在灾害管理中，更多的资源被放在灾害应对阶段，灾害应对可以直接体现政府能力，而对于风险管理却难以衡量其效果而被漠视，造成“应急失灵”现象。

> 在应急失灵中，政策越位与政策缺位同时存在。政府有其风险偏好，显然关乎自身利益的危险源会被关注，如果过分关注就会出现风险感知的放大情形。为了应对这类被夸大的风险，必然会投入过多的资源。这种风险管理政策显然是过当的。反之，某些未被社会要素所正确认识和认可的风险，特别是与政府自身利益关系不大的风险，则常常会被予以过滤，由此所产生的风险应对政策必然是不足的。

而在现实政治系统中，官僚普遍追求政治短期回报，对于风

---

① U. Rosenthal, P. 't Hart, A. Kouzmin. “The Bureau - Politics of Crisis Management”, in A. Boin (ed.) *Crisis management*, London: Sage, 2008, pp. 326 - 348.

② R. T. Sylves. *Disaster policy and politics: emergency management and homeland security*, Washington, DC: CQ Press, 2008, p. 10.

险管理这类利益非立即体现的政策供给缺乏动力。

> 减灾是有长远利益的事情，而其益处并非立即体现出来。当前我国的地方政府考核机制往往注重短期效益，地方官员寻求的是短期回报。究竟能有多少政治意愿来驱使官员注重减灾政策的执行是存在疑问的。在注重经济增长的发展模式下，地方政府财政以经济建设为主导，对于缺乏短期利益回报的减灾工作是缺乏经济动因的。

在这种管理模式之下，也体现出政策复制性特征，如应急预案没有从风险管理的基础做起，缺乏本地化的风险管理机制，造成各地应急预案“千篇一律”。同时，风险是动态的而非静态的，风险的不断变化是我们进行风险管理的重要缘起。随着时间变化，危险源也在变化，应急预案所设定的风险应对方式可能在时间维度上已经失灵。官僚组织并非单纯为了管理危机而设计，而传统预防与预案的编制方式实质上是自上而下的管理模式，在关键基础设施崩溃后便存在重大局限。

可见，公共行政系统主导的灾害管理备受争议，它的成功与失败似乎是一个公共感知问题而非客观现实问题，关于其绩效的讨论似乎还没有全面理论诊断与实证支撑。对官僚制倾向的灾害管理持支持态度的是基于对灾害类型、管理环境、行动主体细分讨论，并认为当代应急管理体系中这种方式仍然是最佳选择，确实，这一点也可以从国际上普遍实行的应急管理制度看出。而对其进行批评的意见大多集中在官僚制碎片化所带来的沟通协调困境以及政治要素所引发的政策供给缺位、复制性、短期回报性等缺陷上。相对于前者，该类观点是将灾害管理置于更广阔的社会背景中去理解，“灾害的复杂社会属性需要多种组织协作，而不能仅仅是利用单一组织（政府部门）来应对”，“今天，外部的、非社区的公共行政部门主宰着灾害管理过程”，而“在巨灾带来的复杂、不确定的环境是对公共服务的挑战……基于标准与层级形式设计的正式组织在应急反应过程中需要注意到急速变化的环境与愈发紧密的社会系统”。①

官僚制作为现代政府组织结构的重要特征，随着新公共管理、公共服务的兴起，基于治理理论话语对其进行系统诊断。此类公共管理话语体系被很多灾害研究学者应用到灾害管理中，例如灾民顾客理论、政策窗口理论、委托代理理论、府际关系理论等。组织研究者已经讨论在面对环境突变与复杂科技条件下组织迅速适应与弹性组织建设议题。如今，灾害社会科学已经进入多学科视角研究时代，对于灾害管理制度的评价也随之进入多学科融通的具有灾害话语特征的理论分析体系。

第二节　情境差距与组织适应

官僚制倾向的灾害管理的价值评定不仅仅要针对理想抽象的官僚制，实际上现代社会组织处在官僚化与去官僚化之间，现实中的灾害管理组织也进行了一定程度的自身调适以满足灾害管理需要。厘清灾害情境特征与灾害管理的组织适应行为是消减组织脆弱性实现灾害管理在组织制度层面优化的前提要件。

一　情境差距

灾变情境与官僚制特征似乎处在相互独立的状态之中，在理论上很难找出二者的交集。本研究将这种情形称为“情境差距”，即指官僚制导向的应急管理体系面对现实灾变情境时所产生的能力困境。官僚制在面对危机情景时虽然有其优势，但是也暴露出先天不足。情境差距主要表现为以下几个方面。

① A. Boin. “Preparing for Critical Infrastructure Breakdowns: The Limits of Crisis Management and the Need for Resilience”, *Journal of Contingencies and Crisis Management*, 2007 (1): 50 - 59.

其一，目标差距。以明确的目标并通过“高度理性的组织结构”的管理目标的确定过程，实际是自身风险感知过程，它取决于政治力量对于风险的感知，关于组织生存的风险可能被放大，但其他风险可能被“风险过滤”（Risk Filtering）。危机情境作为组织管理的客体，其种类、程度、范围等在官僚制体系建构过程中都有预设。管理行为是根据预案所预设的危机情境而进行，而一旦超出预设危机情境，官僚制体系会陷入混乱。

其二，结构差距。危机情境下需要的是有序、高效的组织结构，旧有的结构体系需要迅速转型以面向危机处理。而官僚制组织结构的开放性不足，协作网络难以迅速形成。

其三，弹性差距。危机反应与组织协调是有效应对危机的两个先决条件，而官僚制组织的高效运行需要有效的沟通和协调。在危机情境下，混乱与压力常常会导致组织停滞、崩溃，无法进行有效沟通，出现协调困难。同时，“命令—控制”的自上而下的执行体系，导致处于危机一线的基层政府自主性低，阻碍了有效危机应对。同时，官僚制的复制性特征造成应对灾害倾向于使用原有的、统一的预案、政策与程序，缺乏管理弹性和创新。

其四，知识信息差距。面对高度不确定条件下的决策，现存知识受到挑战，面对危机情境时原有的决策知识支持系统难以发挥作用，甚至会适得其反而加剧危机。及时准确的沟通是有效灾害应对的基础。灾变中信息是应对中最需要的，需要灾民、资源、地域等基本信息。灾变中信息沟通系统可能中断。

其五，动态差距。随着媒体对突发事件的全面关注与深入报道，以及新型社会媒体的出现，民众获取信息更全面、更快速，政府可能与民众同时获取危机情况。如何及时回应危机中动态、多样的需求，是对政府应对危机能力的挑战。

命题 1. 灾害影响不仅取决于灾害自身，还受到情境差距影响，灾害社会影响与情境差距正相关。

随灾害认知与研究的多学科转向，对于灾害原因的认识也从超自然（act of god）和纯自然（act of nature）扩展到人为因素

(act of human) 层面。灾害被赋予可管理内涵，灾害管理系统成为灾害发生发展的重要影响变量。作为官僚制导向的灾害管理系统，与灾变情境之间的情境差距实质是灾害管理系统对灾变情境的应对能力不足的显现。理论上说，情境差距可以通过优化灾害管理系统来解决。影响情境差距的要素可以视为灾害强度、整备程度以及社会强度。灾害强度是指灾害本身所带来的破坏程度；整备程度则是指灾害管理系统对灾害所作的准备工作；社会强度则是指社会在面临灾害时所展现出的恢复力，它与灾前社会状态存在一致性联系。它们综合作用并影响情境差距程度，情境差距越大则灾害社会影响越大，反之亦然。就公共行政系统的灾害管理而言，组织目标、结构、弹性、知识、动态性这五方面是决定灾害社会影响大小的重要因素，灾害管理系统是针对这些方面进行调试以解决情境差距。于是得出命题 2。

命题 2. 情境差距的弥合过程是官僚制导向的行政组织体系的灾害适应过程。

鉴于多种情境差距的存在，政府灾害管理实际是弥合差距过程，政府灾害管理中的减灾、整备、应对以及恢复都隶属该过程。显然，官僚制作为一种理想类型，纯官僚制的灾害管理体系并不存在。艾森斯塔德认为，官僚制的发展可以分为三种情形：其一是注入一定的自治与多样化改造官僚制；其二是官僚制将其规则拓展到其他社会组织中去而实现官僚化；其三是去官僚化即官僚制的功能和特征被最小化，甚至被取代。官僚制已经被广泛讨论，对它“摈弃”“超越”以及“正名”等认识折射出现实中对官僚制的调试努力。现实中的社会组织总是分布在官僚化与去官僚化的连续统之间。就灾害管理而言，官僚制总在不断适应和调整中，灾害管理实际是根据灾变情境并由官僚行政体系所做的适应行为。

关于组织的灾害适应的研究与组织社会学的分析传统有关。组织社会学在分析组织时存在两种传统学科即社会心理学与社会学。前者关注人类行为在组织中的应用，如组织人际关系理论、组织决策理论等；后者注重组织结构特征的分析，最著名的是马克思·韦伯的理论。而沿着韦伯的分析线路人们发现，官僚制组织并非是静态的、一致的，于是就产生了社会学关于组织变革的分析，并关注组织面临外部压力时所发生的组织变革中的机制。

二　组织适应类型

社会组织所涵盖的范围较广，政府机构、非政府机构以及其他社会组织都可被纳入其范畴。灾害应对过程中广泛存在着各类社会组织，其中，政府机构包括了政府各类公共服务与管理部门，如消防部门、公共医院、应急办公室等；非政府组织主要有群众性组织、社区居民委员会、专业及民间的社团、民间基金会等；还有其他私部门、自组织等形式。灾害过程中，各种社会组织都在灾害中扮演着各自角色。但这些角色很多都不是组织常态目标，有些组织在维持自身功能的基础上展开了与其他社会组织的合作，甚至有些组织完全转变功能而去弥合情境差距，等等。在这些社会组织应变中，作为资源分配的主体——政府机构的改变对于灾害管理是起到主导型作用。由于其官僚制特性造成的缺乏足够弹性来处理需求，在面对危机时，去官僚化现象普遍出现。美国德拉华大学灾害研究中心（DRC）经过长期对组织的灾害适应的研究提出一个“经过多年检验”的组织类型学模型，并被用于灾害中的集体行为研究。该理论通过组织的“结构—功能”视角，对危机情境下的组织变革方式进行论述。通过二维交叉将组织变革区分为四种理想类型（见图3－5）。

类型Ⅰ——维持型（established）。维持型组织在面临灾害危机时，其组织结构与功能并没有明显变化，与灾前组织系统存在延续性，即同样的结构特征完成同样的功能目标。在灾变下仍然遵循一般官僚制管理功能，面对危机时组织的结构和功能依然延续旧有与常态的管理目标，如危机相关组织（crisis－related organizations）即专门的危机处理部门、警察局、医院以及消防部门

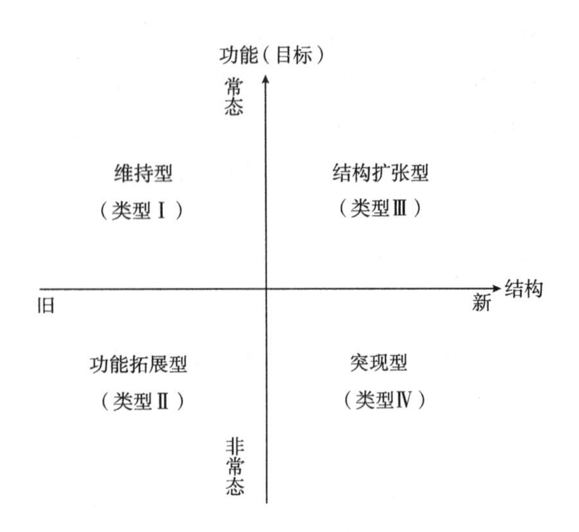

图3－5　组织的危机适应类型

等，在灾变前后的组织功能相似。一般地，如果维持型组织能完成灾害应对，那么此类灾害就会被视为常态灾害或危机而非大规模灾难。

类型Ⅱ——功能拓展型（expanding）。此类组织具有潜在应急功能并可以轻易加入灾害反应中。组织适应的特点是组织结构保持不变而组织功能发生转变，在面对危机时，大多不以危机反应为常态管理任务的组织可以转变其功能定位完成危机应对。例如，不以危机管理为常态组织目标的政府部门、私部门以及其他社会组织在危机中重塑其功能。此类型的组织适应方式为大多数大型官僚组织所采纳。

类型Ⅲ——结构扩张型（extending）。此类组织维持原有的组织功能而在结构上需要扩张以适应处理危机的需要，结构要素常常与资源有关。例如，以红十字会为代表的非政府组织（NGO）以及地方应急管理部门在危机中扩展其组织范围、增加或吸纳外部专业、志愿人员的行动。

类型Ⅳ——突现型（emergent）。这种组织在灾前并不存在，它的出现在功能和结构上都是全新的，当系统失去控制与协调时，该类组织适应就会出现。例如，灾害危机中的灾区内、外出现的各种自组织现象以及政府临时新设的全新灾害管理组织。尽管它们在灾前的组织结构—功能上与灾害应对无关，但是在灾害应对中扮演着重要作用。

从类型关系来看，四种组织适应类型存在动态转换情形。当组织以类型Ⅰ来适应灾变时，若发现其功能和结构无法满足危机需要时，组织会朝向功能拓展型和结构扩张型转变。例如，危机中的医院起初是以原有结构和功能来应对危机，而当发现无法满足需要时，其功能可能会拓展成为避难所，会吸纳更多医务工作者、志愿者。如果将此动态适应过程置于去官僚化概念下考察，从类型Ⅰ到类型Ⅳ是去官僚化程度由低到高的关系，即从类型Ⅰ的官僚制内部功能结构不变到类型Ⅱ组织功能拓展，再到类型Ⅲ结构更加多元化，最后到类型Ⅳ中自组织出现替代原有的官僚组织，即去官僚化出现。而类型Ⅳ并不会长久持续，它只是在灾变条件下催生，并不具备常态条件下的运行必要。同样地，类型Ⅱ与类型Ⅲ也会随灾害生命周期而终结，类型Ⅰ会回到适合日常管理的结构与功能水平上。命题1、命题2表明，情境差距的存在是政府灾害管理体系进行灾害适应的主要原因，而以上四种适应类型实际是官僚应灾体系与灾害危机事件的互动结果。于是得出命题3。

命题3. 灾害危机会打破正式应灾体系的封闭性，越严重的灾害就会有越多类型的组织进入灾害应对体系，且有更多形态的组织适应出现。

灾害危机的影响不仅仅局限于受灾地区，同时利他主义情结使灾区外部社会力量积极加入灾害应对中。在维持型组织（应急管理组织）所能处理的常态灾害中，社会组织参与度不高。严重程度越高的灾害，社会组织参与度越高。政府作为应对灾害的主要力量，在面对灾害时，其战略是首先依靠正式应急管理组织，而随灾害的发展会出现组织的结构与功能转变，且与体制外组织的互动增加，灾害管理逐渐呈现出合作治理现象。于是得出：

推论1. 社会组织的参与越多，越需要对体制外力量的参与进行制度建构。

社会力量的参与是灾害应对所不可或缺的，自组织、非政府组织、志愿者、国际救援组织等在灾变情境下共同参与灾害应对。政府具有引导并发挥社会力量进行灾害应对的职能，社会力量的有序参与需要政府做出相关的制度安排，同时还要培育体制外应灾力量，并通过社区培训使其成为基层应灾的重要资源。

推论2. 组织结构—功能的转换越顺畅，灾害的应对就越有效率。

理论上说，灾变环境下能够做到各种社会组织迅速适应危机情境并及时发挥各自作用，使社会从无序中迅速恢复到原先的有序状态。组织的结构—功能迅速转变是各类组织适应无序环境的手段，结构—功能转换越迅速，则灾害管理就越及时，应变也就越有效率。

推论3. 被感知的需要或风险越多，组织结构—功能的转变就越有可能实现。

由灾害危机的社会影响而产生的需要可划分为“反应引致需要”（response - generated demands）与“事件引致需要”（agent - generated demands）。[①]需要被感知是组织结构—功能转变的起点，一旦常态应急管理组织意识到灾变已达到自身能力的临界域时，就会出现组织结构—功能转变的可能。

推论4. 组织的弹性程度越高，组织结构—功能的转变就越及时。

地方组织的自治程度越高，其进行组织目标与组织结构方面调整的可能性就越大。在具有弹性、相对分权的组织体系中，组织适应的能力更强。

---

① E. L. Quarantelli (ed.). *What is a disaster? perspectives on the question*, London: Routledge, 2005, p. 118.

推论 5. 组织内外关系越协调，组织适应灾变就越有效。

结构与功能的改变会产生组织边界的模糊与渗透，组织冲突可能产生于组织内部与组织间的角色冲突。前者是由于自身结构与功能的双重改变所带来的适应困境，造成组织自身功能定位的模糊；后者是由于组织间常态互动方式与频率发生改变，造成管理边界相互渗透交叉而呈现模糊与冲突。既如此，灾害应对组织内部与相互间的关系越协调，组织适应灾变就越有效。

综上所述，从应然层面来看，灾害的组织有效适应必须具备以下一些基本要素：能够及时正确感知到各种灾害需要；建立具有弹性、松散耦合灾害管理体制；灾害管理组织结构—功能能够迅速转变适应灾害中的动态需要并能够动态协调；建立合作共治机制，发挥社会力量的救灾参与。

从实然层面上看，组织适应的实然状态的实现被划分为预案适应与自适应两个阶段，前者是灾害管理的基础，后者是有效灾害管理的保证。于是分别得出命题 4 和命题 5。

命题 4. 综合预案编制过程（planning process）的本质是官僚制灾害管理组织结构—功能适应的基本方式，是弥合情境差距的第一重适应。

情境差距的存在表明，灾变条件下的政府灾害管理需要适应新环境，组织结构与功能转变是官僚制体系下的灾害管理解决自身弹性不足的基本路径。不以灾害应对为管理目标的政府内部组织，通过临时改变其功能目标而适应应急需要；有些组织具有潜在灾害应对功能，但缺乏相关结构支持，必须要进行组织结构扩张以提升组织能力来完成功能目标。可见，灾变中的组织的功能与结构应是动态的，而非官僚制的规则、指令式的固定规范，可以通过结构和功能的适时转变来完成灾害管理任务。在危机管理中，传统官僚制面临危机时会选择在原有的结构基础之上建立一种新的结构。这种结构主要是为了应对非常态（危机）任务，通过组织间的协调来解决所面临的危险处境，其实质是建立一套组织从常态管理向非常态管理的过渡机制。新的组织结构的运行机制是依靠预案为基础的，通过预案编制来完成灾害前相互独立的组织间的协调和分工，以便共同应对危机，这也是各国在面对危机所普遍采取的措施。如今世界主要国家和地区的灾害管理系统中，预案是作为灾害管理的核心功能。

2003年“非典”蔓延事件之后，我国进入以“一案三制”为基础的应急管理发展阶段。其中，总体预案强调建立应急机制，基于分类管理、多层级责任分担、组织协调，采用预警与反应机制保障快速应变与管理效率。总体预案指导全国范围的应急反应系统的建立，国务院相继颁布了25项专门应急预案，囊括了洪水、地震、地质灾害、森林大火、铁路事故、地铁事故、公共健康、核事故、安全生产、食品安全事故、动物疾病、境外突发事件、通信事故、民航事故、大规模停电、海上救援，等等。国务院各主要职能部门还颁布了80种部门预案。总体预案、25种专门预案以及80种部门预案，覆盖了中国境内可能出现各类自然、科技以及社会安全事件，中国总体预案框架已初步形成。同时，各省、市、县（区）级政府都制定了应急预案，大型企业集团、大型活动等都分别有针对地制定了应急预案。总体上看，形成了多层次、多灾种、多部门的预案体系。显然，面对灾变情境组织出现混乱失序的重要原因在于灾变情境超出了组织预期，导致组织缺乏相关处理经验，而预案正是一种组织教育学习过程。预案是以专业知识为基础的行动规划，为组织在预期出现的各种灾变下做出迅速合理的反应做出规定，以消减组织在面对灾害时的冲突与无序情形。显然，预案是基于可预见的灾变做出的结构功能调整的一般组织行为规范。

但是，预案为基础的组织适应却仍无法弥合情境差距，灾害管理的困境依然存在，预案编制是必要的，但不是灾害管理的全部。①

---

① A. Boin. “Preparing for Critical Infrastructure Breakdowns: The Limits of Crisis Management and the Need for Resilience”, *Journal of Contingencies and Crisis Management*, 2007 (1): 50-59.

目前普遍采取的预案为核心的组织结构—功能调适方式，在应对可预见灾变时起到明显作用。应急管理的特点在于其针对“残余风险”（Residual Risk）① 演化为危机的应对。残余风险被认为是一种特殊类型的风险，它是常规风险管理策略所无法消除或被忽视的一种风险类型，是人类知识体系可以感知的风险之外的其他风险。残余风险的出现与客观世界、人类主观共同影响相关。预案所针对的危险源假设是有限的，而灾变情形是无限的。这就意味着超越预期、超越预案的灾变情境下，现存灾害管理体系存在困境，它实际是预案功能边界的显现。另外，虽然预案在面对“常态灾害”或“一般事故”中有助于组织应变，但错误的预案编制、僵化预案执行也会给组织适应带来问题。

命题 5. 动态灾变情境下自适应能力是弥合情境差距的第二重适应。

灾害所具有的不确定性、紧迫性、威胁性、联系性特征，预示灾害管理成功的关键在于对非预期和超预期灾害事件的管理水平。应急管理的本质是针对残余风险的管理与应对，而由残余风险演化而来的深度不确定性情形是对现代灾害管理系统的重大挑战。深度不确定性情形即“多种危险源较短期内现实化并共同影响人类系统，从而导致不确定性重叠增加的情形”。② 在深度不确定性下，科技系统可能崩溃，以往知识与经验无法解释新近发生的状况，或以往的知识本身就是错误的，同时还存在这样的困境：即人类科技发展是为了消除不确定性，而与此同时也带来了更多的不确定性。深度不确定下，社会系统走向了未知的黑洞，正式的应灾体系陷入困境。

阿隆·威尔达夫斯基用预控（anticipation）导向与恢复力（resilience）导向来表述人类安全控制方式。以风险管理为代表

---

① J. Handmer. “Emergency Management Thrives On Uncertainty”, in G. Bammer, M. Smithson. *Uncertainty and Risk: Multidisciplinary Perspectives*, London: Earthscan Publications, 2009, p. 232.

② 陶鹏、童星：《深度不确定性与应急管理》，《学术界》2011 年第 8 期。

的预控导向，包括通过预测与预案来消减或消除不确定性；恢复力导向是指系统所具有的稳定性与弹性，可保证其在突发事件冲击与不确定性条件下生存并迅速恢复。[①] 从组织适应视角来看，预案适应属于预控导向，而自适应则隶属于恢复力范畴。相对于强调通过预案编制过程将组织灾变反应纳入预先设定的反应制式之中，组织自适应被认为是官僚制灾害管理的去官僚化倾向，它是在动态环境下的组织结构与功能所呈现的超越预案规范的适应行为。自适应情形下，组织在面对非预期和超预期灾害危机时，能够有效感知灾害情形和需要并做出合理组织反应，组织创造与革新精神是其灾变反应的重要特征。自适应是实现组织适应的应然状态的必要步骤，与预案适应所强调的规范性不同，它更加注重组织能力与长期社会恢复力层面。

三　灾害管理周期与组织适应

在灾害管理与灾害研究中，为了利于灾害管理实践与研究的展开，通常将灾害视为一个周期过程。如巴顿将灾害视为一种集体压力，并将灾害过程区分为五个阶段，即灾前阶段、预警与沟通阶段、非组织反应阶段、有组织社会反映阶段、灾害恢复阶段。巴顿将灾害与集体行为过程相结合，具体区分非组织反应与有组织反应。而随着危机管理学视角的介入，灾害管理过程则更侧重政府正式部门的灾害应对，而对于灾害危机的阶段划分逐渐形成统一认知。例如，斯蒂文·芬克（Steven Fink）的危机生命周期理论——征兆期（prodromal）、暴发期（breakout or acute）、延续期（chronic）、痊愈期（resolution），以及罗伯特·希斯（Robert Heath）的危机管理“4R”模型——缩减（reduction）、

① A. Wildavsky. “Trial Without Error: Anticipation Vs. Resilience As Strategies For Risk Reduction”, in M. Maxey, R. Kuhn (eds.). *Regulatory Reform: New Vision Or Old Course*, New York: Praeger, 1985, pp. 200 - 201.

预备（readiness）、反应（response）、恢复（recovery）。危机周期理论将灾害危机的发展历程与管理方式结构化，而这种划分依据也被各国所采纳并运用于管理实践，即划分出了目前被普遍使用的灾害管理的四阶段，即减灾、整备、反应、恢复。[①] 如果将组织适应从灾害危机的反应阶段扩展到灾害管理全过程，可以看出以官僚制为导向的灾害管理系统在各个管理阶段呈现出不同特征。

按照灾害管理的四阶段划分，即预防（T_1）、整备（T_2）、反应（T_3）、恢复（T_4），四类组织适应类型即维持型、功能拓展型、结构扩张型、突现型，它们在不同灾害周期阶段的表现存在差异，而这些差异则正体现出灾害生命周期内的组织适应特征（见图3-6）。

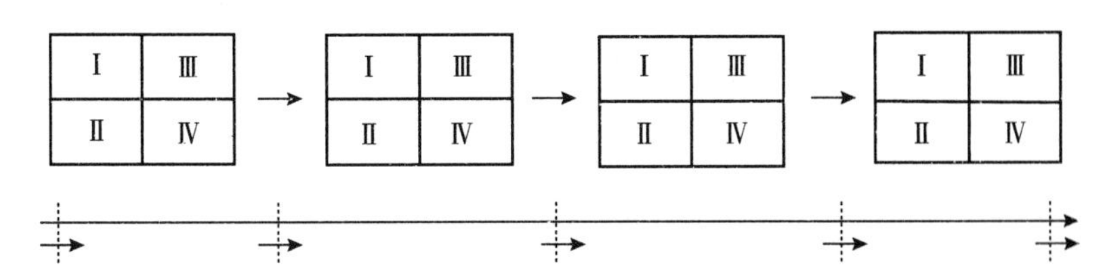

图3-6　灾害管理周期与组织适应

T_1：随着灾害预防理念的兴起，加之当代社会复杂性与不确定性剧增，导致对灾害预防的专业性、资源性、组织性要求变高，而在减灾本质上作为一项公共品，在供给与服务传递过程中存在不同程度的社会失灵与市场失灵情形。无论从政府本质还是现实特征来看，政府具有整合资源、技术以及组织保障的优势，能够有效达成消减灾害风险及其损失的政策目标。于是，政府逐渐占据灾害管理的核心角色，承担起减灾体制、机制建设与供给

① 灾害管理的四阶段分类中，阶段之间的具体区分是十分模糊的。在 T_4 阶段也有可能有灾害经验学习与减灾方面的工作，T_1 与 T_2 之间也难以通过预防与整备概念来区分，同样地，T_3 与 T_4 之间是否可以通过将 T_3 视为灾变反应还是结果管理（consequence management），还有待商榷。

服务功能。随着政府成为防灾减灾的主导力量，政府各项风险管理政策与机制的设计与执行便与本地政治—行政系统相交叉并紧密关联，行政体制架构决定了防灾减灾管理的制度导向。在T_1阶段，政府成为灾害管理活动主导者，以传统自上而下式的风险沟通作为政府风险管理基础，通过整合与运用各项资源能力承担起几乎所有减灾任务。减灾阶段的组织适应类型主要为维持型，即政府组织成立专门减灾部门，将减灾体制嵌入并适应于行政管理体制，试图通过正式减灾体制建设来完成灾害预防目标。而在社区、私部门等非政府层面，具备专业减灾功能的社会组织较少且能力与资源短缺。政府主导型的减灾体系之中，缺乏对社会组织、基层社区、私部门的政策建构和能力培育，这也是导致T_1阶段维持型组织适应特征明显的重要因素。

T_2：预防阶段的重要作用在于消减灾害风险及其社会损失。一旦灾害发生，为灾变带来的失序做好各项准备成为整备阶段（T_2）的首要任务。通过整备政策、组织结构、组织资源等方面的干预来提升组织应对灾害的能力。预案编制与整备演习是T_2阶段的核心工作，为常规事件（routine incident）应对提供所需的组织行动方案与行动资源保障。在T_2阶段中，通过风险评估、风险分析、公共沟通，及教育、资源准备、应急演练等完成预案编制完整过程。而以应急管理部门为中心的预案编制过程使得应灾组织间互动增加，应急管理职能分工体系逐渐清晰。在组织功能设计上，预案所规定的组织新功能出现在组织功能清单中，以满足预案为主导的组织间应急协调需要，预案编制与演练过程只是做了规定意义上的组织功能与结构转变。在组织结构调整方面，通过对灾害危机的分类、分级标准制定，确立与之相对应的组织结构调试，保障人员、资金、技术等资源充分供给以满足应灾需要。那么，该阶段的组织适应存在功能拓展型与结构扩张型两种形式，其适应行为的突出特征是以组织灾害风险感知为基础的预案式适应。

T_3：T_2阶段可以针对预期的常规事件或部分超常规事件做出

调试与整备，而对于大幅超出常规与预期的灾害事件则需要组织增加非预案方式（unplanned method）来应对。在深度不确定性背景下，此类灾变事件给政治—行政系统带来巨大压力，正确反应、消减损失并维持社会正常运转是该阶段的基本管理目标。基于组织灾变适应类型学分析可知，在 T_3 阶段组织适应情形最为多样与复杂，维持型、功能拓展型、结构扩展型、突现型组织相继出现，这些组织适应行为分别基于预案规定调整与组织情境自适应行为而出现。关于此阶段的适应类型与表现形式可见命题 3，故不再赘述。

T_4：相对于 T_3 阶段，强调灾害正确快速反应以减少灾害的社会负面影响，恢复阶段（T_4）的目标是让社会恢复到正常状态，并将无序转化为有序，甚至将危机转化为机遇。随着各种组织与资源介入灾害应对体系，在灾后恢复背景下，组织适应类型依然具有多样性。但是，相对于灾害反应（T_3）阶段，其结构—功能方面的转变程度较低，预案式、政策指令式的官僚制的正式管理手段重新主导灾害恢复过程。而与 T_1 阶段所不同的是，T_4 阶段中依然存在着一些结构扩张型组织的运作，如救灾 NGO 与灾后自组织在恢复阶段的运作。同时，恢复阶段面临着灾害管理制度调整与优化问题，分析评估灾害特征以及各类组织在灾害应对中的绩效表现，以重新审视原有灾害管理制度，调整相关预案编制与政策，吸纳与培育突现型组织进入灾害应对体系。于是，以 T_4 阶段为新起点，灾害管理便进入一个新的动态循环过程。

命题 6. 官僚制组织灾害适应程度与灾害生命周期呈现一致性特征，在预防与减灾阶段适应程度最低，而在灾变应对阶段表现最显著。

纵观灾害管理全过程，组织适应行为在不同管理阶段的表现存在差异。如果从组织结构功能变化为维度进行区分，官僚制导向的传统灾害管理模式在在预防或减灾阶段组织适应的程度最低，维持型组织在这一阶段处于绝对主导地位，体现了官僚制特征明显的风险管理方式。在灾害管理整备阶段，组织结构与功能调试程度受限于组织风险感知与沟通能力，组织适应行为的预案特征明显。在灾害应变阶段的组织结构与功能方面的调整程度最高，其中，有预案式的调试，也有非预案式的组织沟通、协调以及合作出现。在灾害恢复时期，组织适应情形逐渐减少，在政府驱动型的灾后恢复模式下，政府的资源优势与政治考量，使得政府重新恢复官僚化的应灾组织结构形态。于是可以得出以下推论。

推论1. 官僚制组织灾害适应具有事后紧急应变倾向，而与风险治理所主张的主动性、开放性（openness）相冲突。

官僚制所主导的灾害管理制度在灾害生命周期内的适应行为表明，在减灾阶段的组织结构—功能转变情况较少发生。如果将灾害简单二分为灾前与灾后，政府在灾后的政策建构、部门协调、资源利用明显多于灾前，官僚制组织灾害适应明显具有灾变的事后补救特征。在灾前官僚制系统倾向于使用维持型组织，即建立专门组织进行减灾，而社会组织之间的结构—功能很少发生转化与互动。自上而下的风险管理手段是官僚制组织减灾的重要特征，而这与当代风险治理强调的开放性（openness）方法相悖，官僚制组织天性与风险治理主张存在冲突情形。正因如此，灾害管理的失败原因应追溯风险治理因素，[①]而减灾动力的缺失则是阻滞整体灾害管理绩效提升的根本原因。

推论2. 灾害整备影响着整体应灾能力，整备阶段越具有科学性、规范性、实效性则灾害管理基础能力越强。

在灾害管理周期中，灾害整备阶段对于灾害反应与恢复阶段的能力至关重要。作为灾害管理基础性环节，灾害整备强调以风险感知为起点，通过风险与脆弱性分析揭示灾害风险与本地社会脆弱性特征，并以此作为预案编制与演习的基础。组织结构—功能的预案式调试与演练，越是符合灾害情境与具有本地社会属

---

① 张海波、童星：《公共危机治理与问责制》，《政治学研究》2010年第2期。

性，灾害应对过程中的协调性、程序性、有效性程度越高。

推论 3. 灾害反应阶段的组织适应需要以预案式适应与组织自适应为基础，后者是组织在深度不确定性条件下实现有效灾害管理的重要方式。

从组织灾害适应形式上看，在灾害准备阶段的组织适应，主要是基于预案所规定的通过调整组织结构—功能达成的组织适应，而灾害反应阶段的组织适应形式在程度上明显更深，其中包含了来自预案所规定的组织适应，也包含了来自组织自身的适应行为，即组织自适应。组织自适应行为一般被认为是官僚制组织的去官僚化趋势，是针对动态环境下的组织在组织结构或组织功能方面做出的超出预案规定的适应行为。预案作为灾害管理的重要功能，其功能不可忽视，它是灾害管理的基础。而当代灾害越来越多的不确定性、紧迫性、威胁性、联系性特征，则预示着灾害管理成功的关键是在超出预期的条件下的灾害应对水平。那么，提升组织的自适应水平是有效灾害管理的保证。

推论 4. 灾害恢复阶段组织适应程度缩减，组织官僚制倾向重现。

灾害造成的社会功能中断与失序使得社会对常态秩序恢复的需要陡增，灾害恢复所需的资源庞大、事务繁杂、主体多元，并且还需要大量的组织协调与规划。对于一般组织而言，很难承担此类任务，而大型官僚制组织体系在处理此类大型活动中具有明显优势。灾害恢复阶段并不如反应阶段的管理目标动态多元，灾害恢复阶段的不确定性因素相对较少，从而使其能够在相对稳定的环境中制定和执行灾后恢复政策。灾害恢复在解决社会失序的同时可能带来政治利益回报，从而使得政府部门具有强烈的管理动机和对主导角色的角逐。在政府主导型的灾害恢复过程中，随着政府部门在灾害管理阶段的全面介入以及所处灾害周期特征，共同使得突现型、结构扩张型组织适应形势逐渐较少，直到保障达成社会正常运转水平。而以官僚制为导向的政府部门的灾害适应程度也逐渐削弱，并恢复到灾前组织状态。

自此，在厘清当代灾害管理的基本特征与灾害危机特征的基础之上，本研究将二者之间的差异称为“情境差距”。理想的组织的适应模型，是通过组织结构—功能的动态协调完成对灾变的应对。现实中的灾害管理组织不是纯粹官僚制导向，而是通过预案做出调整即“预案适应”。该类适应自身仍存在问题与极限，即难以做到对灾变情境的应变。而将组织适应与灾害管理过程理论相结合，可以发现组织适应在灾害管理各个阶段的不同特征，以及官僚制导向的灾害管理在灾害管理周期内的适应程度变化情况。由此，本研究区分出了组织适应的两种类型，即预案式的组织适应与自发型的组织自适应。这两种适应形势皆为组织灾害适应的重要方式，缺一不可。在命题3中已经阐明了一个有效率的灾害管理应然状态所具有的基本轮廓，而完成组织的灾害适应所受到的限制因素成为下文论述重点。

第三节　灾害的组织适应局限

一　组织灾害适应过程模型

灾害的组织适应类型学及其相关推论共同，揭示了现代组织的灾害管理中所应具备的应然状态。除了组织适应分析之外，还有以陶德·拉波特（Todd LaPorte）为代表的“高信度组织理论”（highly reliability organization），以及查尔斯·佩罗所提出的“正常事故理论”（normal accident theory）同样值得借鉴。在佩罗看来，现代社会变得更加具有错综复杂性（interactive complexity）、紧密耦合（tightly coupled）性，前者是指“不熟悉、非预案的、非预测的事件出现在系统中，并且难以可见、不可立即理解”，于是导致了组织灾害适应中的执行出现混乱模糊；而紧密耦合指“现代社会系统之间高度依赖，一个部门的改变可能带来其他部门的迅速改变”，导致系统很难迅速从灾害中恢复。紧密耦合系统对于灾变的反应可能会成为新灾难，而松散耦合（loosely coupled）或去耦合系统（decoupled systems）却由于相互部分之间的松散型而可以吸收失败与出现非预案行为。[①] 正常事故理论看来，灾害事故是非预期、难以避免的，它是复杂社会科技系统（socio - technical systems）的发展必然，而高信度组织理论却认为灾难是可以通过特定的组织特征与应对系统加以规避。高信度组织理论强调现代组织面对灾难（主要指人为灾难如科技与恐怖主义）需要建立目标优先与共识（Goal Prioritization and Consensus）、分权与集权运作并举、组织学习等组织特征。[②]

然而，无论是高信度组织还是组织适应，都需要面对的问题是，现实灾害条件下，实现组织预案适应与组织自适应的双重转变，还受到多种社会阻滞因素的影响，即灾害的组织适应过程中的“适应局限”。在灾害情境差距与组织适应的分析脉络上，一些学者开展了对组织适应的阻滞因素的探讨。如克兰特利认为，组织适应受到来自其内部四方面因素影响：需求感知即决策者所能觉察到的各种灾害应对需要；官僚制结构即组织结构的自治弹性；组织能力即组织紧急应对能力；组织效益与效率考量。同时，他还指出外部的影响因素包括灾害情境特点、时空维度、组织间关系、本地特征、社会背景。[③] 近年来，随着灾害的恢复力分析范式的兴起，也对如何建构具有恢复力的灾害管理组织提出了相关思考。如波恩指出了传统官僚制应对灾变之不足，强调组织作为社会恢复力建设的重要意义，而他也强调西方社会特点对恢复力建设所带来的限制，其中包括个人主义的自我保护机制、

---

① C. Perrow. *Normal Accidents: Living with High - Risk Technologies*, New York: Basic Books, 1984, p. 5.

② T. R. La Porte. “High Reliability Organizations: Unlikely, Demanding and At Risk”, *Journal of Contingencies and Crisis Management*, 1996 (2): 60 - 71.

③ J. R. Brouillette, E. L. Quarantelli. “Types of Patterned Variation in Bureaucratic Adaptations to Organizational Stress”, *Sociological Quarterly*, 1971 (41): 39 - 46.

组织信念与组织理性、危机管理的正式体制设计、减灾成本考量、政府组织结构、社会经济因素。[①] 路易斯·康福认为有效的跨组织危机管理的重要特征是能够察探风险（detection risk）、认识与分析风险、广泛组织风险沟通、自组织与集体行动以消减风险或灾变反应。[②]

本研究试图将组织灾害适应局限性分析置于一般性框架内，但也强调灾害研究的自身特征并坚持以下原则：以组织为基本分析单位，将组织适应置于灾害管理周期考虑以摆脱阶段分析的片面性，以及秉承组织结构—功能分析路线。于是，本研究将组织灾害适应的局限因素划分为风险感知因素、组织结构因素、组织功能因素，灾害适应过程被简化为“风险—结构—功能”为主线的“决策—执行—反馈”的一般管理过程。

从灾害管理的角度看，组织灾害适应过程是一个由组织风险感知为前提，以组织结构与组织功能为手段，存在于整个灾害生命周期内的组织变革过程。那么，影响组织灾害适应的因素如下：

其一，组织风险感知要素。关于风险的认识与分析方法存在着现实主义和建构主义之争，风险概念一般被认为具有连续统属性。[③] 风险与灾害概念“嵌入”（embedded）在社会背景之中，因而无论是认识上还是实践层面，都必须考量社会系统的作用。[④⑤] 风险的社会建构主义学说在解释社会背景、风险产出与政

---

① A. Boin. “Preparing for Critical Infrastructure Breakdowns: The Limits of Crisis Management and the Need for Resilience”, *Journal of Contingencies and Crisis Management*, 2007 (1): 50 - 59.

② L. K. Comfort, A. Boin, C. C. Demchak. “Design Resilience, Pittsburgh”, PA: University of Pittsburgh Press, 2010, p. 34.

③ C. A. Heimer. “Social Structure, Psychology, and the Estimation of Risk”, *Annual Reviews of Sociology*, 1988 (14): 491 - 519.

④ K. J. Tierney. “Toward a Critical Sociology of Risk”, *Sociology Forum*, 1999 (2): 215 - 242.

⑤ J. F. Short. “The social fabric at risk: Toward the social transformation of risk analysis”, *American Sociology Review*, 1984 (49): 711 - 725.

策供给的关系上显然更有说服力。那么，政治力量、利益团体、专家系统、媒体等主体要素在组织风险感知中起到了决定性作用。风险感知作为组织面临灾害危机时的决策基础，风险感知差异可能会导致不同政策产出，进而塑造出不同的组织结构与功能转变的可能与方式。

其二，组织结构资源要素。富有弹性、协调性、开放性的组织结构是有效应对灾害的结构基础，合理有效的资源分配是成功应对灾害的资源保障。在不确定条件下，组织需要更加富有弹性，通过有效沟通，展示其开放性以充分利用社会资源进入灾害治理网络。灾害管理周期内的组织结构转变实际受到官僚制体系内部僵化特性影响，无论在减灾阶段还是在应对阶段，其结构与资源分配特征皆是实现有效组织适应的阻滞因素。

其三，组织目标功能要素。一旦组织感知到灾害及其风险并做出组织适应行为时，达成组织目标功能的及时调试至关重要。官僚制体系是一个组织功能分散、分工执行的严格层级体系，组织功能相对封闭。要使其他非应急管理类的政府部门转向危机中的应急管理，需要改变其相关组织功能。同时，由于组织的资源和知识科技水平参差不齐，是否能够有效完成组织目标也是存疑的。

基于以上判断，本研究提出“灾害的组织适应一般过程模型”（见图3－7）。

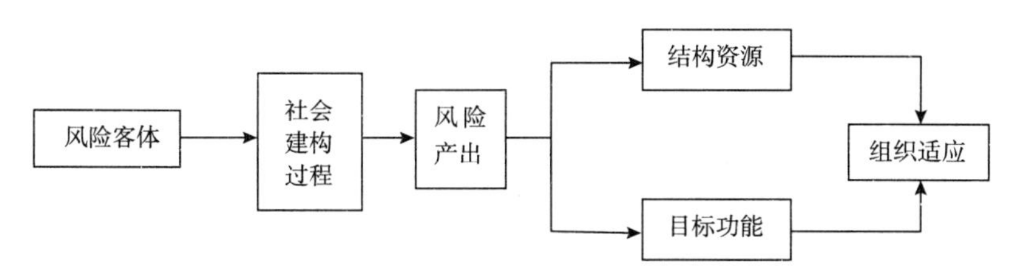

图3－7　灾害的组织适应一般过程模型

在以上模型中，风险客体是客观存在且没有任何特定价值取向的事件、物体、情形、状况。组织对风险的感知过程实际受到社会背景因素的影响，这些影响因素包括了政治意愿、利益团体、知识水平、经济情况、社会文化等。社会因素共同作用于风险客体，通过一系列社会过程影响着人们对风险的感知与判断，进而影响灾害管理政策的设计与供给。按照理想类型法（ideal type）来区分风险产出的结果，大致可为两种：风险被正确认知以及风险扭曲（risk distortion）。其中，风险扭曲又可分为：风险放大（risk amplification），即风险被社会建构后其程度被放大；[①] 风险过滤（risk filtration），即对风险产生错误认识，低估其程度以及只感知到部分风险。在风险产出基础之上，组织适应还需要通过结构资源、目标功能上的调试来完成全部过程。在结构与功能之间的选择上，可以有结构变革、功能变革以及二者兼而有之的方式，从而呈现出灾害的组织适应的四种类型划分。

作为组织灾害适应的一般过程，它不仅存在于宏观灾害管理周期过程，还存在于灾害管理周期的各个子阶段。例如，在减灾阶段，正式组织的风险感知是制定风险管理政策的基础，而基于风险感知的结果所形成的行动策略则需要组织在结构资源与目标功能层面加以调试；在整备阶段，预案编制与演习同样需要组织结构与功能方面作为支撑条件；在反应与恢复阶段，灾变情境下的动态同样需要政府感知并形成相关应对之策。那么，无论在减灾、整备、反应还是恢复阶段，“风险感知—结构资源—目标功能”可作为官僚制组织体系下，灾害应对的一般管理过程。

二　风险感知因素

灾害的组织适应一般过程模型表明，灾害的组织适应逻辑起点是风险感知，进而通过一系列社会因素的共同作用形成灾害管

---

① 这里的风险社会放大与“风险的社会放大理论”（theory of risk social amplification）的关注点是有区别的，后者关注的是风险“事件”如何被社会放大，而这里关注的是风险本身。关于这一点的区分参见 S. Rayor. “Muddling Through Metaphors to Maturity: A Commentary on Kasperson et al. , The Social Amplification of Risk”, *Risk analysis*, 1988（2）: 201 - 204。

理政策。风险感知在预案式的规定适应与组织自适应层面具有重要影响力。

命题 7. 预案作为组织灾害适应手段与灾害管理政策，是组织风险感知的政策产出。

预案式灾害适应强调灾害管理中的组织正式规则、角色定位、分工与协作体系，体现了官僚制体系对“情境差距”问题的发现以及调试措施。以正式规则为前提的预案适应中，风险感知的重要性可通过预案编制过程来体现。预案式的组织适应行为实际是遵循所感知到的风险特征而采取的组织结构—功能方面的调试。预案编制前端环节是对于风险客体特征的识别与评估，社会团体、专业机构、知识经验、科技发展等要素，共同决定了对风险客体的存在与否、程度、变化趋势、本地应灾能力的判断以及风险管理策略的选择。而预案文本正是以上一系列管理过程的政策体现。

推论 1：官僚制体系下的灾害管理，组织风险感知决定了预案式组织适应的成败。

预案文本作为组织的预案式灾害适应的行动纲领，其存在预案有效与失灵的情况。当预案有效时，风险感知与灾变情形呈现相对一致性、相似性；而当预案失效时，风险感知与灾变情形之间则相对呈现差距与缺乏联系。预案式的灾害适应行为过于依靠正式组织的风险感知，一旦风险感知出现差错，预案式的灾害适应可能就会“失灵”。如果进一步聚焦风险感知参与机制，便可以得出

推论 2：开放决策比线性决策的风险感知效果更佳，其预案式组织适应效果更好。

风险治理理论系统论证了开放决策机制对于风险治理的重要性。相对于官僚式的“命令—控制”方式，摈弃线性决策方式的决策系统更具弹性与开放性。而它所强调的以脆弱性评估为基础的风险管理过程，实际是一种强调自下而上的多元参与的预案编制过程。相对地，主张自上而下的官僚制式的风险管理方式由于

缺少开放式决策参与机制，其预案式组织适应能力相对滞后。其原因在于，预案式组织适应的风险感知的社会因素影响中，来自政治—行政系统本身的影响因素较多。于是得出

推论3：官僚制体系下的组织适应受到政府风险感知偏好的影响，不同灾种、不同管理阶段的预案式适应能力不一。

正如灾害的组织适应一般过程模型所阐明的，风险产出的结果可以为风险被正确认知、风险放大、风险过滤，传导到政策层面可能会带来政策越位、政策缺位与政策适位的三种效果。如果政府有其风险偏好，显然关乎自身利益的危险源会被关注，如果过分关注就会出现风险感知的放大情形。为了应对这类被夸大的风险，必然会投入过多的资源。这种风险管理政策显然是过当的。反之，某些未被社会要素所正确认识和认可的风险，特别是与政府自身利益关系不大的风险，则常常会被予以过滤，由此所产生的风险应对政策必然是不足，这也是基于政治成本考量的政府行动逻辑。全灾种管理背景下，政府风险偏好常常导致针对被“漠视”灾种的行动预案缺位或出现预案复制性、符号化困境，从而导致预案式组织适应在全灾种维度下缺乏绩效稳定性。同时，风险感知的建构特征不仅表现在灾种差异上，还表现于灾害管理阶段性差异上。灾害管理中的减灾、整备、反应、恢复阶段的预案适应方式同样受到组织对风险感知偏好的影响，减灾与整备阶段的风险感知强度直接决定了组织对于灾害管理阶段的结构与功能方面的投入，而一旦风险感知出现迟滞，便会出现被动的预案式组织适应，使其常常偏向事件而非风险。

可以说，预案式组织适应直接受限于组织风险感知，作为社会建构的风险感知显然受到多种社会因素的影响，由此可能带来预案所针对的危险源分析失灵；官僚制体系下的自上而下的线性决策方式，让风险感知更多受到政府风险偏好影响；由政府风险偏好的影响所带来的不同灾种、不同灾害管理阶段的管理能力差异。这些风险感知特征共同决定着官僚制组织的预案式灾害适应的成败。

命题 8. 风险感知是灾变中的组织自适应前提，它是组织结构功能转变所需的决策基础。

动态性是灾变情境的重要属性。在预案式的组织灾害适应失灵的情况下，组织自适应便成为应对灾变的主要方式。显然，风险感知已经不再仅仅受到社会团体、专业机构、知识水平、科技发展等要素的影响，还受到灾变条件下的信息传播与灾害经验的限制，如在深度不确定性下，科技系统可能崩溃，以往知识与经验无法解释新近发生的状况，或以往的知识本身就是错误的，同时还存在这样的困境即人类科技发展是为了消除不确定性，而与此同时也带来了更多的不确定性。在深度不确定下，社会系统走向了未知的黑洞，风险感知受到多重限制，正式风险感知过程可能停滞，取而代之的是非正式风险感知过程，如危机管理中的领导力要素。组织中的决策者直接影响着官僚制体系的灾变应对与组织适应效率。灾变中的各种需求出现在各类组织面前。在缺乏上一级组织机构的协调控制之下，面对所感知到的风险，组织领导者会依据当前组织能力做出超出预案规定的组织结构—功能方面的调整决策。

推论 1. 越多的组织自适应越需要组织领导力的发挥，越多的领导力需求则越多的依赖风险感知能力。

组织自适应的前提条件是预案适应失灵。当组织预案式适应无法满足灾变情境需要时，官僚制体系下的正式灾害管理制度崩溃，于是，非正式制度的作用便得以突显。组织领导力在灾害应对中的作用常常被放置在重要位置，越多的组织自适应意味着制度性适应的失控，更多的组织领导力要素便进入危机应对中，而领导力的发挥首要条件是风险感知。

推论 2. 越多的不确定性所造成的风险感知困境，越多地挑战官僚制体系下的领导力发挥。

在灾变情境下，正确感知灾变情境的各种需要并将其纳入政策议程进行政策干预，是领导力作用发挥的表现。而风险感知常常被作为一个社会建构概念，灾害危机中的各种需求从界定到进入政策议程实质是风险感知过程，它受到信息、传播渠道、灾害经验的局限，同时还受政治过程的影响。这些要素直接影响着决策者的风险感知和领导力发挥。

推论3. 越多风险感知的非稳定性，导致越多的组织自适应绩效非稳定性。

预案式组织适应主张通过各种标准规范、操作程序来完成灾害应对中的组织结构与功能目标方面的有序调整，试图通过有序制度治理无序环境。相对地，在组织自适应过程中，风险感知受到深度不确定环境的影响而变的不稳定，从而使得领导力的发挥常常因时因地而异，导致组织的灾害自适应绩效时常呈现出不稳定状态。从组织自适应角度来看，应灾管理绩效的不稳定性，首先是与组织领导者风险感知差异紧密关联。这也解释了为什么关于官僚制在灾害管理中的绩效评定时呈现的混乱现象。

总之，风险感知是灾害管理决策之基础。无论是预案式组织适应还是组织自适应，无论是正式风险感知还是非正式风险感知，作为社会建构的风险产出直接受到社会背景要素的影响，其灾害政策的产出具有社会惯性，从而决定了灾害管理中的组织结构—功能方面的调整程度。于是，风险感知成为组织灾害适应的限制因素。

三　结构资源因素

风险感知经历社会建构过程，相关政策设计与执行监督则是组织完成结构—功能适应的下一步。先看与组织结构转变相关限制因素。在组织适应类型中，完成组织结构转变为类型Ⅲ即结构扩张型。此类组织维持原有的组织功能而在结构上需要扩张以适应处理灾害的需要，结构要素与各种资源要素密切相关。纵观灾害管理全周期，组织结构转变是官僚制体系下组织适应的重要方式。如在减灾阶段，正式减灾组织与非正式减灾组织虽然具有减灾组织目标，但可能面临组织资源因素而不能满足减灾需要；同样地，在整备与反应阶段，相关部门无法履行相关职能的原因，在于其结构资源方面无法满足应对灾害的需要。从组织适应角度来看，结构转变是官僚制体系下，应灾职能部门完成组织应对灾变的一项基本条件。

命题9. 以灾害应对为常态目标的组织体系完成灾害适应需要突破组织结构方面的限制。

组织结构因素一般是指来自技术、资金、设备、人员等的资源因素。组织因外部突变而导致对组织应变资源的更高需求，常态组织结构体系下，难以满足灾变社会需求而需要进行结构调整。公共部门、NGO、私部门都有以灾害管理为重要职能目标的组织存在，如“减灾委”“应急办公室”、消防部门、警察局、医院、救灾减灾NGO、经营灾害保险的保险理赔公司等，它们都是灾害应对的重要力量。显然，具有相同目标导向的组织面临突变时的应变效益与组织结构转变能力成正比，资源可得性强的应灾组织的灾害适应能力较强。于是得出以下推论：

推论1. 组织资源能力是限制组织结构转变的重要因素，越多资源能力，就有越强的灾变应对能力。

官僚制体系下的灾害管理依据灾害管理周期各个阶段的划分并组建了从事减灾、整备、反应、恢复方面的专门机构，这些组织机构拥有特定的目标功能。而一旦灾害超过预期并进入深度不确定性情境，组织机构需要进行超乎预案适应所设定的适应形式，而此时组织所拥有的技术、人员、财物方面的资源优势便得以显现，资源可得性强的组织能够迅速完成组织结构转变并按既定组织目标运转。如果组织只有职能目标而没有相应的资源体系或是有限资源却承担着过多职能，那么，组织将无法完成结构转变。可见，资源能力对灾变应对的重要性，现实官僚制行政体系下的层级性以及理性特征使资源分配存在着“时—空”局限。

推论2. 官僚制体系下的资源滴漏（trickle - down）分配结构导致权责错位，限制基层组织结构转变能力发挥。

层级特征明显的官僚制体系下，灾害管理责权被条块分割，而导致责任与其相对应的资源权力难以对应。官僚行政体制下，资源的层级分配呈现出一种滴漏分配结构，层级越高的组织相对所掌控和能调动的资源越多，层级越低的组织则资源相对短缺。而灾害首先具有的是本地特征，它首先造成对地方政府部门的能力挑战，地方政府是应对大、小灾害的“第一反应者”（first responder）、第一管理者，显然，层级较低的组织被赋予更多灾害应对责任，但却面临资源短缺问题。无论从应对效率还是从长远效益上看，地方政府和社区在减灾、应灾方面具有显著作用，而资源与能力短缺是地方组织灾害适应的“瓶颈”。

同时，部门垂直管理关系也束缚了地方政府部门之间的横向信息沟通，必须要通过上一级部门的协调才能使信息传达并执行。从横向协调机制上看，由于纵向关系僵化造成“一级政府各部门之间缺少很好的合作，都要靠高一级政府组织才来协调，平级就不能协作”，[①] 地方政府部门之间缺乏有效沟通与管理弹性。

推论 3. 常态期与非常态条件下的资源分配困境，影响组织灾变条件下的适应力。

推论 2 从空间维度对官僚体系下的资源分布进行分析，而从时间维度来观察灾害管理中的资源分配，还存在常态期与非常态期的资源分配困境。该问题的实质是官僚行政体系在常态管理资源与“低概率—高损失”的非常态事件应对上的资源分配。理性官僚制效率追求，导致其很难将冗余（redundancy）资源放在“低概率—高损失”事件的应对上。而灾害管理进入官僚主导时代，政治短期回报性也让组织对于长期减灾与应灾投入缺乏足够动力。而一旦灾变出现，即低概率—高损失事件出现时，组织试图通过结构扩张以应灾的难度加大，因为组织结构转变受到了资源在时间分布上的配置局限。

推论 4. 体制内与体制外资源的封闭性导致组织灾害适应中

① 史培军：《地方减灾委能力太差》，《中国经济周刊（北京）》2010 年 8 月 16 日。

的结构转变难以实现。

正如命题3所述，“灾害管理中社会组织的参与灾害管理能力的重要组成，需要对体制外力量的参与进行制度建构”，官僚行政体系下的灾害管理资源是有限的，社会资源需要被纳入灾害管理全过程中，它是组织完成结构转变的重要社会资源。而在非灾变条件下，官僚体制存在严格的分工和目标，而其封闭性导致与其他社会组织缺乏沟通，对于组织外部的资源能力状况缺乏了解与协作。只有在灾变下才可能出现联系情形，而体制内外的资源状况与协作水平皆受限于官僚行政体系的封闭性。

四　功能目标因素

组织灾害适应中，功能拓展型适应形式是灾害管理中组织适应的重要类型，因为当前的行政管理体制与组织形态并不是专门为处理紧急事件而设计。大多数组织具有潜在应急功能并可以加入灾害反应中。此类组织适应的特点是组织的结构保持不变而组织的功能目标发生转变，很多不是以危机反应为常态管理任务的组织，在面对危机时，通过转变其功能并在新的目标下找到其新功能定位。例如，不以危机管理为常态组织目标的政府中的其他组织部门、私部门以及其他社会组织，在危机中重新塑造其功能，加入灾害应对之中。此类型的组织适应方式被大多数大型官僚组织所采纳。从灾害管理周期上看，非减灾职能组织加入减灾阶段与整备阶段中，如学校推行减灾教育与培训；又有一些非应急组织改变其日常目标而迅速转入灾害应对与恢复中，如学校、体育场馆等作为避难中心。组织常态目标向非常态目标的转变中所受的局限是实现组织功能转变的影响因素。相对于结构转变所需要的资源要素，功能转变需要更多协调整合要素，即组织利用原有功能与资源改变其目标过程以及作为整体系统的各个组织之间的协调分工。于是得出命题9。

命题10. 以灾害作为非常态目标的组织完成灾害适应面临目

标功能方面的限制。

组织功能转变一般是指不以灾害管理作为常态目标的组织在面对灾变情境时，所采用的改变组织目标并转向以灾害应对为目标的情形。一旦灾变发生，不同类型的组织都进入灾害应对中，而大多数组织都是通过组织功能转变以实现应对。

推论 1. 从常态向非常态过渡中，组织目标刚性越强则组织适应阻力越大。

灾害危机管理强调本地特征，即从本地社会经济与文化出发构建灾害预防与应对制度，如灾害危机的先期处置与地方各类防灾行动。官僚行政系统体现出自上而下的结构体系特征，在中央和各级政府之间配置资源与责任，地方组织的目标设计与功能调整上都是依照上一级组织的情况而设计与调整，缺乏上级指挥与协调，应急工作难以有效开展。而灾害危机管理制度的本地属性，要求地方政府与组织成为第一反应者而存在组织弹性需求，组织目标刚性越强则降低了组织功能调整的可能性与及时性。

推论 2. 在多元目标体系下，组织应灾职能存在不彰可能。

灾害危机管理并非政府部门的常态职能。面对庞杂社会与政治事务，政府部门的目标体系体现出复杂多样性。灾害管理周期的不同阶段存在不同管理目标，在组织适应程度较为显著的灾害反应与恢复阶段，组织应灾职能目标明确且政府活动被置于媒介聚焦之下，而在减灾与整备阶段，相关管理活动难以短期取得政治回报，使得政治与行政系统的防灾减灾目标常常与其他组织目标存在博弈情形。同时，防灾减灾工作作为日常灾害管理工作，需要专门组织协调众多政府部门进行管理应对，管理目标散落于体制内外的众多组织与部门，组织应灾职能存在无效与失灵可能。

推论 3. 组织弹性与组织内部协调受到灾变下的信息沟通限制。

在深度不确定条件下，组织弹性是摆脱官僚制组织目标刚性的有效路径。而一旦灾变中的组织边界被打破或渗透，组织的角色与责任需要重新划定。灾变条件下，组织间的信息沟通受到深度不确定性的影响，组织目标转变受到信息沟通限制。缓解由组织目标调整可能带来的组织边界冲突，需要更多的协调，而在沟通不畅条件下的组织间协调出现困境，最终导致组织缺乏灾变条件下的合理角色与责任体系。相对于官僚组织体系内部，灾变中的其他社会组织的协调同样重要。

推论 4. 跨组织协调受到官僚封闭性与灾前合作机制构建缺失的局限。

组织间的协调可以是行政系统内部的协调，也可以是行政系统与其他社会组织之间的协调。灾害集体行为研究表明，灾害所引致的利他主义情结是产生灾变集体行动的情感因素，而众多自组织与功能转变型组织的出现，使行政系统与其他社会组织之间的协调也变得十分重要。早期学者关于 1985 年墨西哥城地震的研究表明，非灾害期间的政府行为影响其在灾变中的行为表现，可以看出，灾害经验对于灾害应对的重要性。而一旦出现无法预见的灾变情况，灾前与其他组织间的互动协调机制的缺失不利于对灾害的快速有序恢复。

通过灾害的组织适应一般过程模型可以看出，灾害中的组织适应过程，即风险感知—结构调试—功能转变—自组织突现中存在着风险感知、资源、目标方面因素的影响。在风险感知中，风险的社会建构特征、官僚系统线性决策、领导力要素等所带来风险感知的不确定性，造成组织适应困境；在资源因素中，灾害应对资源在时、空中不合理分配以及社会资源的利用方面，限制了灾害中的组织结构转变；从目标因素来看，组织功能适应需要组织自治与弹性，这种适应方式受到官僚组织目标刚性、信息沟通以及跨组织合作经验与机制的限制。

第四章　群体脆弱性：脆弱性分布及其过程

第一节　理解群体脆弱性

自然灾害兼具自然与社会双重属性，尽管可以依循因果律来解释自然现象，但灾变中的人类社会及其行为表现具有复杂意义，必须运用并非相似于研究自然的方法来对其加以解释与理解。灾害社会科学对于灾害的社会属性考察不断丰富并发展着灾害认知。如今，灾害的脆弱性研究范式已经形成，多学科视角的脆弱性分析对于灾害研究与灾害管理的改进极具意义。在社会科学视角下，政治、社会、经济、文化可作为脆弱性分析的核心面向，“群体脆弱性”（people's vulnerability）概念的提出便是该研究流派的重要成果，而对群体脆弱性的分布及其消减的分析则更具管理意义。

一　灾害：从自然现象到社会问题

灾害研究经历了纯自然科学到多学科交叉的发展历程。灾害先是被认为是超自然、纯自然事件，随着灾害社会科学视角的引入，对灾害的认知出现了社会性转向，更多的人为要素被纳入灾害分析之中。从社会科学内部来看，结构—功能主义研究范式、传统脆弱性分析范式、风险社会理论范式、政治经济学范式的兴起使灾害的社会属性被进一步挖掘。起初，传统灾害社会学注重灾变中的组织与群体行为研究，包括了灾害行为反应、救助行动、突现型组织、灾害需要、志愿者行为等。早期的灾害研究倾向于将灾害视为一致型危机，与之相对应的是分歧型危机。“一致型导向”（consensus - oriented）的分析视角对于个体、群体、社区多样性与冲突性特征缺乏足够关注，随着灾变群体的非同质性认知的确立，灾变行为与非灾变期的社会平等、社会分层的相关性分析，以及收入、种族、性别、年龄等要素对灾害风险的暴露、应对与恢复方面的影响力等研究议题也逐渐展开。①

溯源该思想脉络，早期灾害研究并没有直接触及社会不平等议题。直到 1958 年由哈里·摩尔（Harry E. Moore）所著的《龙卷风袭过得克萨斯》（*Tornadoes Over Texas*），揭示了灾害影响的群体不平衡性即得克萨斯地区的黑人以及墨西哥裔美国人受灾程度远远大于同地区白人。② 随后几十年中，关于灾害与社会不平等之间的研究不断涌现。其中，1983 年由肯尼斯·休伊特（Kenneth Hewitt）主编的《诠释灾难》（*Interpretation of Calamity*）一书，改变了长期以来主流灾害研究将灾害与社会背景隔离的现状，从而直接影响了人们对于灾害的理解与应对。③ 丹尼斯·美尔蒂（Dennis Mileti）的研究将灾害的社会过程分析置于可持续发展理念之下，强调非可持续发展最终导致灾难后果，认为对人类社会日常行为的干预是实现消减灾害风险及其后果的主要方式。④ 最具里程碑意义的是维斯勒等人所著的《风险：自然危险源、群体脆弱性与灾害》（*At risk*：*nature hazards*，*people's vulnerability and disasters*）一书。他们认为飓风、洪水、地震等都是灾害

① K. J. Tierney. “Social Inequality, Hazards, and Disasters”, in R. J. Daniels, D. F. Kettl, H. Kunreuther (eds.). *On Risk And Disaster*: *Lessons From Hurricane Katrina*, Philadelphia, PA: University of Pennsylvania Press, 2006, p. 110.

② H. E. Moore. *Tornadoes Over Texas*: *a Study of Waco and San Angelo in Disaster*, Austin: University of Texas Press, 1958.

③ K. Hewitt (ed.). *Interpretations of Calamity*: *From the Viewpoint of Human Ecology*. Boston: Allen & Unwin, 1983.

④ D. S. Mileti. *Disasters by Design*: *A Reassessment of Natural Hazards in the United States*, Washington DC: Joseph Henry Press, 1999.

触发事件，而灾害出现本身源自于社会状况、政治经济过程，诸如环境破坏、贫困以及其他形式自然与社会的保护机制失败等。该研究所提出的“压力—释放”模型（Pressure and Release Model，PAR）更是被广泛应用，并将灾害研究引向了政治经济学分析框架。[①] 贫困、族群、性别、年龄、健康等社会群体的特征，被纳入灾害社会科学研究的文献之中。

政治经济学、政治生态学、社会生态学等视角的灾害研究不断深入灾害与社会群体的互动过程，使灾害事件与现存社会状态相联系，并视其为政治、经济、文化以及社会作用的结果体现，灾害问题被视为一种社会问题。研究范式与理论视阈的转换也反映在管理政策设计之中，有学者将社会管理的具体工作对象或工作内容划分为六个部分，其中，对“风险社会”的管理，[②] 即突发事件管理被视为当前我国社会管理建设的重要面向。而灾害作为一种社会问题，其内在运作逻辑与机制仍需要进一步厘清。

二　风险分配抑或脆弱性分布

风险是指一种消极结果出现的可能性，脆弱性意指“被伤害”或面对攻击而无力防御。[③] 在自然灾害研究中，脆弱性一般被定义为暴露于自然风险源下而没有足够能力来应对其影响。脆弱性是将风险可能转化为危机现实的催化剂。在社会科学看来，脆弱性可以来自政治、经济、社会、文化领域，群体脆弱性是指个人、群体的特征以及它们所在的社会系统影响，抵御灾害风

① B. Wisner, P. Blaikie, T. Cannon, I. Davis. *At risk: Nature hazards, people's vulnerability and disasters*, London: Routledge, 2004.

② 童星：《“社会管理”与“社会管理学”》，《新华日报》2011年4月13日。

③ Lundy, K. C., Janes, S. *Community Health Nursing: Caring for the Public's Health. 2nd ed*, Massachusetts: Jones and Bartlett Publishers, 2009, p. 616.

险、应对灾害以及灾后恢复的能力。①

社会分配议题广泛存在于风险社会理论研究之中。乌尔里希·贝克从风险社会视角切入风险分配模式的讨论。他认为现代社会进入风险社会中，随着物质需求客观下降和工业社会破坏力指数型增加，安全成为优先议题，于是，从短缺社会中的财富分配逻辑转为风险社会中的风险分配逻辑。在贝克看来，表面上的风险分配，“像财富一样，风险是附着在阶级模式上的，只不过是以颠倒的方式：财富在上层积聚，而风险再下层聚集”。② 而实质上，风险社会的风险所独具的“不想要的”“不可预见的”及“强迫的”特征，与全球社会的联系性增强共同决定了风险社会中的不平等，不再由阶层或阶级来决定。掌握财富、权势不能保证安全，因为风险分配不是可绝对精确计算，也不能精确预测，危害的状况对所有人都一样，正所谓“贫困是等级制的，化学烟雾是民主的”。③

在风险社会理论话语中，似乎风险分配逻辑占据着主导地位，社会阶层与分化的界限逐渐消退。而财富分配逻辑与风险分配逻辑在当今社会依然同时存在。在发展中国家依然呈现着科技发展与财富分配的现实议题，且科技风险与社会不平等间的关系更加复杂，这与风险理论话语存在差异。加之，贝克的理论分析样本为20世纪中后期的科技灾难（核事故）与公共安全议题，而极端科技灾难在灾害研究中只是其中的一种类型，对于简单将贝克的风险分配理论推广到灾害研究领域还存有争议。

以自然灾害为例，灾害的发生及其影响越来越具有不确定性特征。表面上看，现代灾难的毁灭性在任何社会群体间都是公平的，受灾群体呈现出跨越阶层、地区的特性。而如果从不同灾种来看，对于一些慢性作用灾种如全球变暖、旱灾等，“生活在灾

① B. Wisner, P. Blaikie, T. Cannon, I. Davis. *At risk*: *Nature hazards*, *people's vulnerability and disasters*, London: Routledge, 2004, p. 11.

② 乌尔里希·贝克：《风险社会》，何博文译，译林出版社，2004，第36页。

③ 乌尔里希·贝克：《风险社会》，何博文译，译林出版社，2004，第38页。

区的强势人群往往远走高飞，免遭伤害，而无处可去、只能坐等受灾的都是底层社会的人群。可以说，旱灾是典型的弱势群体之灾”。[①] 其实，“高度抽象且与数据无关，这些理论可能使那些更加经验取向的、尝试处理具体个案与灾害损失或脆弱性倾向的社会科学家以及研究者感到挫折”，[②] 贝克所设定的研究样本具有极端性、非常规性，而常态条件下的灾难不会常常具有极端效果，其影响分布常常具有风险分配的“表面意涵”，同时又具有风险分配的“实质内涵”。于是，如何找寻一个与宏观风险分配叙事脱钩并与现实灾害情形相符的概念，是灾害社会科学研究者的新任务。

新概念除了要满足复杂社会性、全灾种性、常态性之外，还要能够满足灾害管理与灾害研究的现实需要，即全程动态性。在灾害管理与灾害研究中，研究者与实践者通过将灾害管理周期划定为灾害预防、整备、反应与恢复阶段，以便对其进行阶段管理与研究；而风险分配概念聚焦于灾害的发生原因，就政策产出角度而言，其属于灾害预防管理阶段之政策干预，显然风险分配概念无法满足全程性条件。而“群体脆弱性”及其对应的“脆弱性分布”可以满足上述条件。

脆弱性分布可作为与宏观风险分配叙事脱钩并与现实灾害情形联系的新概念。对比风险分配概念，脆弱性分布概念具有以下特征：

其一，注重复杂社会形态的考量。传统与现代相交织造就现代社会的高度复杂性。在复杂社会形态下，脆弱性分布概念既包含了传统风险面向也涵盖了现代风险社会特质。

其二，脆弱性分布概念的全灾种关注。风险分配概念侧重于科技灾难，而现代灾害管理还包括自然灾害、混合型灾难。风险

① 陶鹏、童星：《我国自然灾害管理中的“应急失灵”及其矫正——从2010年西南五省（市、区）旱灾谈起》，《江苏社会科学》2011年第2期。

② K. J. Tierney. “Toward a Critical Sociology of Risk”, *Sociology Forum*, 1999 (2): 215-242.

分配概念不能完全满足全灾种管理的需要，脆弱性分布具有学科交叉性，在不同类型灾害中皆有应用空间。

其三，极端灾害事件并非灾害管理的全部，常态灾难也是其干预范畴。相对于风险分配所关注极端事件给人类社会可能带来的毁灭，脆弱性分布同时还注重对常态灾害事件的分析。

其四，相对于风险分配而言，脆弱性概念更具有灾害管理所对应的动态全程性。灾害管理周期包括预防、整备、反应、恢复四个阶段。与风险分配概念相对应的政策产出主要聚焦预防阶段，而脆弱性分布不仅包括预防阶段，还包含整备、反应、恢复阶段，从而使其切合灾害管理的动态全程性。

其五，脆弱性分布聚焦致灾原因与过程分析而更易于政策产出。从分析维度看，风险分配强调宏观社会政治层面分析，而脆弱性分布还同时聚焦中观层面的因素考察，利于灾害管理政策的产出。

其六，脆弱性分布更具管理内涵。风险分配是一套风险社会理论的宏观叙事话语，而脆弱性分布概念弥合了宏观风险叙事与灾害管理实践之间的鸿沟，脆弱性分布让政策制定者直观感受到群体在风险暴露、应灾方面的能力差异及其作用过程。

三　自然与社会过程：群体脆弱性分布的两种形式

群体脆弱性分布与风险分配概念之间存在差异，风险分配强调人化风险对于灾害发生的意义。与风险分配概念所不同，群体脆弱性分布过程不仅强调风险分配所针对的政治生态学视角，同时，相关自然要素在分配过程中的作用也被纳入分析框架之内。与灾害的自然与社会双重属性相似，脆弱性分布也具有自然要素与社会要素作用，导致时—空维度下的群体脆弱性呈现多种状态函数。而在作用方式上，前者注重非社会性的自然过程，后者注重社会制度、文化背景等社会作用。

（一）自然分布过程

灾害的群体脆弱性的自然分布过程与群体或个体自身所具有的特征有关。在灾害的群体脆弱性的自然要素研究上，常常存在与贫困研究相交叉的情形。在社会政策研究中，常常将社会福利服务的对象限定于儿童、老人、身心残障人士、单身母亲、移民等弱势群体。确实，弱势群体所具有的要素特征是造成其灾害脆弱性程度较高的重要原因，自然因素则成为灾害群体脆弱性因素的必要组成。例如，在群体脆弱性的指标研究上，以苏珊·科特（Susan L. Cutter）为代表的社会脆弱性指标（Social Vulnerability Index，SoVI）研究影响最广。该研究试图将社会脆弱性分成多个维度来进行测量，这些维度分别是个人健康、年龄、建筑密度、单个部门经济依赖性、住宅与租用权、性别、族群、职业、家庭结构、教育、公共设施依赖程度，这些都是社会脆弱性指数（SoVI）的构成基础。①

群体脆弱性的自然分布过程与常与群体或个体所拥有的个体特征、设备属性、环境特点等要素的时序演进相联系。例如，个人健康、年龄、性别、拥有的防灾设备与基础设施条件等个体或群体特征，其脆弱性的增减受到自然变化的影响。再如老人和儿童在面对灾害时的脆弱性相对较高，其行动能力或经验是其应对灾害的阻滞因素。随着个体自身条件先天形成与自然变化，群体在面对灾害时的脆弱性程度也在动态变化。通过自然分布过程，群体间的脆弱性分布呈现出向健康程度差、年龄偏大或偏小、女性等转移，本研究将此类群体脆弱性分布称为自然分布过程，与社会分布过程的不同之处在于其自然过程性。而传统认知与研究范式常常造成灾害的群体脆弱性即贫困的片面认识，传导到政策与管理层面便造成缺乏对群体脆弱性全面评估和准确干预。

① S. L. Cutter，B. J. Boruff，W. L. Shirley. "Social Vulnerability to Environmental Hazards"，*Social Science Quarterly*，2003（2）：242－261.

（二）社会分布过程

传统上对弱势者与强势者的二元划分，愈发受到来自风险社会理论的挑战。在风险分配逻辑下，阶级间的界限被打破，每个人都或多或少地暴露于风险之中。风险社会不完全等于阶级社会，人们的风险位置不能视同阶级位置，他们间的冲突也不能被当作阶级冲突。与风险叙事话语所表达的观点类似，灾害的群体脆弱性研究也从制度与管理层面聚焦到脆弱性的社会分配议题。政治经济学或政治生态学（political ecology）方法，近些年来被引入灾害脆弱性分析之中。针对诸如“为什么特定人群处于更易于遭受灾害影响的境地”“他们是怎样变得脆弱的”以及“哪种人才是脆弱的”等问题，产生于结构主义和新马克思主义思想的政治经济学视角，则将脆弱性研究领入政治—经济或政治—生态理论框架之下，通过融合社会政治、文化、经济因素为一体的分析框架，来解释群体在危险暴露程度、受影响程度、应对与恢复能力等方面的差异性。政治经济因素通过影响人们在权利、资源方面的可得性，进而形成如缺乏技能、投资、训练等方面的“动态压力”，最终将人群暴露于不安全的情形中，并最终与灾害事件的共同作用造成了特定人群的受灾状况。群体脆弱性分布的过程由社会要素所主导，社会群体的权利与资源可得性以及其他深层社会背景因素，共同形塑了群体在面对危险源的不同状态与结果。我们将此类群体脆弱性分布过程称之为社会分布过程，它是通过社会结构、制度、文化背景等将群体置于不平等的危险暴露与应对能力之下。

比较社会分布过程与自然分布过程，社会分布过程强调特定地区所处的政治、经济、社会、文化背景要素所造成的群体在权利、资源方面的可得性差异，从而引起了群体在面对灾害时的脆弱性差异。而自然分布过程与社会分布过程的不同之处在于，其强调脆弱性分布的自然性，自然分布要素受到制度要素分配影响但还属于自然规律作用过程。在现实情形下的脆弱性的分布形式是由两种分布过程交叉影响的复合过程。

四 群体脆弱性的分布要素

无论是社会分布过程还是自然分布过程，分布要素是影响群体脆弱性高低的重要变量。当前，社会脆弱性的指标建构研究已是灾害脆弱性科学研究的重要领域，以苏珊·科特（Susan L. Cutter）为代表的社会脆弱性指标（Social Vulnerability Index，SoVI）研究具有代表性。[①] 另外，维斯勒等人提出与“压力—释放”模型相对应的可得模型（Access Model）中，利用资产（assets）概念将模型细化为五大资本模块，分别包括个人资本，即个人技巧、知识背景、健康程度等；社会资本，即社会关系网络；实物资本，即基础设施、技术设备；经济资本，即货币存款、固定资产、信用状况等；自然资本，即自然资源、土地、水源、动植物状况等。本研究基于已有的研究基础，将群体脆弱性分布要素划分为个体资本、社会资本、公共资本以及自然资本。其中，个体资本包含个体知识、经验、技能、经济能力等社会经济特征；社会资本与社会关系网络有关，属于非正式资源系统；公共资本是指政府通过公共财政投资建设形成的公共基础设施，属于正式资源系统；自然资本包括所在区域的区位条件、各类自然资源。总体看来，由于资本的可得性程度差异，造成了群体间脆弱性分布不均。

依据前文关于群体脆弱性分布类型划分，相对应地，本研究将群体脆弱性分布要素划分为社会分布过程与自然分布过程。四种资本要素分别通过自然与社会双重过程不断变化调整，从而使得群体灾害脆弱性水平动态变化。经过社会分布过程的作用，导致部分群体经济贫困、社会孤立、政治排斥等后果而造成其面对灾害的脆弱性增加。在社会分布过程中，社会正式制度与非正式制度作为影响四种资源要素的分布状况，从而造成群体间的要素

---

① S. L. Cutter，B. J. Boruff，W. L. Shirley. “Social Vulnerability to Environmental Hazards”，*Social Science Quarterly*，2003（2）：242－261.

可得性差异。在自然分布过程中，先存与自然条件变化造成群体间的脆弱性程度存在不平衡情形，而社会分布过程则或多或少地放大或消减了群体的灾害脆弱性资本要素的作用结果。自然作用过程常常关注资本要素在“时—空”维度上的演变，而社会分布过程则聚焦社会制度对于资本要素社会配置的意义。

需要强调的是减贫与消减社会不公都是灾害群体脆弱性干预的重要部分。但是群体灾害脆弱性消减与减贫并非属于相同概念，尽管它们存在着密切联系。减贫是群体脆弱性消减的一部分。显然，贫困与社会剥夺与社会不公、个人机会等因素相关。而群体脆弱性要素除了贫困要素之外，还包括了个人与群体的自身特征，而这些特征不受社会制度支配并直接影响个人或群体暴露于更多危险，遭受更严重影响或没有能力从灾害中恢复。贫困是群体脆弱性的重要一环，贫困常常与脆弱性相关联，但群体具有脆弱性不一定表示其贫困（见表4－1）。

表4－1　灾害的群体脆弱性资本要素及其分布

分布形式 / 资本要素	自然过程	社会过程
个体资本	性别、健康、族裔、年龄	经济能力、社会保障知识、经验、技能
社会资本	关系网络衰减	关系网络差距
公共资本	设施能力折旧损耗	设施配置差异
自然资本	自然区位与条件	资源开发与管理

（一）个体资本

灾害的群体脆弱性的个体资本要素受到自然过程支配，包括性别要素、健康要素、年龄要素等，老、弱、病、残等群体是其最显著的表现。而在社会分布层面，社会经济状况与灾害的脆弱性关系更明显，教育、收入状况直接影响着群体在灾害过程中的自我保护能力，社会教育状况影响着个体知识经验与技能水平，并直接决定了风险态度与行为。

1. 群体的灾害脆弱性的自然分布过程

群体的灾害脆弱性的自然分布过程中，老、弱、病、残等是其重要构成要素。相对于社会分布的“隐性灾民”特征，这些群体的脆弱性特征更明显，受到制度影响程度较小，属于自然作用过程。受自然支配作用的灾害群体脆弱性要素，主要包括性别要素、健康程度、年龄要素等。

其一，性别要素。性别差异在灾害应对全过程中都存在，男性与女性有着不同的脆弱性表现。这种差异的存在不仅仅是身体原因，还是社会结构与文化层面的原因。无论残障与否，也不论肤色或种族，女性群体常常被认为是最为弱势或被歧视的人群。性别与灾害之间关系的研究在灾害研究领域属于热点问题，学界基本认为男性与女性在家庭与社会角色分工、行动能力、资源拥有状况等因素影响到其自身灾害脆弱性，女性与男性面临灾害的非均衡影响状况依然存在。“女性通常资源可得性较差”① 并且在决策过程中的代表性不足，故而造成她们比男性更脆弱。

其二，健康程度。有效的灾害应变需要行动能力作为保障，个体身体健康状况则限制着行动能力，其中，以残疾人群体的灾害脆弱性程度较高。根据中国国家统计局 2006 年抽样调查数据推算，全国各类残疾人的总数为 8296 万人。按照国家统计局公布的 2005 年末全国人口数，推算出本次调查时点的我国总人口数为 130948 万人，据此得到 2006 年 4 月 1 日我国残疾人占全国总人口的比例为 6.34%。各类残疾人的人数及各占残疾人总人数的比重分别是：视力残疾 1233 万人，占 14.86%；听力残疾 2004 万人，占 24.16%；言语残疾 127 万人，占 1.53%；肢体残疾 2412 万人，占 29.07%；智力残疾 554 万人，占 6.68%；精神残

① S. Cutter. “The Forgotten Casualties: Women, Children, and Environmental Change”, *Global Environmental Change: Human and Policy Dimensions*, Vol. 5, 1995 (3): 181 - 194.

疾614万人，占7.40%；多重残疾1352万人，占16.30%。与1987年第一次全国残疾人抽样调查比较，我国残疾人口总量增加，残疾人比例上升，残疾类别结构变动。[①] 残疾人群体在中国社会人口构成中占有相当比例，当灾害发生时，残疾人的转移、消减影响以及恢复方式皆存在一定特殊性。

其三，年龄要素。灾害研究中的群体年龄要素主要集中于未成年人与老年人群体上。一般认为，未成年人与老年人群体的灾害脆弱性高于其他年龄段群体，行动与资源可得性限制其应灾能力。多数人道主义组织都认为，通过社区救助网络和救助工作，老年人的需求和权利都会得到满足。救助组织普遍认同这种假设，即在一个几代同堂的家庭里所有救济物资（包括食物）都会被公平地分享。事实是老年人的需求往往被忽视了。灾害风险感知、行动反应以及灾后恢复能力与年龄因素紧密相关。人口老龄化社会的到来，使得老龄化风险加剧，此类群体的灾害脆弱性程度加深。如图4-1所示，当前，中国人口老龄化程度正不断加深。随人口老龄化时代的来临，老年人群体面临灾害的脆弱性表现将不断显现。

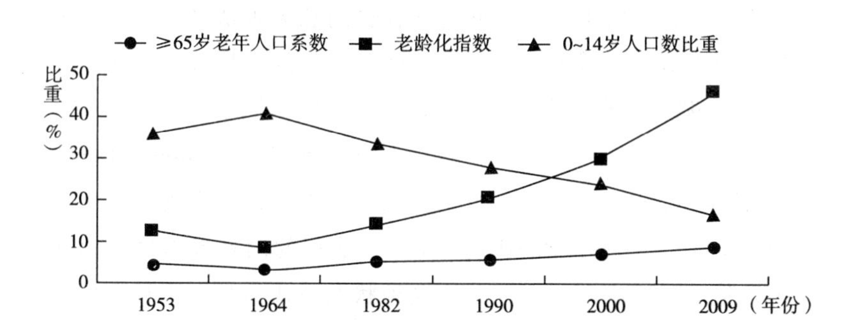

图4-1　1953~2009年中国人口老龄化变化情况

资料来源：中国国家统计局：《全国人口普查年鉴》，国家统计局网站，http://www.stats.gov.cn/tjgb/rkpcgb/，作者整理：老龄化指数=（65岁以上人口数/0~14岁人口数）×100%。

---

① 中国残疾人联合会：《2006年第二次全国残疾人抽样调查主要数据公报》，中国残疾人联合会网站，http://www.cdpf.org.cn/sytj/content/2008-04/07/content_30316033.htm。

2. 社会作用过程对个体资本要素的影响

社会阶层的概念已在社会科学领域被广泛使用，而关于社会阶层的定义与划分标准多样，“阶层可以由经济、政治、文化、意识形态要素构成，还可以依据性别与族群进行专门区分”。[①] 可见，关于社会阶层的划分是模糊的，而本研究中的社会阶层概念则局限于群体的社会经济状况，它的构成要素可以是货币、资产、教育程度、职业类型等。社会经济状况与灾害的脆弱性关系最明显，教育、收入状况直接影响着群体在灾害过程中的自我保护能力。显然，地区的社会结构、社会分布等社会制度要素共同决定了群体脆弱性的社会分布过程与结果。

其一，经济状况。群体脆弱性与经济状况差异之间的联系最显著且研究最早。充足经济资源能力是有效应对灾变的必要条件，贫困或暴露在高风险状态下的群体难以有效应对外界变化，以及及时自我恢复。社会群体的财富状况被认为是脆弱性的重要度量指标。有学者认为“那些拥有较少财产、没有保险、有限收入来源”的家庭更倾向于遭受灾害影响。[②] 关于这种认识在灾害研究领域由来已久，早期学者也同意灾害情境中，穷人所遭受的损失最大，这里并不是指其遭受损失的总量大小，而是相对于其自身财富比例而言。红十字会与红新月会国际联合会（IFRC）于2001年的一项调查表明，人类发展指数（Human Development Index，HDI）处于低行列的国家或地区，每次灾害发生后平均有1052人死亡，而HDI指数处于前列的国家或地区，每次灾害发生平均造成23人死亡。[③] 这种状况被认为是由于社会保护

---

① J. Glassman. “Rethinking over determination，structural power and social change：A critique of Gibson - Graham，Resnick，and Wolff”，*Antipode*，Vol. 35，2003（4）：678 - 698.

② K. S. Vatsa. “Risk，Vulnerability，and Asset - based Approach to Disaster Risk Management”，*International Journal of Sociology and Social Policy*，Vol. 24，2004（10）：1 - 48.

③ IFRC. *World Disaster Report* 2001，Geneva：International Federation of Red Cross and Red Crescent Societies，2001.

制度不均衡所引致家计生活质量造成的群体脆弱性在灾害中的现实表现。

其二，个体知识经验与技能。在灾害背景下，它常常与个人应对灾害的所需知识经验与技术相关。知识经验与技术对于灾害群体脆弱性的影响主要通过两个方面作用于灾害管理全过程。一方面，一般认为，教育水平直接影响其收入水平，使个体的社会经济状况出现差异，并最终决定其应灾能力。另一方面是教育程度与群体的风险感知程度相关。教育程度差异可以被视为风险感知的重要影响因素。风险感知直接决定了风险态度与行为，而教育程度相对较高群体的风险敏感性较强，同时，采取行动干预风险的能力也相对较强。灾害教育决定着减灾文化、应灾能力，而教育资源的分布过程也是灾害教育过程的一部分，群体脆弱性差异也是教育资源社会分布差异的体现。同时，从职业状况角度看，社会分工体系下的职业特点导致群体灾害脆弱性差异，职业所属产业特征决定了其面临灾害影响的可能与程度。职业状况形成的收入差异造成社会经济状况差异，职业所属产业特点决定了其工作地域范围，从而直接影响着其风险暴露水平。

（二）社会资本

自法国社会学家布迪厄（Bourdieu）将“社会资本”概念引入主流社会学研究以来，社会资本概念得到了深入研究。有学者将社会资本概念分为两个基本层次：一是微观层次的社会资本，是一种嵌入于个人行动者社会网络（social networks）中的资源，产生于行动者外在的社会关系，其功能在于帮助行动者获得更多的外部资源；另一种是宏观层次的社会资本，是群体中表现为规范、信任和网络联系的特征，这些特征形成于行动者（群体）内部的关系，其功能在于提升群体的集体行动水平。[①] 学科间所

---

① 赵延东：《社会资本与灾后恢复——一项自然灾害的社会学研究》，《社会学研究》2007 年第 5 期。

达成的共识是，社会资本对社会成员的生存与发展至关重要。关于社会资本的研究表明，社会资本在经济与社会发展、社会转型与社会分层、劳动就业、民主政治、教育与家庭方面的作用明显。而在灾害防救与恢复中，社会资本具有长期稳定的影响。①当灾害来临时，家庭成员、朋友、邻居是灾害信息、防灾设备、灾害救助方面的重要资源。社会网络资源可以被视为一种非正式资源以帮助社会成员能够成功应对灾变和灾后恢复。弱势族群在社会资本方面存在不足。在经济资源不足情形下，作为重要资源获取途径的社会资本却面临短缺状况，这无疑是将脆弱群体更多暴露于灾害风险之下。

社会资本同样受到社会与自然双重分布作用的影响，从而使社会关系网络的强度（strength of ties）、密度（density）以及同质性（homophily）发生变化。关系网络强度是指人际关系的时间长度、情感亲密度、熟悉与信任程度。关系持续时间越长、越亲密、越熟悉、越信任，关系越强，反之则越弱。关系网络密度指成员之间相互联系的紧密程度。关系网络同质性是指成员之间相互联系的紧密程度。②

在自然与社会双重作用过程下，社会资本要素作为群体灾害脆弱性重要影响维度呈现出不同情形。

（1）社会资本的自然变化过程。社会资本与社会关系网络密切相关，而社会关系网络拥有自身特征。在时空发展顺序之下，通常社会关系网络会随着个体年龄、迁移等因素的变化而不同。社会资本的强度、密度与同质性，随着生命周期的运转而可能呈现出“初始—形成—缩减”的循环过程。同时，社会资本也会随着空间迁移的影响而出现突变或中断。这种时空条件下的社会资本要素自然变化过程，影响着个体或群体的社会资本能力即社会

① Y. Nakagawa，R. Shaw. “Social Capital：A Missing Link to Disaster Recovery”，*International Journal of Mass Emergencies and Disasters*，Vol. 22，2004（1）.

② P. V. Marsden. “Core Discussion Networks of Americans”，*American Sociological Review*，1987（1）：121 -131.

资本衰减，从而传导到灾害整备、灾害应对、灾害恢复领域中的困境与不足。

（2）社会资本的社会配置过程。个体或群体的社会资本要素除了与自然时空条件相关之外，还与社会阶层作用存在强关系。个体或群体所属的社会经济状况、社会阶层直接影响其社会资本的强度、密度与同质性。社会资本的社会配置进一步固化弱势群体现状，与优势群体的社会资源之间差距愈发加剧，马太效应显著。在社会资本社会配置的背后，社会制度层面因素起决定性作用。于是，造成社会资本群体间差距的本质是社会制度在社会权利资源配置方面作用的结果体现。

（三）公共资本

在应灾器物层面，公共基础设施处于核心地位。作为为社会生产与居民生活提供公共服务的公共基础设施，公路、铁路、桥梁、机场、通讯、水电煤气、防卫防灾安全系统等关键公共设施保障了社会系统正常运转。灾害所造成的重要影响是对区域关键基础设施的冲击，关键基础设施的应灾能力是成功应对灾变的重要影响变量。灾害社会科学研究表明，关键基础设施的应灾能力的维持与更新对于灾害应对、恢复以及风险消减的意义突出。如在防灾减灾阶段，关键基础设施的兴建、防灾减灾设备与技术的投入是该阶段的重要工作；而在灾害反应阶段，通信、交通运输、水电煤气等系统是有效应对灾害的基础；灾后恢复阶段，关键基础设施的修复是保障社会恢复正常秩序的关键。关键基础设施作为公共资本的重要组成，个体或群体的灾害脆弱性程度与其所拥有的公共资本能力密切相关。与个体资本与社会资本相似，公共资本同样存在着自然过程与社会过程双重分布与变迁形式。

（1）公共资本的自然变化过程。公共资本作为群体灾害脆弱性的影响变量，在时空维度下，存在脆弱性叠加、剧增的问题。物质形态的公共基础设施在兴建之后，依然面临功能升级与能力更新的问题。随着社会发展所带来的客观应灾需要的变化，以及公共设施自身所存在的自然折损，公共资本在时—空维度下出现应灾能力与现实灾害不相符合的状况。学界一般认为，一些公共基础设施如大坝、筑堤等并非消减风险的方式，它具有两面性，一方面可能在短期内消减了灾害发生的可能；另一方面又有可能使区域的脆弱性增加，灾害风险及其损失呈指数型增长。于是，公共资本在时空维度下便会出现灾害脆弱性水平的增加情形。

（2）公共资本的社会分布过程。公共基础设施的兴建以政府公共财政为基础，受区域公共财政不均衡以及政府支出偏好的影响，从而导致公共基础设施在城乡之间、区域之间的配置呈现不公平现状。而处于公共财政能力水平较低地区的群体或个人则所拥有的公共资本能力相对较弱，从而导致其灾害的脆弱性水平要高于其他地区的群体或个人。公共资本作为影响群体的灾害脆弱性要素，其作用过程不仅仅体现在其自身自然变迁过程，同时也受到财政能力、社会结构等社会制度层面的影响，而将群体的灾害脆弱性进行社会配置，造成群体间的灾害脆弱性差距。

（四）自然资本

与灾害紧密关联的是自然条件因素，灾害危险源与大气、地质、气候等自然条件相关。在灾害社会科学的研究流派中，经典灾害研究便是以自然危险源为基础视点，传统的研究将灾害链限定于自然危险源范围之内。这种认识只认为，自然条件对于灾害发生、演进以及损失结果之间有联系，存在一定的局限性，但是可以看出，传统灾害研究范式对于自然条件的关注。群体或个体所具有的自然资本能力被视为其是否遭受灾害影响的核心要素。自然资本作为一项居民所拥有的重要资本，其包含了所处自然区位、土地、水源、动植物等。作为一项动态的资本，自然资本同样存在着自然与社会作用过程，二者共同影响着群体所具自然资本的变化，并影响群体灾害脆弱性程度。

（1）自然资本的自然配置过程。作为群体或个体的先存条件，自然区位、资源具有先天性。人类栖息定居的地域历经变迁，自然资本条件的变化影响显著。一些居住于各种地质、气象等灾害频发地区的群体显然较多地暴露于灾害风险之下，而那些居于较少灾害地区的群体则面临较少灾害风险。群体间的自然资本的先天差异造成了群体间的灾害脆弱性水平差异。

（2）自然资本的社会属性。自然资本的动态性并非仅仅体现于其先存形式与后天自然变化之中，人类社会作用痕迹明显，尤其在社会快速发展的今天，人类对自然资源的开发和利用程度加剧。一些不合理的土地规划利用、环境破坏、不合理工业布局等社会制度层面的作用，打破原有的自然秩序，改变了传统的安全观，原先安全合理的居住区域变得不再安全，群体的灾害脆弱性出现不断加剧。这种由制度层面配置形成的自然资本条件的变化，同样使得群体间的灾害脆弱性水平表现不一。

群体灾害脆弱性的双重配置过程，是以将灾害视为社会问题，通过个体资本、社会资本、公共资本、自然资本四种资本要素形式，将二者统合于统一框架下的考察。它体现了“压力—释放”模型所展现的灾害发生过程。自然分布过程与社会分布过程分别从自然性与社会性层面展现出四要素的作用及其基本形式。而从基于灾害管理来看，无论是自然分布过程还是社会分布过程，皆属灾害管理所需达成的消减群体灾害脆弱性的干预对象，群体脆弱性的社会面与自然面都是灾害管理的运作范畴。

第二节　群体脆弱性与灾害过程

本部分试图回答“社会阶层如何影响灾害脆弱性”“性别不同如何影响灾害脆弱性”“年龄差别如何影响群体灾害脆弱性”等诸如此类的问题。本研究将脆弱性分布要素区分为个体资本、社会资本、公共资本、自然资本四大维度，并依据脆弱性分布的自然与社会过程进行细述。与压力—释放模型侧重灾害的宏观关系链类似，宏观叙事揭示了灾害的深层次社会嵌入特征，而要素作用过程与灾害周期则还缺乏有效结合。需要将群体的灾害脆弱性置于减灾、灾害整备、灾害反应、灾害恢复维度之下考察，于是，按照灾害管理周期理论以灾害弱势群体为视角，切入资本要素与群体灾害脆弱性互动关系与作用过程的研究成为下文论述重点。

一　防灾减灾与群体脆弱性

由于减灾（mitigation）与恢复、减灾与整备之间的界限划分依然是模糊的，在此，本研究将减灾视为灾害发生之前的、旨在消减风险及其可能后果的各种行为之和，并将其与整备行为一起纳入防灾减灾框架下进行探讨。在防灾减灾中，风险感知、整备、预警、疏散（evacuation）等是该阶段的构成要件。

（一）风险感知与整备行为

风险感知是个体或群体对于特定潜在风险的态度，它是采取风险决策与干预行动的基础。依据风险—危机转化理论框架，灾害发生的重要原因在于群体的风险暴露。从群体脆弱性角度看，群体社会经济状况与群体自身的特征共同决定了群体在面临危险源时所持有的态度与干预方式。

社会经济状况差异与风险感知敏感程度的关系存在复杂认知情形。早期的研究认为风险感知与社会经济状况无关。[①] 而詹姆斯·弗林（James Flynn）、保罗·斯洛维奇等人的研究发现，社会经济状况较差的群体拥有着高敏感度的风险感知，因为穷人拥有更少的权利与资源，从而拥有最高程度的风险关注。有些研究证明风险感知与职业相关，低收入人群可能长期从事高风险行业，显然拥有更多接触风险的机会，从而对于风险有更直接认

① G. F. White. *Natural hazards: local, national, global*, New York: Oxford University Press, 1974, p. 5.

知。[①] 有些学者分别基于性别、族群、年龄、健康等维度来研究人们风险感知，如有学者从性别差异视角指出男性相对于女性来说更具有风险忍耐（risk tolerance），从而导致其在灾害情境下较少倾向于采取自我保护措施，女性则会采取更加积极行动来应对地震风险。[②] 学者克林恩伯格（Klinenberg）从族群视角对1995年芝加哥热浪（heat wave）中的少数族群的风险感知研究表明，相对于其他群体纷纷采取消暑措施，一些少数族群感知相对较少的风险而采取一种截然不同的对待危险的态度。这种不同的反应其实与风险认知有关或是与有限的选择有关。[③] 教育作为影响人们识别危险的重要维度，对群体脆弱性有着重要影响，那些拥有较多灾害知识经验的人群相对能更有效识别危险并做出相应准备。而在社会资源相对充足的地区，减灾教育开展的条件完备，通过宣传教育体系可以提升群体灾害经验与知识，以消减风险及其影响。

尽管研究者关于群体自身特征与社会经济要素特征在风险感知中的影响程度有所分歧，但是可以肯定的是，群体脆弱性分布要素对于风险感知存在影响并决定人们的干预动机与行为。实际上，与风险感知同样重要的是，风险感知后的行动干预能力与资源。无论弱势社会群体是否能够识别出潜在风险，其采取风险干预行为所需要的资源选项有限。同时，迫于生计需要，脆弱群体不得不居住在自然与环境风险相对较高的地区，也许他们感知到了风险存在，但是没有其他选择。

灾害整备行为与风险感知直接相联系。灾害整备过程包括针

---

① J. Flynn, P. Slovic, C. K. Mertz. Gender, race, and perception of environmental health risks, *Risk Analysis*, Vol. 14, 1994: pp. 1101 - 1108.

② P. O'Brien, P. Atchison. Gender differentiation and aftershock warning response, in E. Enarson, B. H. Morrow (eds.). The gendered terrain of disaster: Through women's eyes, Greenwood, CT: Praeger, 1998, pp. 173 - 180.

③ E. Klinenberg. *Heat wave: A social autopsy of disaster in Chicago*, Chicago: The University of Chicago Press, 2002.

对可能的灾害进行预案、培训、资源贮备、宣传教育等方面，社区的整备水平直接影响着灾害应对的能力。研究发现，多种社会经济指标与整备水平有关，特纳（Turner）等人认为教育、收入以及族群与地震整备工作相关，他们揭示了整备过程与收入水平的相关性。而教育可以消除灾害宿命论观点，催生更积极的整备行为。[①] 沃恩（Vaughan）指出，生活在贫困状态下的人群倾向于更少的参与或执行必要的减灾行动。[②] 尼格（Nigg）通过实证研究发现，对于灾害预案的接受程度与社会经济状况有关。[③] 有学者注意到收入水平对于具有一定经济成本的减灾方式的影响作用，诸如购买地震保险、加固房屋、灭火装置。[④] 有学者进一步研究发现，穷人无法负担洪水保险，尽管他们已经意识到其重要性和益处。[⑤] 学界对于整备行为的分析，揭示出面对风险感知结果所需行动的各种限制条件。从风险感知到灾害整备是一个“感知—行动”过程。在此过程中，群体脆弱性主要体现在群体脆弱要素既影响了风险感知程度，也是群体自身采取干预措施的限制要素。

（二）预警与疏散

预警与疏散是灾害应变中的核心措施，旨在通过转移受灾群体以应对社区面临的威胁、损失与破坏。虽然从表面关系看，二

---

① R. H. Turner, J. M. Nigg, D. H. Paz. *Waiting for Disaster: Earthquake Watch in California*, Berkeley: University of California Press, 1986.

② E. Vaughan. “The significance of socioeconomic and ethnic diversity for the risk communication process”, *Risk Analysis*, Vol. 15, 1995 (2): 169 - 180.

③ J. M. Nigg. “Awareness and behavior: Public response to prediction awareness”, in T. F. Saarinen (ed.), *Perspectives on Increasing Hazard Awareness*, Boulder: University of Colorado, Institute of Behavioral Science, Natural Hazards Research and Applications Information Center, Boulder, 1982, p. 94.

④ R. Palm, J. Carroll. *Illusions of Safety: Culture and Earthquake Hazard Response in California and Japan*, Boulder: Westview Press, 1998.

⑤ M. Fordham. “The intersection of gender and social class in disaster: Balancing resilience and vulnerability”, *International Journal of Mass Emergencies and Disasters*. Vol. 17, 1999 (1): 15 - 38.

者之间的关系十分简单并易于理解。如面对地震时，只有较短的时间或是没有时间进行预警，从而导致只有较少的疏散选择与可能。而面临台风灾害时，相对拥有较长的预警阶段，为疏散提供更多可能。实际上，预警与疏散不单纯是管理措施，其实质是复杂社会过程的体现，并且需要个体去理解和处理其所接受的各种信息。依循灾害社会学注重群体灾变行为的研究传统，其中，既有宏观理论叙事也有田野研究支撑，尤其在理解个体疏散行为过程、保护措施选择、预警体系建设等方面。如德拉贝克（Thomas Drabek）对家庭成员疏散行为进行系列研究，重点分析了群体预警反应的影响因素；[①] 克兰特利（Enrico L. Quarantelli）[②]、佩瑞（Ronald W. Perry）[③]、斯托林斯（Robert Stallings）[④]、索伦森（John Sorensen）与美尔蒂（Dennis Mileti）[⑤] 以及尼格（Joanne Nigg）[⑥] 等人针对预警及其疏散行为的研究。虽然灾害事件的种类差异以及描述性研究居多，导致该领域缺乏中层理论建构，[⑦] 但却深刻影响了政策设计者对灾害公共预警的认识，重新理解人们的预警反应行为特征。作为复杂社会与组织过程，预警与疏散必然受到群体脆弱性的资本要素影响，个体资本、社会资本、公

① Thomas. E. Drabek. "Understanding Disaster Warning Responses", *The Social Science Journal*, 1999, No. 3, pp. 515 - 523.

② Enrico L. Quarantelli. Evacuation behavior and problems: findings and implications from the research literature, Columbus, OH: Disaster Research Center, Ohio State University, 1980.

③ Ronald W. Perry. "Evacuation decision - making in natural disasters", *Mass Emergencies*, 1979, Vol. 4, pp. 25 - 38.

④ Robert Stallings. "Evacuation Behavior at Three Miles Island", *International Journal of Mass Emergencies and Disasters*, 1984, Vol. 2, pp. 11 - 26.

⑤ John Sorensen, Dennis Mileti. "Warning and Evacuation: Answering Some Basic Questions", *Industrial Crisis Quarterly*, 1989, Vol. 2, pp. 195 - 210.

⑥ Joanne M. Nigg. "Risk communication and warning systems", in T. Horlick - Jones, A. Amendola, R. Casale (eds.), *Natural risk and civil protection*, London: E&FN Spon, 1995, pp. 369 - 382.

⑦ Russell R. Dynes, Bruna De Marchi, Carlo Pelanda. *Sociology of Disaster: Contribution of Sociology to Disaster Research*, Milano, Italy: Franco Ageli, 1987, p. 114.

共资本以及自然资本，分别从各自层面影响灾害反应中的群体或个人应对能力与个体与社区的协作水平。

1. **社会经济状况对预警与疏散行为的影响**

作为个体资本的重要组成，社会经济状况是影响预警与疏散行为的重要变量。预警与疏散过程本质是人们如何理解所接收到的信息、信息的来源渠道以及应变行为选择的过程。如果将群体社会经济状况视为风险信息的一层过滤镜，那么，所接受的各种预警信息便受到个人或群体的社会经济状况影响。社会经济条件差的社会群体难以收到、理解或正确评估所面临的危险信息，从而直接导致相关群体是否依据预警信息采取必要的行动。摩尔（Moore）的研究表明，低收入群体对于灾害预警信息采取漠视态度。[①] 相似地，有比较研究发现，低收入与低受教育程度群体相对于中产阶层会更少地认同预警信号的有效性。[②] 于是，索伦森（Sorensen）等人总结出几点重要经验：那些拥有较多社会经济资源的群体拥有更高的疏散比例；那些拥有更多资源与经济支持的群体拥有更多的疏散选择和保障。[③] 除了对于预警信息的信任之外，另外一个重要影响因素是预警信息的全体成员接受过程的平等性。本·阿吉雷（Benigno Aguirre）在一项研究中发现，那些在灾害中失去生命的人很大程度是由于语言与文化障碍。此外，安德鲁（Andrew）飓风之后的其他研究还提供了关于预警与反应方面的研究。如莫罗（Morrow）与恩纳森（Enarson）研究发现，穷人听到暴风警报却难以采取行动，因为他们缺乏资金来负担交

① H. E. Moore. *Tornadoes over Texas: a Study of Waco and San Angelo in Disaster*, Austin: University of Texas Press, 1958.

② R. W. Mack, G. W. Baker. The Occasion Instant, National Academy of Sciences/National Research Council Disaster Study No. 15, Washington, DC: National Academy of Sciences, 1961, p. 49.

③ J. Sorenson, B. V. Sorenson. "Community process: warning and evacuation", in H. Rodriguez, E. L. Quarantelli, R. R. Dynes (eds.). *Handbook of Disaster Research*, New York: Springer, 2006, p. 191.

通和其他开销。[①]

2. **性别要素作为灾变疏散行为的重要影响因素**

灾害社会科学与风险研究已表明，女性对于预警与危险警示的反应相对于男性更加积极。[②] 这可能会造成“女性由于其高度灾害风险敏感性而显得不如男性脆弱”的认知，但许多学者指出事实并非如此。虽然女性疏散意愿常常要强于男性，她们对于风险比较敏感而倾向于进行灾变疏散行动。但是，相关实证研究表明，女性在疏散决策中的角色及其所拥有的疏散行动所需要的资源都受到现实的限制。例如，有学者指出“家庭中的男主人对于疏散行为更有决策影响力”。[③] 还有关于卡特里娜飓风后的一项调查研究表明，人们无法离开新奥尔良存在诸多原因，其中一位黑人单身母亲说道“当撤离时我需要照顾小孩、需要租车、需要燃油费、需要找地方住，而这些费用我都无法承担”。[④]

3. **儿童在预警与疏散过程中的脆弱性表现**

灾害的预警与疏散阶段强调对正式信号的接收与反应。到目前为止，只有少数研究关注儿童对于预警信息的接受、理解以及反应，主流的风险沟通模型通常将未成年人排除在风险沟通之外，而是通常预设灾变条件下儿童皆处于父母保护状态下。[⑤] 缺乏对未成年人尤其是对儿童的风险认识与预警反应的理解，造成政策与现实之间的差距。

---

① B. H. Morrow, E. Enarson. “Hurricane Andrew through women's eyes: Issues and recommendations”, *International Journal of Mass Emergencies and Disasters*, Vol. 14, 1996 (1): 5 - 22.

② P. Slovic. “Trust, emotion, sex, politics and sciences: Surveying the risk - assessment battlefield”, in P. Slovic (ed.). *The perception of risk: Risk, society and policy series*, London: Earthscan, 2000, pp. 390 - 412.

③ B. Phillips, D. Thomas, A. Fothergill. *Social Vulnerability to Disasters*, Boca Raton, Florida: CRC Press, 2010, p. 130.

④ D. Eisenman, K. M. Cordasco, S. Asch, J. F. Golden, D. Glok. “Communication with vulnerable communities: lessons from Hurricane Katrina”, *American Journal of Public Health*, Vol. 97, 2007 (S1): 109 - 115.

⑤ J. Adams. *Risk*, London: UCL Press, 1995.

在现实情形中，儿童常与父母出于分离状态，例如处于在学校、幼儿园或是与其他同伴玩耍、单独在家等情形。相对于成人，儿童在独立程度、资源可得性方面都处于弱势状态。在家庭中，疏散决策、生存资源、逃生路线、避难场所都是由成人为其提供。[①] 相关研究表明，拥有子女的成人在灾害预警与疏散信息的反应上明显要比没有子女的成人更加敏感，[②] 而社会经济状况仍然是重要限制条件。在学校，教师是儿童疏散决策与行动指挥的核心要素。早期一些研究关注教师在紧急状态下的疏散意愿与能力，有学者选取美国加利福利亚州一座核电站附近的公立学校的232位教师为研究样本，调查结果显示，接近1/3的教师将不会在核辐射状态下协助进行紧急疏散，主要在于他们更多地关注自身家庭成员与个人健康。还有另一项在核辐射主题下进行的调查研究。该研究样本选择的是纽约州萨福克郡（Suffolk）校车司机。66%的司机将不会协助疏散学生离开安全区域，而司机们同样更加关注个人和家庭成员的安全。而关于灾害中的儿童保护，有学者将研究重点转向灾害整备与反应阶段，有学者调查了美国佛罗里达州的儿童照护中心，发现67个中心中，只有2/3拥有飓风应急预案，相似的结果也出现在另外一项关于南加州儿童看护中心的调查中，25个中心中有过半数没有相应预案。[③]

避难中心作为公共资本的一种，是灾难发生后人们避灾的重要场所。而儿童在避难中心也会面临多种风险。避难中心缺乏足够的针对儿童、婴儿群体的生活资源，并且未成年人却易于受到流行病的影响，从而导致未成年群体脆弱性增加。那么，社会工

① B. Phillips, B. H. Morrow. "Social Science Research Needs: Focus On Vulnerable Populations, Forecasting, and Warnings", *Nature Hazards Review*, Vol. 8, 2007 (3): 61 – 68.

② N. Dash, H. Gladwin. "Evacuation Decision Making and Behavioral Response: Individual and Household", *Natural Hazards Review*, Vol. 8, 2007 (3): 69 – 77.

③ B. Phillips, D. Thomas, A. Fothergill. *Social Vulnerability to Disasters*, Florida: CRC Press, 2010, p. 162.

作者、志愿者以及避难中心服务人员在灾害中的儿童保护方面至关重要。

4. **老年人群体在灾变过程中的脆弱性**

灾害预警与疏散的目标是使受灾对象能够迅速、有序地转移，而关于如何实现针对老年人群体的有效预警与风险沟通的研究尚少，这便意味着对于老年人群体关于风险预警的接受与如何理解信息方面的认识还存在缺失。① 有学者对年龄与危险感知、注意力、记忆、决策过程的关系做过研究，认为当传递预警信息给老年人时，应该注意信息结构、组织方式与老年人群体的自身特征相适应。②如今，新型沟通工具被广泛纳入灾害预警中，诸如电子邮件、短信、微博、电话、广播、电视、平面媒体等。新沟通工具解决了信息传播速度和广度的问题，而老年人群体独具的身体特征、感知能力、收入、知识经验、社会状况、教育背景等，可能会限制其接触和使用新媒体的机会与能力。早期灾害研究表明，相比较年轻人，老年人群体更难以接收的预警信息，究其原因主要可以归纳为：独居状况、衰减的社会关系网络、低度信息搜寻行为、身心条件等限制。③

就疏散过程而言，对老年人群体的预警反应的认知存在分歧。早期一些研究认为，老年群体必须成为应急疏散工作的重点，因为该群体存在对于预警的不配合与不合作情形，其原因可归为社会孤立、固执、独立性、不愿脱离日常生活环境、行动能力不足、不安全感等。④ 但是这种假设被更系统的实证研究结果

---

① B. Phillips, B. H. Morrow. "Social Science Research Needs: Focus On Vulnerable Populations, Forecasting, and Warnings", *Nature Hazards Review*, Vol. 8, 2007 (3): 61-68.

② C. B. Mayhorn. "Cognitive aging and the processing of hazard information and disaster warnings", *Nature Hazards Review*, Vol. 6, 2005 (4): 165-170.

③ H. J. Friedsam. "Reactions of older persons to disaster-caused losses", *The Gerontologist*, Vol. 1, 1961 (1): 34-37.

④ R. Turner. "Earthquake prediction and public policy", *Mass Emergencies*, Vol. 1, 1976 (3): 179-202.

所取代。罗纳德·佩瑞和迈克尔·林戴尔（Michael Lindell）考察了面对不同类型的灾害与事故中的老年群体的反应，[①] 研究发现，65 岁以上的人群相对于年轻人群并没有表现出不合作的态度。他们认为年龄要素只是疏散合作的一个阻滞因素，而是心理、社会经济状况等要素影响着人们理解预警信息以及采取疏散行动。显然，疏散过程的本质是从危险区域转至安全场所，而老年群体在转移过程中同样存在着疏散成本（evacuation cost），各种社会经济要素限制其疏散行动，老年人群体的疏散转移过程还存在着一种“转移创伤”（transfer trauma）现象，即转移过程本身也是一种危险暴露过程。

如今，全球社会老龄化问题日益突出，老年独居现象普遍，同时，社会养老机构也日益增多。而如果没有针对独居老人的社区疏散计划以及养老机构疏散计划，那么，该类老年人群体在面临灾害发生时则显得更加脆弱。从避难中心服务建设看，由于疏散过程常常因时间紧迫而导致老年人常用的药品、辅助器械难以同时转移，这便给避难中心带来挑战，对各种必要资源的准备成为必要，否则，对于老年人群体来说，转移到疏散中心同样继续面临着生命风险。

5. 残疾人群体在灾变过程中的脆弱性

个体能否接受和理解预警信号是成功灾变反应的基础条件，尤其是残疾人群体在身体方面存在障碍导致其接受预警信号与行动方面不便，从而影响预警与疏散效率。喇叭、广播、媒体等正式应急沟通渠道，为民众提供了多渠道、多形式的预警与疏散信息。然而，针对残疾人群体的特殊预警方式的建构仍然是政府部门的预警工具开发的短板，诸如针对盲人或弱视人群、聋哑人群的特点，在科技工具、信号语言方面的设计的缺失，导致该类人

---

① R. W. Perry, M. K. Lindell. “Aged citizens in the warning phase of disasters: Re－examining the evidence”, *International Journal of Aging and Human Development*, Vol. 44, 1997 (4): 257－267.

群在灾害面前显得更具脆弱性。与预警同样重要的是疏散过程。灾种不同，疏散的时间与方式也有所不同。对于那些迅速作用的灾害如地震、龙卷风等只给灾民较短的时间来反应。尤其残疾人群体面临快速应急疏散在行动能力上存在限制，导致其无法及时进行自我保护。而在那些相对慢速作用的灾害中，残疾人群体也有可能在转移过程中出现“转移创伤”困境。

二　灾害恢复与群体脆弱性

灾害恢复阶段作为灾害管理周期的重要环节，相对于减灾与整备阶段而言，灾害恢复阶段更具有人道伦理特征、绩效可见性、社会聚焦性。人道伦理特征是指灾害发生所造成的人员伤害与生活中断等是政府干预的基本伦理范畴。绩效可见性即相对于整备与减灾阶段注重防范灾害的发生，其绩效很难被测量而具有潜在效益，而灾害恢复阶段的绩效目标相对清晰。而社会聚焦性在于灾害发生后，社会予以广泛关注，灾害事件成为社会中心议题，此时灾害恢复的绩效表现直接置于社会监督之下并关乎政府合法性。这三个特点直接决定了灾害恢复阶段成为世界各国政府对于灾害干预的重要行为动机。与灾害恢复直接相联系的是灾害影响，灾害问题作为一种社会问题，其不平等议题依然存在于灾后恢复阶段。灾害影响与损失存在不平等，灾害恢复过程的脆弱性程度也存在差异。相应地，群体的社会经济状况、性别、年龄、健康状况等依然是影响灾害恢复过程的重要变量。

（一）灾害影响

1. 社会经济状况影响

灾害损失包括物质与精神两个层面。早期灾害研究结果表明，通常在灾害中承受损失最大的是穷人。需要强调的是，这里并不是指穷人在灾害损失方面的总量，而是指相对于其财产比例。社会经济状况集中体现了个体资本、社会资本、公共资本以及自然资本的共同作用之结果。

从建筑质量角度看，处于低社会经济地位的群体只能选择建筑质量相对低的房屋居住，当灾害来临时，他们所遭受到的损失会更大。穷人具有更高灾害脆弱性的一个重要因素在于其居住条件，通常社会经济状况较差的群体所居住房屋存在低于一般标准的情形。低标准的建筑包括了年久失修、处于危险区域、建筑标准低、结构不合理等方面的问题，造成建筑更易于在灾害中出现损毁。相关实证研究也表明了穷人在灾害中所遭受的损害要更加严重。例如，有研究表明，在安德鲁飓风中，美国南佛罗里达州超过6600个移动房屋只剩下9个房屋完好，而选择其作为长期居住的人群大多是收入较低的社会阶层。另一组数据显示了加利福尼亚州的中、低收入家庭的租房状况。这些群体通常所选择的廉价租房在面临地震与火灾时所承受的损失往往更为严重。[①] 可见，处于低社会经济状况下的群体所居住的房屋更具有脆弱性，在面临灾害时的损毁程度更加严重，进而造成人员财产损失加剧。

从居住区位角度看，随着城市化进程与人口增长，社会地理状况表明，穷人的居住区位逐步走向并不适合居住的、自然区位较差的地区，社会经济状况较差的群体居住于更具灾害脆弱性的地区。有学者对南佛罗里达州的公共房屋进行过区位分析，结果显示，经济状况差者的房屋大多坐落于可能灾害冲击最严重的区域。[②] 从社会地理视角看，自然灾害风险的区位分布与不同群体的社会经济状况相关，社会经济状况正是区域脆弱性分布过程的重要因素。

---

① B. H. Morrow. "Stretching the bonds: The families of Hurricane Andrew", in W. G. Peacock, B. H. Morrow, H. Gladwin (eds.). *Hurricane Andrew: Ethnicity, gender, and the sociology of disasters*, New York: Routledge, 1997, pp. 141 - 170.

② K. Yelvington. "Coping in a temporary way: The tent cities", in W. Peacock, B. Morrow, H. Gladwin (eds.), . *Hurricane Andrew: Ethnicity, gender, and the sociology of disaster*, New York: Routledge, 1997, pp. 92 - 115.

再将分析角度从个体与家庭扩展到社区视角，可以发现，一般相对贫困的社区所遭受到的损失要大于其他社区。如前分析表明，穷人个体在社会网络方面处于弱势、孤立状况，而贫困社区同样面临此问题。在都市社会生态圈中，贫困社区常常被忽视，该状况也常常发生在灾害事件过程中。贫困社区所在的基层政府常常缺乏资源来进行灾害管理，缺乏有效的灾害救助与恢复，导致贫困社区群体生活风险加剧并陷入“贫困循环”（poverty cycle）。①

灾害还存在另一层面的影响即心理层面。社会心理学研究显示，社会经济地位是影响心理脆弱性的重要因素。灾害领域关于心理脆弱性与灾害关系的研究已经展开。波林总结道：总体而言，从已经完成的研究结果来看，收入较高的群体遭受心理打击要少于收入较低的群体。② 还有研究表明，如果灾后灾民得知不会受到赔偿，那么心理冲击程度更大，穷人和成员人数较多的家庭灾后更容易出现心理问题。③ 而穷人的心理承受了更多关于未来失去工作的担忧，关于未来的不确定性与个体实际状况导致灾民情绪波动。可见，造成心理影响可以是贫困、灾害或是两者结合，无疑灾害加剧了贫困群体的情感脆弱性状况。

2. 未成年群体的灾害影响

关于未成年人的灾害心理影响的研究较多。大量文献中关于儿童对于灾害的反应与影响的分析表明，经历过灾变事件会影响儿童的日常生活状态，尤其在心理层面受到的灾害影响超过成人。未成年人灾后心理一般会出现害怕、恐慌、攻击行为、抱怨、注意力分散、混乱、冒险心理，等等。这些心理问题经常在

---

① J. Logan, H. Molotch. *Urban fortunes: The political economy of place*, Berkeley, CA: University of California Press, 1987, p. 197.

② R. Bolin. “Disaster impact and recovery: A comparison of black and white victims”, *International Journal of Mass Emergencies and Disasters*, Vol. 4, 1986 (1): 35 - 50.

③ A. Fothergill, L. A. Peek. “Poverty and Disasters In The United States: A Review of Recent Sociological Findings”, *Natural Hazards*, Vol. 32, 2004: 89 - 110.

不同年龄段的未成年人中的表现程度不同。相关研究表明，若干因素影响着灾后儿童心理。其中，最重要的影响因子是危害的范围与强度。经历灾害事件的儿童感受到与亲人分离、失去家园、亲眼所见悲惨灾后景象可能导致的灾后创伤、焦虑以及沮丧。其他影响因子包括灾前儿童的生存状态，即灾前儿童所处社会经济状况对其灾后心理恢复有着重要影响；灾后生存环境灾后社会支持，它是影响灾后儿童行为与心理的重要变量；儿童自身所具备的应灾技能，它决定了儿童对于灾害适应与创伤恢复能力。①

与大多数研究聚焦灾害与儿童心理的关系研究相比，已有文献较少关注儿童身体伤害与死亡的研究。这与当前灾害研究学术主流所在的发达国家有关，在发达国家中，儿童在灾害中死亡的比率相对较低。相对而言，倾向于发生巨灾事件的发展中国家的儿童则死亡率较高。研究者将灾变中儿童受伤或死亡的社会背景因素归纳为：贫困国家或社区，即大多数灾害中儿童死亡率较高的国家或地区比较贫困；校舍建筑质量，即校舍的建筑不能达到正常标准，导致建筑结构脆弱性增加而产生的儿童伤亡；营养不良与食品匮乏，灾害中儿童伤亡或灾后食物供应与营养补充有关；独处情形，通常儿童都是在学校与家庭的保护下，而有时也会出现其独处情况，这便意味着缺乏保护。

3. 老年人群体的灾害影响

当灾害发生，老年人通常是受害最严重的群体。有研究数据显示，1999～2003年，美国自然灾害造成的人员伤亡数量为6108人，其中超过40%的死亡人口年龄在65岁以上。导致老人在灾害中容易出现高伤亡率的主要因素包括：社会经济背景要素，即低收入的老年人可能无法进行灾害整备，例如食物、设备、药物等，从而导致他们被置于高风险状态下；感知障碍，由于视听力

① B. Phillips，D. Thomas，A. Fothergill. *Social Vulnerability to Disasters*，Boca Raton，Florida：CRC *Press*，2010，p. 163.

水平的下降导致其接受并准确感知风险预警信号的能力较弱。[①] 随着年龄增长，行动能力受到限制可能导致老人无法及时疏散或逃生。而慢性疾病在老年人群体中相对普遍，灾变事件导致健康环境受到破坏，加剧慢性疾病恶化。实际上，灾害过程对老年人群体身体能力的考验（灾变中的个体可能需要长时间处于缺乏食品、水、医疗资源的状态）高于年轻人，老年人对于极端状况的身体抵抗力较弱。而避难中心的老年人依然面临风险，拥挤环境、缺乏私人空间、嘈杂环境、缺乏日常照顾等对于老年人群的身心都存在不利影响。[②]

尽管实证研究表明，老年人群体面临灾害时存在高伤亡率，而从心理层面来看，老年人灾后出现负面心理影响程度要低于相对年轻的群体。有学者研究发现，负面心理反应随着年龄增长而下降，中年人群体受影响最严重。老年人更有心理恢复力，这主要是由于生活阅历、成熟、较少义务及责任、灾害经验而形成。[③] 尽管老年人群体存在相对较低的负面心理影响概率，但相关研究依然表明，老年人群在灾后的较长时间内依然存在着恐慌、绝望、悲痛的情况，其中，穷人或低收入的老年人群体常常容易出现负面心理结果。[④] 老年女性更容易出现心理脆弱影响，特别是独居、低社会经济资源的女性老年人群，出现负面心理状况的概率较高。[⑤]

---

① R. Eldar. "The Needs of Elderly Persons in Natural Disasters: Observations and Recommendations", *Disasters*, Vol. 16. 1992 (4): 355 -358.

② Helpage International. *The Impact of the Indian Ocean Tsunami on Older People: Issues and Recommendations.* London: Helpage International, 2005.

③ F. H. Norris, M. J. Friedman, P. J. Watson, C. M. Byrne, E. Diaz, K. Kaniasty. "60, 000 Disaster Victims Speak: Part I. an Empirical Review of the Empirical Literature, 1981 -2001", *Psychiatry*, Vol. 65, 2002 (3): 207 -239.

④ E. J. Lawson, C. Thomas. "Wading in The Waters: Spirituality and Older Black Katrina Survivors", *Journal of Health Care For The Poor and Underserved*, 2007 (18): 341 -354.

⑤ J. C. Ollenburger, G. A. Tobin. "Women, Aging, and Post - Disaster Stress: Risk Factors", *International Journal of Mass Emergencies and Disasters*, Vol. 17, 1999 (1): 65 -78.

类似地，与老年人群体相似，残疾人在面对灾害时同样面临相似困境，故所遭受的伤害可能较大。

4. 灾害影响的性别差异

复杂灾变结果中对受损程度进行测量是困难的，基于性别视角的损失分析结果也存在冲突现象。一项以卡特里娜飓风为样本的研究表明，男孩死亡的数量要大于女孩。[①] 然而，更多灾害研究表明，女性在灾变事件中存在更高程度的脆弱性，这种倾向在发展中国家表现更加明显。[②] 虽然灾害研究领域关于性别与灾害的学术研究尚少，而基于女权主义视角的性别与环境关系的研究表明，女性的社会角色与分工导致其社会资源有限并对灾变事件尤其敏感。

（二）灾后恢复

1. 社会经济状况对于灾后恢复的影响

在灾害整备与反应阶段，社会经济状况是影响群体脆弱性的重要因素。与其他管理阶段相比，灾害恢复阶段可以被视为是对于社会经济状况较差群体的最大挑战，这不仅仅在于社会经济状况较差群体所受到的灾害影响相对较大，更主要在于其灾后恢复阶段所需资源的缺乏。灾后恢复可以划分为短期恢复与长期恢复，房屋是灾后恢复的重要标志之一。在灾后短期恢复中，强调临时房屋的获得，而长期恢复中，永久房屋的重建成为重要目标。显然，社会经济状况较差的社会群体在资金方面存在困难，就房屋重建来说，他们所拥有的资源较少，重建的速度与方案选择相对受到限制。同时，社会资本作为灾后重建的重要基础，贫困群体从社会资本方面获取的社会支持相对较少。

---

① S. Zaharan, L. Peek, S. D. Brody. "Youth mortality by forces of nature", *Children, Youth and Environments*, Vol. 18, 2008 (1): 371 –388.

② W. Anderson. "Women and children in disasters", in A. Kreimer, M. Arnold (eds.). *Managing Disaster Risk in Emerging Economies*, Washington, DC: World Bank, 2000, pp. 85 –90.

就灾害恢复阶段而言，除个人社会经济状况外，社区能力也是灾后长期恢复阶段的决定因素，社会政治背景与灾后恢复有关。对于贫困人群来说，灾后重建不仅仅依靠个人资源，更重要的是由社区资源带来的社会支持。那么，社区的发达程度以及社区政策导向决定了社会对于个人灾后恢复的支持方式与程度。社区所拥有资源作为个体灾害恢复的社会支持渠道，富裕地区的资源能力较强，所能给予其社会成员尤其是穷人的社会资源较多。地区社会经济发展水平对于该地区的灾后恢复至关重要。而社会灾后恢复政策导向与社会资源同样重要。有学者从房屋重建视角探究美国灾害恢复特征，[①] 发现美国灾后房屋重建属于市场驱动过程（market - driven process），灾前的不平等状况在灾后重建中被复制，除非给予贫困群体特别照顾，否则以市场为驱动的灾后恢复过程一般只会惠及那些拥有资本与权力的阶层。相对于富裕阶层，贫困群体所获得的灾后恢复资源以及恢复速度都处于劣势。而在非市场驱动型灾后恢复政策设计中，还需要考量贫困人群的经济、教育背景、风俗文化方面的特征，诸如低息贷款、救助申请程序都应将政策与贫困人群的特征相结合而做出适当调试。社会经济状况是催生灾害周期内的群体脆弱性重要面向，个体资源与权力方面的差异导致灾害恢复能力差别，而社会的政策导向与政策设计中，如果缺乏对于弱势群体的特别设计就会加深群体脆弱性程度。

灾害对于群体的影响存在多面向性，不仅仅是短期的损失和损伤，同时还包括长期持续的对于灾变事件的适应过程。除了社会经济状况对于灾后恢复存在直接影响之外，还存在诸如未成年人群、老年人群体、残疾人群体等脆弱性要素本身的特点对于灾后恢复过程的影响。

---

① W. G. Peacock, N. Dash, Y. Zhang. "Sheltering and housing recovery following disaster", in H. Rodriguez, E. L. Quarantelli, R. R. Dynes (eds.). *Handbook of Disaster Research*, New York: Springer, 2006, pp. 171 - 190.

2. 儿童与女性的灾后恢复与保护

如前所述，灾害中的儿童受到的损伤来自身体和心理两个层面，年龄原因导致其需要外部心理支持来解决所遇到的心理损伤。父母是灾后儿童的主要社会支持渠道，他们为孩子提供物质与情感支撑，同时，老师、志愿者、NGO、避难中心工作人员等也可以作为儿童心理恢复的重要社会资源。灾后对于未成年人心理恢复是一个长期而复杂的过程，未成年群体作为灾害脆弱性程度较高的群体，在完成经济重建的同时，社会重建尤其是社会心理重建依然需要被很好理解并进行政策疏导。另外，女性群体的经济脆弱性水平较高，遭受灾害影响严重，而其恢复能力受到多种条件因素的限制，需要建构相关政策以帮助其迅速恢复。

3. 老年人群体的灾后恢复

一般地，研究发现老年人群体在灾后恢复阶段所面临的问题是经济、身体以及心理方面的障碍，但需要厘清的是，老年人群体在资源与权力可得性方面的差异导致其在灾后短期与长期恢复中存在差异。纵观老年人群体灾后恢复阶段差异问题，学者的观点可归纳为如下几点：

（1）社会歧视。由于老年人群体的社会网络资源的不断消散，其社会话语力度不强，常常被社会所忽视或遗忘，导致其无法享受特别的照顾和资源。

（2）社会服务供给方式。官僚组织的灾后社会服务供给是自上而下的过程，强调受助对象对服务的申请过程，而官方文样与过程增加了老年人群体的资源可得难度。

（3）有研究发现，老年人群体如果存在自立文化（self - sufficiency），便会导致其独立性增加，而不愿意接受外界帮助。

（4）福利污名（stigma）。与独立性相关，接受福利可能带来各种污名化效果。

4. 残疾人群众的灾后恢复

对于残疾人群体以及其他身体健康状况较差的群体而言，灾后恢复更需要受到社会关注，诸如无障碍设施的重建、社区流行病防疫、社区卫生状况的重新恢复等，需要针对高灾害脆弱性群体而设计。残疾人群体在灾前所面临的服务供给、社会融入等困境，在灾后依然存在。而灾害在一定程度上将问题严重性放大。灾害问题作为一种社会问题，不仅仅需要考量灾害管理方面的改进，更要将社会可持续发展作为灾害恢复力建设的重要方面。

可见，群体脆弱性所包括的个体资本、社会资本、公共资本以及自然资本在具有社会经济状况、年龄、健康、性别等方面特征的群体中体现明显。相对于其他社会群体，灾害弱势群体在灾害周期过程中的脆弱性程度更深。在灾变前的灾害弱势群体，由于自身特点而无法有效感知各类风险从而更多地暴露在危险环境中，更为重要的是，其缺乏足够资源用于灾害整备。灾变发生时，对于预警信号反应存在迟滞，又受到资源与身体要素对于行动能力限制的影响，导致其更容易遭受灾害人身与财产损失，原本脆弱的生存状态与身体情况导致其需要更多的资源进行灾害恢复，而资源与权力可得性差的境地导致此类群体难以完成灾害短期与长期恢复。灾害弱势群体被置于“高脆弱—低整备—高损失—低恢复”的群体灾害脆弱性的恶性循环再造过程之中。

第五章　文化脆弱性：灾害文化影响与适应

第一节　灾害、文化与脆弱性

灾害事件塑造具有本土经验的灾害管理体系，而灾害与文化之间的关系在灾变中也被大众体察。在2004年的印度洋海啸中，文化之于灾害管理的意义得以初步体现。当南亚国家沿海地域遭受海啸袭击时，一些拥有固有经验知识的社区可以在海啸过后生存下来，而那些没有本地灾害经验知识的游客与移民却遭受沉重损失。[①] 在2011年3月11日的日本地震海啸灾难中，日本居民在灾变下所体现出的应对灾难的疏散经验与社会稳定给国际社会留下了深刻的印象。[②]

一　灾害研究的文化范式转向

随着灾害研究的演进，灾害文化（culture of disaster）进入灾害研究领域，文化范式对灾害概念、原因、过程的诠释，无论是在理论还是在实践层面都对灾害管理有着重要影响。如果要开始

① N. Arunotai. “Saved by an old legend and a keen observation：the case of Moken sea no－mads in Thailand”，in R . Shaw，J. Baumwoll（eds.）. Indigenous knowledge for disaster risk reduction：good practices and lessons learnt from the Asia－Pacific region. UNISDR Asia and Pacific，Bangkok，2008，pp. 73－78.

② BBC. Why is there no looting in Japan after the earthquake?，http：//www. bbc. co. uk/news/magazine－12785802.

灾害文化的讨论，不能回避关于“什么是文化”“什么是灾害”等基本问题的探讨，在厘清此二问题的基本意涵后，方可开始灾害脆弱性的文化视角探析。

（一）文化及其构成要素

文化是极具张力的词汇，寻求对它的准确、统一定义十分复杂困难。文化可以被简单理解为人们生活方式中的价值与意义的表达。[①] 人类学者将世界视为由传统文化与现存价值组成的共同体，其中，著名人类学家爱德华·泰勒（Edward Taylor）声称，文化是作为社会成员的个人习得的包括知识、信仰、艺术、道德、法律、习俗以及其他习惯与能力的复杂共同体。[②] 相似地，有学者认为文化是一个由各种符号、故事、仪式、世界观组成的工具箱而被不同的人用在不同状况之下，这些文化要素是由人类社会一代又一代传承下来并为后代提供了社会生存指导。[③] 一些关于文化的定义则强调群组要素（group element）的重要性，如认为文化是一种基本信念共识模式，该模式是由群组为了学习适应外部变化与内部融合并被认为行之有效而形成，后代遵循该群组共识模式来感知、思考相关问题。[④] 再如，有学者认为文化是社会群组拥有的一系列嵌入在思想中的价值、信仰，通过再教育的方式不断传承。[⑤] 显然，文化的概念范畴相对宽泛，而相对于寻求统一定义而言，区分文化要素构成显得更具操作意义。

---

① R. Williams. *The long revolution*, London: Chatto and Windus, 1961.

② W. Taylor. *Primitive culture* (7th Edition), New York: Brentano's, 1924, in U. Kulatunga. Impact of Culture Towards Disaster Risk Reduction, *International Journal of Strategic Property Management*, 2010 (14): 304 - 313.

③ J. R. Hall, M. J. Neitz, M. Battani. *Sociology on Culture*, New York: Routledge, 2003.

④ E. H. Schein. *Organizational Culture and Leadership*, San Francisco: Jossey - Bass, 2004.

⑤ A. Raport. "On The Cultural Responsiveness of Architecture", *Journal of Architectural Education*, 1987 (1): 10 - 15.

关于文化要素的最普遍分类是将其区分为物质文化与非物质文化两种类型，前者是指物质的或有形的社会创造，而后者指非物质抽象的、无形的影响人们行为的社会创造。[①] 物质文化的属性相对单一即客观物质实体。而非物质文化的意涵相对抽象与多样，一般包括符号、语言、价值、规范、知识等方面。符号，它将抽象概念与有形物体相连接，为文化提供共识意义，并制造忠诚与仇恨。语言，思想表达与沟通工具。价值则是关于对错、好坏方面的基本思想，其不关注合适与不合适，而是为行为提供所需的基本信念。规范，是指通过制定规则标准提供人们基本行为期望，其中，规定规范（prescriptive norms）提出合适和可接受行为，而禁止规范（proscriptive norms）提供不合适与不可接受行为。同时，规范还可以被分为非正式与正式规范，前者以习俗为代表，而后者以法律为代表。

（二）社会建构主义灾害观

物质决定意识。个体人格、思想与行动受到社会化过程的影响。外部社会条件长期塑造社会行为模式并成为社会成员自动和有效应对外部环境突变的基础，对现实事物所形成的共识被社会成员所认同并不断延续。社会化过程中，大众媒体是对公共意识的重要建构方式与渠道。正如安东尼·威尔登（Anthony Wilden）所言："许多看似具有唯一性的个人观点其实是主流价值体系的个体体现，是媒体、家庭、学校、公共娱乐的结果而不是源自独立个人。"[②] 依据社会存在决定社会意识的逻辑起点，外部关键影响要素的存在及其社会过程被深入讨论，媒体、家庭、专家、政府等主体皆被纳入讨论范畴。

本研究已对"什么是灾害"的回答做过系统梳理，在此需要

---

① W. F. Ogburn. *Social Change: With Respect To Cultural and Original Nature*, Oxford England: Delta Books, 1966.

② A. Wilden. *The Rules Are No Game*, London: Routledge and Kegan Paul, 1987, p. 125.

重新强调的是灾害的社会建构主义观点与文化之间的联系性。纵观灾害概念认识的各视角：事件—功能主义、危险源分析视角、风险社会理论视角、政治经济学视角、建构主义视角，其中，以社会建构主义视角对于灾害与文化的着墨较多且联系紧密。在社会建构主义看来，灾害被视为一种“社会现象”（social phenomenon），不同的文化背景对于灾害的定义不同，灾害概念受到主体感知局限而嵌入特定的社会背景文化之中。凯·埃里克森认为发生灾害损失和原因是“被社会定义的”，[①] 加里·克瑞普斯和托马斯·德拉贝克进一步指出灾害定义的必要构成是历史情形、社会对于灾害认知与实际社会后果的结合产物。[②] 多姆布朗斯基直接指出：灾害实质是文化的崩溃，是由习惯、习俗、法律以及政策构成的文化系统在扭转社会所面临的威胁状况时的失败。[③]

（三）灾害研究中的文化范式兴起

灾害研究视阈下，灾害文化范式研究的兴起主要受到三大理论源流影响，它们分别是占据灾害社会科学主流的灾害的文化人类学理论、灾害社会学相关理论以及公共风险感知研究。灾害的文化研究范式打开了灾害社会属性研究的全新视角，并为灾害整合研究提供可能，它是灾害脆弱性科学分析所不可或缺的一部分。

1. 人类学与灾害文化

文化人类学视角较早切入灾害与文化主题的研究，以安东尼·奥利弗—史密斯、苏珊娜·霍夫曼、玛丽·道格拉斯、阿

---

① K. T. Erikson. *Everything in its path*: *Destruction of community in the Buffalo Creek flood*, New York: Simon and Schuster, 1976, p. 254.

② G. A. Kreps, T. E. Drabek. “Disasters are nonroutine social problems”, *International Journal of Mass Emergency and Disaster*, 1996 (14): 129 – 153.

③ W. R. Dombrowsky. “Again and again: Is a disaster what we call a disaster?”, in E. L. Quarantelli (ed.) *What is a disaster? A dozen perspective on the question*, New York: Routledge, 1998, pp. 19 – 30.

隆·威尔达夫斯基为主要代表，在《巨灾与文化》（*Catastrophe &Culture*）、《愤怒的地球：人类学视角下的灾害》（*The Angry Earth: Disaster in Anthropological Perspective*）这两本由安东尼·奥利弗—史密斯、苏珊娜·霍夫曼所主编的灾害人类学研究著作中，分别从文化人类学宏观视角重新阐释灾变事件原因、过程以及社会影响。[①][②] 其中，安东尼·奥利弗—史密斯论述了1970年秘鲁地震之后宗教信仰、符号以及社会仪式方面的转变。安东尼·奥利弗—史密斯认为文化差异所引致的关于风险、威胁、影响的不同建构，造成了灾害脆弱性的文化面向。[③] 苏珊娜·霍夫曼提出“灾害符号主义”（disaster symbolism），视灾害现象为“文化再造”（re－culturize）过程，揭示了符号在灾害背景、内容、情感、意义方面的作用。相对于注重灾变事件与文化互动研究不同，以玛丽·道格拉斯、阿隆·威尔达夫斯基为代表的风险与文化议题的研究，从风险视角切入该领域的研究，所共同出版的《风险与文化》（*Risk and Culture*）成为一部具有开创意义的著作，认为文化要素决定着社会的风险选择与风险干预，风险的文化选择过程与客观风险测量无关，而与道德、政治、经济、权力状况为维度的价值主导、文化建构有关，风险问题不再是一个“技术问题”（technical），而是“社会问题”（social problem）。该观点直接影响了灾害风险方面的研究，研究者开始注意宗教信仰对于社会采取减灾措施的阻滞影响。同时，“官僚组织文化”“安全文化”与灾害的关系也在随后被深入讨论。[④]

---

① S. M. Hoffman, A. Oliver－Smith (eds.). *Catastrophe & Culture: The Anthropology of Disaster*, Santa Fe: School of American Research Press, 2002.

② A. Oliver－Smith, S. M. Hoffman, (eds.). *The Angry Earth: Disaster in Anthropological Perspective*, New York: Routledge, 1999.

③ A. Oliver－Smith. *The Martyred City: Death and Rebirth In The Peruvian Andes*, New Mexico, US: University of New Mexico Press, 1992, p. 280.

④ G. R. Webb. "The popular culture of disaster exploring a new dimension of disaster", in E. L. Quarantelli (ed.). *What Is a Disaster? Perspectives on the Question*, London: Routledge, 1998, p. 434.

2. **灾害社会学与灾害文化**

与社会学研究传统影响有关，长期以来灾害社会学研究的主流范式采用结构功能主义分析方法，并以此开展对灾害原因、过程、影响等方面的研究。但是随着结构功能主义范式受到文化视角研究的冲击，越来越多的传统灾害社会学研究开始转向文化范式。例如，作为美国灾害社会学重要理论来源的社会运动理论研究，早期社会运动研究关注的是组织结构、资源行动、政治机会方面，而随着研究与现实转变，符号、文化架构、集体认同等理论视角被引入社会运动的分析中，从而突破了以往社会结构功能主义的分析局限。这股理论潮流同样传导到灾害研究领域，虽然目前灾害研究领域的文化范式处于发展阶段。但是，其对于灾害研究的贡献巨大，正如乔安·尼格（Joanne Nigg）预见性的指出，符号互动主义理论将对灾害研究领域的影响巨大。[①] 与功能主义视角不同，灾害文化研究范式认识到文化的重要意义，以灾害与文化互动关系为主轴，强调将社会视为动态的，强调灾变情景的符号、合意、定义方面的作用。灾害的文化研究领域的先行者已经在灾害研究的文化维度分析上取得诸多成果。[②]

灾害社会学在关于灾害文化的研究中，衍生出了相关重要概念，分别是灾害大众文化（popular culture of disaster）、灾害亚文化（disaster subculture）以及灾害迷思（disaster myth）。长期以来，对于大众文化的定义比较模糊。大众流行文化一般有两种类型，即由自上而下的社会精英文化和自下而上的文化民粹（cultural populism），两种流行文化形态的纷争长期存在。灾害大众文化的含义打破两种流行文化形态的区隔，实现精英媒

---

① J. M. Nigg. "Influences of Symbolic Interaction On Disaster Research", in G. Platt, C. Gordon (eds.), *Self collective Behavior and Society: Essays Honoring The Contributions of R. H. Turner*, Greenwich, CT: JAI Press, 1994, pp. 33 - 50.

② R. G. Webb. "The popular culture of disaster exploring a new dimension of disaster", in E. L. Quarantelli (ed.). *What Is a Disaster? Perspectives on the Question*, London: Routledge, 1998, p. 433.

体文化与民粹文化导向的融合。灾害大众文化包含了灾难幽默、灾难游戏、灾难传说、灾难挂历、灾难诗作歌曲、灾难电影小说、媒体灾难周年祭专题、灾难涂鸦、灾难徽章、灾难卡通漫画，等等。在灾害社会学看来，文化对于灾害管理的影响主要体现在风险感知、减灾文化、灾害应变、灾后恢复方面，正如丹尼斯·美尔蒂在研究灾害与可持续发展关系时指出的，文化价值方面的转变对于减灾具有重要意义。[①]

与灾害大众文化相对应的是灾害亚文化（disaster subculture），二者在概念内涵上有一定重叠，其重要区分在于灾害亚文化更注重文化的本地性、非主流性特征。灾害亚文化一词于1960、1970年代由社会学者引入灾害社会科学研究中，但当时并未引起足够的重视，关于灾害亚文化要素与意义的讨论也不多。摩尔（Moore）认为，文化适应（culture adaptation）乃应对灾变的重要条件，并将灾害亚文化定义为："居住在拥有灾害袭击历史或未来可能地区的居民在实际或潜在的社会、心理、环境方面所做出的适应。"[②] 安德森（Anderson）将灾害亚文化概念用于民防部门（civil defense agency）的研究，但没有给出该概念的准确定义。[③] 以DRC为代表的灾害社会学研究对此概念的特征进行长期探索并积累大量实证研究，灾害亚文化被认为"关于社区在灾害整备、诠释、应变方面的经验的信息传承"。[④] 无论是灾害大众文化还是灾害亚文化，它们的影响对象是一般社会大众、政府官员、应急管理人员、灾害研究人员等，而所影响的文化要素分别

① D. S. Mileti. *Disasters by Design: A Reassessment of Natural Hazards in the United States*, Washington DC: Joseph Henry Press. 1999, pp. 155－207.

② H. E. Moore, Frederick L. Bates. *And the winds Blew*. Austin, Texas: Hogg Foundation for mental health, University of Texas, 1964, pp. 212－213.

③ H. Granot. "Disaster Subcultures", *Disaster Prevention and Management*, 1996 (4): 36－40.

④ D. E. Wenger, J. M. Weller. Disaster Subcultures: The Cultural Residues of Community Disasters, Disaster Research Center, University of Delaware, Preliminary Paper, No. 9.

为价值要素、规范要素、信念要素方面。

灾害迷思作为灾害与文化互动结果。经过大众文化媒介过滤后的灾变情境，常常被描述为充满混乱、恐慌、抢劫、暴力以及其他反社会行为，而现实灾变情形却与媒体所“塑造”出来的灾变情境不同，甚至完全相反，此类情形一般被归为灾害迷思。[①]在现实灾害管理过程中，灾害迷思的负面作用主要体现在灾害应变的决策过程、实施方式上的偏差。灾害社会学关于灾害迷思的探索，极大地丰富了灾害管理的实效性，将灾变中的群体社会心理与社会行为加入原本抽象的管理行为与政策的分析中。

3. 公共风险感知与灾害文化

灾害文化与风险感知作为灾害文化研究的重要源流，关于风险感知的量化分析与质性研究较多，而与灾害文化相关的是社会建构主义视角的风险感知分析。本研究主要考察在这条理论分支上的风险感知与灾害文化研究的相关性。

在社会科学内，心理学与社会心理学最早介入风险感知的文化面向的分析，信仰、信任、习惯、大众媒体等文化要素被纳入分析框架中。克拉克·李（Clark Lee）和詹姆斯·肖特（James Short）认为，风险具有明显社会建构属性，建构主义者提出特殊利益集团、权力以及社会冲突在风险产出过程中的重要作用，由此产生的公共利益损失问题需要通过政策供给与公共教育来加以克服。他们认为，政策是由受到大众媒体所影响的民众偏好的反应，所以需要通过技术专家系统来检验与解决问题。而此观点受到其他学者的反对，他们认为对于风险感知的认知中所不可或缺的一个要素是信任，即对于科学系统、政府部门以及其他相关利益团体的信任。[②]有学者秉持“韦伯主义”（Weberian）传统，认为随着社会复杂程

① E. L. Quarantelli. “Conventional Beliefs and Counterintuitive Realities”, *Social Research: An International Quarterly of the Social Sciences*, Vol. 75, 2008 (3): 873 - 904.

② C. Lee, J. Short Jr. “Social Organization and Risk: Some Current Controversies”, *Annual Review of Sociology*, 1993: 375 - 399.

度的增加，社会分工导致包括专家在内的社会成员没有能力对社会所有事物进行理性计算。[①] 克拉克·李试图解决风险感知的选择性问题，即一些风险被社会所接受而其他的却没有被接受，结果表明，个体心理更关注自身所面临的风险而对超出个人的社会面向的风险却缺乏聚焦。[②] 媒体要素的影响已经成为风险感知研究领域，如有学者关注人们透过媒体感知风险与了解灾害现象，还有学者关注人们面对媒体后的行为反应，等等，正如有学者所总结“风险与灾害的戏剧化描述可能影响到灾变条件下大众判断与感知”。[③] “相对于一般危险源，媒体更愿意报道罕见危险源”，意谓在“社会意义”与“吸引眼球”之间媒体通常选择后者。[④]

相比较于心理学、社会心理学的风险感知研究较晚，社会背景、组织文化、权力结构对于风险感知的影响成为社会学风险研究的重要维度。著名灾害研究学者克兰特利在《灾难电影研究：研究问题、发现与启示》“Study of Disaster Movies：Research Problems，Finding and Implications”、《现实与灾难电影中的迷思》“Realities and Mythology in Disaster Films”两篇论文中，讨论了传播媒介如何影响人们的灾害观念意识，开启了从大众文化视角对灾害风险感知的研究。他认为，人们从大众灾害文化中学习相关灾害知识，而“灾害电影可能采纳的是错误的科学研究观点或是不正确的经验研究”。[⑤] 如另一位来自瑞典的风险研究学者伦纳

① F. William. “Risk and Recreancy：Weber，the Division of Labor，and the Rationality of Risk Perceptions”，*Social Forces*，1993（4）：909－932.

② C. Lee. “Explaining Choices among Technological Risks”，*Social Problems*，1988（1）：22－35.

③ C. Bahk，K. Neuwirth. “Impact of Movie Depictions of Volcanic Disaster on Risk Perception and Judgments”，*International Journal of Mass Emergencies and Disasters*，2000（1）：63－84.

④ E. Singer，P. Endreny. *Reporting on Risk：How the Mass Media Portray Accidents，Diseases，Disasters and Other Hazards*，New York：Russell Sage Foundation，1993，p. 83.

⑤ E. L. Quarantelli. The Study of Disaster Movies：Research Problems，Findings and Implications. Newark，Delaware：Disaster Research Center，University of Delaware，Preliminary Paper，1980，No. 64，p. 16.

特·伯格（Lennart Sjoberg），在其经典文章“媒体与风险感知”（risk perception and media）中认为，公共风险感知确实与媒体有关，但是媒体并非全部影响要素，强调全面考察影响风险感知的社会背景要素。[①]

正如凯瑟琳·蒂尔尼指出，社会学要更好地研究灾变现象，就需要建构关于权利、利益集团、组织、国家、媒体在风险建构与分配过程理论。[②] 她主张使用“风险客体”（risk objects）的概念，包含事件、事件可能性、事件特征、事件影响与损失、事件原因，其是由一个社会背景中的文化、组织、权利所建构。相似地，罗伯特·斯托林斯研究地震与科技组织关系时发现，地震强度、威胁、管理策略方面，是由工程师、地理学家、地震专家、私部门、政府组成的小团体所确定，地震问题的社会认知不是一般大众的认知结果而是由利益团体所建构，这个过程被称为“地震制造”（earthquake establishment）。基于以上讨论，可以看出，由于灾害的文化维度的存在、灾害与文化紧密关联、文化对于灾害具有决定意义，灾害研究领域已经出现了文化研究转向。

二　灾害社会脆弱性的文化面向

根据灾害社会脆弱性的金字塔理论模型，本研究已对灾害社会脆弱性的组织与群体视角进行了分析，与组织脆弱性、群体脆弱性相对应的是灾害文化脆弱性，它是灾害社会脆弱性文化分析的核心概念。

灾害的脆弱性分析传统，经历了从单一自然危险源分析向融合社会危险源为趋势的多维分析的转变；从最初注重结构与工程

---

① L. Sjoberg, A. Wahlberg. “Risk Perception and the Media”, *Journal of Risk Research*, 2000 (1): 31-50.

② K. J. Tierney. “Toward a Critical Sociology of Risk”, *Sociology Forum*, 1999 (2): 215-242.

维度的脆弱性分析，再到注重社会群体的脆弱性分析的政治经济视角，最后发展到将灾害文化作为脆弱性分析的重要一环。于是，灾害社会科学具有了整合分析的可能。基于脆弱性视角的灾害社会科学整合范式中，关于脆弱性维度的区分一般主要分为：政治、经济、社会、环境以及文化方面，其中，大卫·麦克恩塔尔曾经将脆弱性的文化维度区分为：公众漠视灾害、轻视安全预防与规制措施、传统应灾方式的流失以及个人责任意识的缺失等，并将文化维度的灾害脆弱性视为实现灾害应对与恢复的核心环节之一。[①] 相似地，有学者将文化脆弱性（Cultural Vulnerability）范围限定为关于危险、脆弱性与灾害的信念体系。[②] 灾害与文化之间关系的研究成果表明，文化对于灾害应对过程存在积极与消极的双重影响，本研究将文化对灾害应对的阻滞影响视为灾害文化脆弱性，它是灾害发生、演变与后果的重要影响因子。灾害大众文化、灾害亚文化、灾害迷思、灾害社会学习、风险文化等，都是灾害与文化关系研究中所产生的重要概念，它们或是偏向大众流行文化，或是注重灾害的本地知识经验，或是注重灾害过程的社会建构，抑或是注重文化背景之于风险的影响。本研究使用“灾害文化”，将这些概念与研究统合在灾害研究领域的文化研究范式下。灾害文化不仅注重风险感知对于减灾方面的影响、注重灾害迷思对于灾害应对与恢复方面的影响，还注重灾害文化在人们灾变前后的意识与行为上的影响。而灾害文化的影响要素可以具体区分为价值要素、规范要素、信念要素、知识要素四个层面。

其一，价值要素。灾害管理政策过程实际是政策主体价值选择过程。在灾害管理中，尤其是在减灾过程中，通常存在价值选

① D. A. McEntire. “Triggering agents, vulnerabilities and disaster reduction: towards a holistic paradigm”, *Disaster Prevention and Management*, 2001 (3): 189 - 196.

② A. Maskrey. Community Based Disaster Management, CBDM - 2 Hand - out, ADPC In UNDERSTANDING VULNERABILITY. pdf, 1998.

择影响灾害应对资源的分配。例如，灾害风险社会建构过程直接导致减灾政策的产出，进而影响资源分配情况。社会建构条件下，风险可能被放大或衰减。过于放大的风险显然被投入更多的资源加以应对，在价值选择上被确立为“优先”；相应地，那些衰减的风险在价值上被定义为“次要”。又如，从灾害迷思角度看，那些关于灾变条件下的群体行为的外部判断，可能是正确的也可能是错误的，而外部关于灾变情形下的群体行为假设，导致政策干预上有所侧重和选择，进而影响人们的价值判断。

其二，规范要素。灾害文化影响一系列灾害管理行为规范的形成，各种应对灾害的经验知识被不断传承，从而形成了人们对于特定灾害所形成的行动反应模式。各种文化传播媒介会影响灾害应对行为规范的形成。以灾害亚文化为例，各种灾难传说、谚语就是对灾难经验与认识的民间传承，当缺乏应灾经验的人们遭受灾难时，这些灾害亚文化则提供了灾难中的行为准则，有助于减少灾难所造成的损失。当然，这些经验传承不仅仅存在于灾害亚文化层次，它们也直接影响正式组织灾害管理政策的形成。

其三，信念要素。灾害文化在信念要素层面带来的影响相对较广。一般认为，在自然灾害管理中，基于文化背景的关于自然与人类关系的信念决定着对于灾害的认识与灾害管理行为方式。信念要素虽然具有宏观性，但对于灾害认识与管理至关重要。通过文化媒介的影响，人与自然的关系被处理成“战胜自然”或“宿命论”式的信念，它们又直接影响了人们日常行为。例如，在战胜自然的信念引领下，人们对于自然采取蔑视态度，过度开发、缺乏环境保护而造成生态系统失衡，必然加深脆弱性，加剧灾害损失。同时，还将会导致社会对灾害管理缺乏政策干预与规制。

其四，知识要素。灾害文化的重要社会功能是教育与理性意识培养。从“上帝的行动”（act of god）到“自然行为”（act of nature）再到“人类行为”（act of human system）灾害致因认知表明，人们对灾害动力演进有了科学、全面认知的转变。而关于灾害发生的客观条件、先兆以及可能受到的伤害等方面知识储备是整个社会成功应对灾害带来的各种不确定性的先决条件。同时，关于灾害的科学理解与分析则有利于在“结构—技术”层面进一步加强社会应灾能力。

价值、规范、信念、知识正是文化的重要维度。在灾害文化语境下，它们共同影响着灾害管理的政策产出、执行与评估各个环节。与大卫·麦克恩塔尔等人关于灾害文化脆弱性宏观整体认识不同，本研究主张将灾害文化具体区分为以上四大影响维度，它们都是灾害文化脆弱性出现的具体原因与过程。如果将灾害文化与灾害管理周期进行综合考量，灾害管理周期中的减灾与整备、灾变反应、恢复阶段分别对应灾害文化中的风险文化、灾害迷思、社会学习，通过价值、规范、信念以及知识层面间接影响灾害管理过程。灾害社会脆弱性的文化面向与灾害周期的整体关系，如图 5－1 所示。

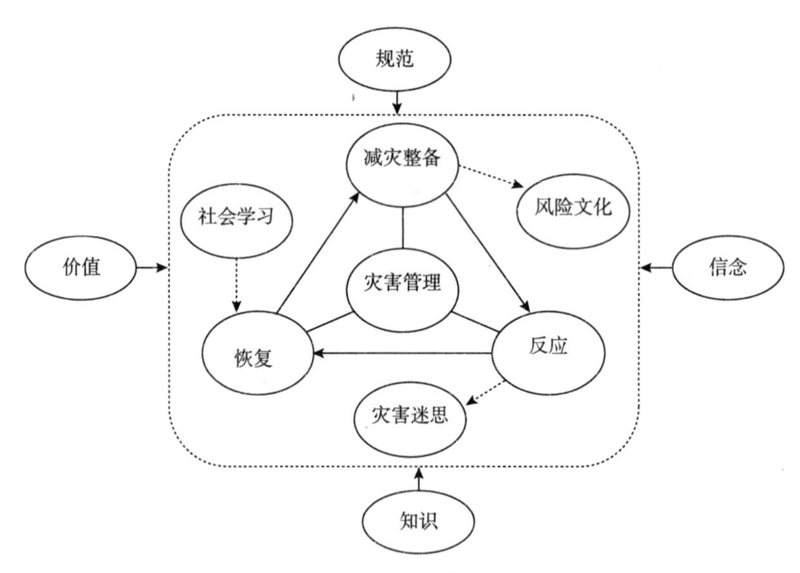

图 5－1　灾害的文化脆弱性面向与灾害管理

第二节　文化脆弱性与灾害周期

一　风险文化与防灾减灾

风险文化的核心是对面临潜在威胁的认知和态度，它从根本上决定了个人、组织、社会的价值基点，进而影响防灾减灾层面的行为规范、理念以及技术知识。风险管理是作为完整灾害管理周期的重要组成部分，而风险文化则聚焦影响行动主体在防灾减灾层面的文化要素分析。长期以来，在防灾减灾领域存在两大研究传统，分别是科学技术传统与社会科学传统，而基于这两大研究传统便衍生出了结构性减灾工具（structural）与非结构性（non - structural）减灾工具。前者注重从工程、技术、环境方面入手达成防灾减灾之目的，而后者注重从制度、文化等社会背景要素层面改进防灾减灾工作。从国际减灾实践来看，普遍采纳的减灾工具包括：危险源分析与制图、土地使用规划、金融手段、保险、结构控制等。[①] 从防灾减灾的研究文献中看，文化要素在预案编制与防灾减灾政策执行过程中常常被忽视。灾害文化影响个人、组织以及社会的基本价值、理念与行为规范，防灾减灾中，对于文化面向的漠视是灾害文化脆弱性的重要体现。

（一）个体风险文化原型与防灾减灾

文化人类学学者将社会对风险的反应视为文化信仰模式原型，即现存相关概念和对现实的感知。文化视角假设文化方式建构了个人和社会组织的思想倾向，从而使他们接受某些价值而拒绝另一些。道格拉斯和威尔达夫斯基基于文化视角，指出风险并不是对客观现实的反映，而是一种文化现象，属于社会与群体依

① G. Haddow, J. Bullock, D. Coppola. *Introduction to Emergency Management*, Oxford: Elsevier Science, 2008, pp. 83 - 88.

据自身的文化价值对危险的诠释。同时，他们将人们的风险态度划分为个人主义、宿命论、等级主义和平等主义类型。[1] 汤普森（Thompson）将文化价值对于风险感知与收益的影响划分为五个原型：

企业家原型。该类社会群体将冒险看作竞争市场上成功并追求个人目标的一个机会，他们较少考虑公平问题，希望政府大范围的控制或管理风险的努力。

平等主义者。强调合作与平等而不是竞争和自由，要求关注人类活动的长远效果，尤其关注公平。

官僚型。依靠规则和程序来应对不确定性，强有力的机构制定所有可能事件的应对策略并有效执行便可以解决问题。

原子化或分层的个人。相信等级制度，但其成员并不支持他们所属的等级制度，而是只相信自己，经常对风险问题感到困惑，可能为自己承担很大的风险，但却反对任何被强加风险。

自主个人群体。与其他四个群体存在多种联合，视自己为风险冲突中潜在协调者。[2]

个体风险文化原型强调价值与世界观作用，个体对风险的积极、被动、悲观、漠视等态度直接决定着人们的行为。个体行为差异导致其风险暴露程度的差别，文化因素引起个体的灾害脆弱性。公民个人防灾减灾意识淡薄，在个体风险文化原型中，过于冒险或悲观被动的风险态度导致缺乏自身风险干预意识，或是将个体置于高度风险之下或是将命运寄望于正式组织。显然，灾害管理中的政府能力与作用范围有限，而个体风险意识是对正式组织风险管理的必要补充，缺乏自身风险干预意识的结果是将个体置于更深程度的灾害脆弱性中。防灾减灾意识的培育、科学知识的传承、个体行为的规范为积极风险所提倡，而通过以风险沟通

---

① M. Douglas，A. Wildavsky. *Risk and Culture*：*An Essay on the Selection of Technical and Environmental Dangers*，Berkeley：University of California Press，1982.

② 奥特温·伦内：《风险的概念：分类》，载于谢尔顿·克里姆斯基、多米尼克·戈尔丁《风险的社会理论学说》，北京出版社，2005，第 83 页。

为主的风险管理干预并培育积极风险文化是防灾减灾管理的重要组成。

（二）组织风险文化与防灾减灾

正式组织对于灾害风险的认知、态度以及价值选择也是灾害脆弱性文化面向的重要组成部分。灾害的社会影响与防灾减灾物品的公共属性，使得当代社会中的政府已经成为防灾减灾的行动主体。虽然，防灾减灾水平受到自然、经济、社会等要素的限制，但政府依然是影响一个地区的防灾减灾能力重要因素，其重要影响便体现在政府防灾减灾认知与理念层面的价值选择上。

长期以来，政府灾害管理体制存在“非常态”倾向特征，即注重对于灾害事件的反应与恢复，而作为完整灾害管理过程的防灾减灾即风险管理被忽视，其原因在于风险管理注重“常态”管理，这便与“非常态”、偏向应急的灾害管理体制相冲突，进而造成对于风险管理过程的漠视，此类现象可称为“应急失灵”。应急失灵的出现原因是多重的，而政府风险管理认知、价值选择是重要因素。

其一，风险认知模糊，并将其视作“不可管理”。传统风险认知是针对灾变时间出现的概率或可能的数学表达，认为灾害事件的出现是纯自然事件，灾害风险是不可管理的。实际上，当风险与灾害事件之间引入了脆弱性概念，就使得灾害风险更具有可管理性的内涵，灾害风险管理的主要目标是降低地区的社会脆弱性，也即风险消减或减灾。同时，灾害文化中对于风险认知的模糊，从另一面触发了政府部门的此类风险认知。灾害文化传播过程比较注重灾害反应与灾害恢复方面，从而使得政府应变与恢复工作被媒体所聚焦，而日常风险管理却没有受到大众舆论的重视。

其二，防灾减灾的策略选择受限于政治意愿选择。政府部门的减灾可以运用包括保险、土地规制、风险评估等多种手段来防止“应急失灵”，而这些政策工具却没有被广泛使用。减灾本是

“功在当代，利在千秋”的好政策，而地方政府之所以会出现漠视减灾重要性的倾向，是由于它们知道当灾害发生后中央政府会帮助其脱离困境。减灾是具有长远利益的事情，而其益处并非能立即体现出来。当前地方政府的考核机制注重短期效益，地方官员寻求的是短期回报。究竟能有多少政治意愿来驱使他们注重减灾政策的执行是存在疑问的。在注重经济增长的发展模式下，地方政府财政以经济建设为主导，对于缺乏短期利益回报的减灾工作是缺乏经济动因的。

而从风险社会理论视角也可以看出组织风险文化对于防灾减灾的限制影响。随着无处不在、不可见、不可计算性的新型风险观的形成，风险社会理论进一步拓展到风险与组织之间的关系研究，进而提出了“有组织的不负责”（Organized Irresponsibility）概念，它解释了现代社会组织为什么以及如何必须不可避免的承认灾害的现实，但又同时否认它的存在、掩盖原因、排除损失与控制，现代风险特征所衍生出的不确定性与深度不确定性情形，进一步限制了组织防灾与应灾能力，组织风险文化则出现态度消极性、责任模糊性、政策选择性特征。

（三）社会风险文化与防灾减灾

在玛丽·道格拉斯所代表的文化维度的风险研究中，风险和风险社会的相关概念是由处于特定风险文化中的群体和个人建构出来的，正是把自然风险视为最大风险的社会群落之边缘文化，导致社会结构走向混乱无序的不确定性状态。在斯科特·拉什（Scott Lash）看来，风险文化是对现代性进行认真的自省与反思。[①] 在风险社会时代，对灾害的治理方式不仅是依靠法规条例，还要依靠高度自觉的风险文化意识，实现风险社会中的自省与反思。因此，现代性的结构变异所引发的结构性风险不仅需要从制

---

① 斯科特·拉什：《风险社会与风险文化》，王武龙编译，《马克思主义与现实》2002年第4期。

度层次上来规避，而且需要建构合理的风险文化来自省。有学者从文化二重性概念将二者归纳为：制造风险和规避风险。

制造风险指产生风险及诱导风险变迁的文化因素。如果将那些忽视人类实践活动的负面效应和社会发展的副产品，甚至纵容风险扩散的那些价值观念、行为方式及其载体称为风险文化的话，那么，风险文化就是从风险归因的角度来指代制造风险的文化。

规避风险指对风险进行反省规避的文化因素。如果将那些使人类有效认识、规避风险并最终走出风险困境的价值观念体系和行为规约及其载体也称为风险文化的话，那么，风险文化则是从积极的解决手段上，指代规避风险的文化。

这两种文化不是截然二分的，它们同时存在于人类所创造的文化成果之中，是人类文化的两个面向，既相互制约又相互转化。[①] 同样地，从灾害文化角度来看，人类社会不断存续下来的各种灾害文化也存在两重性特征，一方面它让后代更好地应对灾难，另一方面又可能成为阻滞因素。这里，灾害脆弱性角度关注的是灾害文化对于灾害管理的负面意义。

风险社会中，自然与传统的“终结”共同形塑了新的科学认识与政治议程，防灾减灾过程便成为人类自我反思与动态行动的过程。“风险社会在自然终结的地方开始”，如吉登斯指出，我们从担心“自然将会造成我们什么”变成了“我们已经对自然做了什么”，这就是风险社会的“中心悖论”（central paradox）即由于现代化过程试图控制风险，而正是这个原因导致了内部风险的出现。[②] 实际上，人类社会发展过程不断处理着人与自然的矛盾，在不同历史阶段所变现的特征不同，从“敬畏自然”到“征服自然”和“向自然进军”，人类打破生态循环限制，在创造大量社

① 刘岩：《风险文化的二重性与风险责任伦理的建构》，《社会科学战线》2010年第8期。

② U. Beck. “Polictics of Risk Society”, in Jane Franklin (ed.). *The Politics of Risk Society*, USA: Blackwell, 1998, p. 10.

会财富的同时，对自然生态也造成了不可逆损伤。随着社会变迁，文化在人与自然关系的变化中所发挥的作用越来越强大。人类创造的文化越发达，人类就越直接地面对文化生活从自然风险转向全球性人为风险，文化发挥了主导性的作用。当代人类面临的风险境遇，主要不是直接由自然原因造成的，而是由文化原因所造成。因此，解决当代风险问题就要从处理人与文化的矛盾入手。如果在社会风险文化中缺乏风险意识启蒙，缺乏将风险意识内化为自我控制行为，那么，防灾减灾在社会文化层面上缺乏重视和动态干预措施。在贯彻科学发展理念的当今中国，追求人与人关系的和谐，追求人与自然关系的和谐，那么，如何将这些理念、价值内化为防灾减灾动态行动是社会风险文化的核心。

二　灾害迷思与灾害反应

在传统“时—空”分析框架下，灾害常常与威胁、时间压力、不确定性相联系，从而导致一系列社会后果。例如，社会日常功能与运行秩序被破坏；多数社会组织功能与结构发生转变；灾区以外的集体与个体救助行为出现；媒体开始大量聚焦灾情报道；政府高层或政党领袖介入灾害应对中。而人们关于灾害过程中的个体与群体行为反应，往往也是理解灾害过程的重要面向。对灾变过程中的个人与群体行为的关注是灾害社会学研究的缘起，经过近半个世纪的理论与实证探索取得了许多重要价值的发现，最具代表性的是“灾害迷思”理论。“迷思”（myths）一词是由美国1950年代自然灾害与科技灾难领域的研究者发展而来，主要用作表述关于灾变下的个人与群体行为的行为假设，而这种认知大多是被社会所建构。灾害迷思是一些关于灾害应对与恢复中的普遍认知与现实情况存在偏差的情形，它对于应急管理者、大众以及组织领导者可能存在误导，而其形成过程与灾害文化的传播有关。例如，在灾害电影与小说对于灾难情景下的失序状况的过分渲染，加重了人们对于在变条件的非理性认识。当前，

“灾害迷思”一词在灾害社会科学领域被普遍使用，关于灾害迷思的类型区分也有所不同，本研究从以下几个方面对灾害迷思进行分析。

（一）灾害迷思

1. 恐慌逃离（panic flight）行为

恐慌常与灾害与危机情境的研究与描述相联系，而恐慌定义相对宽泛，在学术使用与日常用语中内涵有所区别。克兰特利曾将其定义为“造成自我失控的严重恐惧并伴随着非理性、非常规的逃离行为”,[①] 其中，构成恐慌逃离行为的条件不仅仅是有恐惧的心理状态，还需要出现非正常、非理性的逃离过程，根据这种概念要素结构，恐慌逃离假设的出现与人们所获取的信息有关。

结合媒体报道灾害事件模式与克兰特利的定义结构，可以看出恐慌逃离行为假设出现的原因，首先是媒体采访与报道灾变事件中的个体行为，向公众展示的第一印象是人们在灾害中的恐惧心理状况，这只能满足恐慌逃离定义的恐惧心理要素，而事件过程中的理性行为选择则被媒体报道所忽视或模糊处理。实际上，这并没有构成恐慌逃离行为。另一种则是将未成功的应急反应行为与恐慌连接在一起，即将恐慌视为失败应对灾变环境的主要原因。媒体的灾害叙事模式与解读方式让人们对于灾变下的行为模式形成片面认知，恐慌逃离行为实质上是被大众媒体所建构的产物。DRC 通过近半个世纪关于灾变行为的研究，积累了大量实证数据，其基本结论是，在灾变过程中较少的集体恐慌逃离行为出现，并总结出要达成恐慌行为出现的基本条件是：紧急危险的心理感知、有限逃离路径或缺乏可用路径并需要及时反应、对于外界救助无望。总之，恐慌逃离行为与其他灾变要素相比较，它并

---

① E. L. Quarantelli. “The Nature and Conditions of Panic”, *American Journal of Sociology*, 1954 (3): 272.

非具有严重负面影响的主要问题。但是当前研究或实践中，该词仍然被抽象的广泛使用。[①]

2. **反社会行为**（antisocial behavior）

抢劫行为（looting behavior）是在灾变条件下的反社会行为的典型代表。灾害事件发生之后，媒体大多会报道关于防范抢劫行为的相关措施，或是报道没有出现抢劫行为是如何的“不正常”，似乎一旦有灾害发生必然伴随的是抢劫行为，如果没有军队、警察介入就会成为严重的社会问题。灾害社会学较早关注到灾害中的抢劫现象，而就美国社会的经验研究表明，灾变中抢劫行为较少发生或是比媒体所渲染的程度相差极大。社会科学相关研究文献也表明，自然灾害事件与城市暴动重要区分的依据是个体与群体在事件发生后的行为表现。暴动事件下，大规模、有组织抢劫行为时常发生，而灾害事件后的抢劫行为的规模相对较小，处于无组织零星状态。凯瑟琳·蒂尔尼引述另一位社会学者的观点，认为当前灾难事件的报道中，所邀请的大多是技术专家，而没有灾变中的个体行为方面的专家，从而导致媒体缺乏对灾变行为的基本了解。[②]

克兰特利曾经对1989年胡戈飓风（Hurricane Hugo）的“圣·克洛伊岛现象”（St. Croix phenomenon）做过深入田野调查。胡戈飓风袭击了加勒比地区与美国部分地区，圣·克洛伊岛不是受飓风袭击最严重的地区。而在此次飓风袭击的地区中，只有该岛出现了大规模抢劫行为。克兰特利通过研究发现，出现大规模抢劫行为原因，主要是飓风基本破坏了岛上的建筑、公共部门，无法维持居民基本需要，居民没有获得任何关于外来帮助的信息。同时，克兰特利也指出，在飓风袭击之前，该地区的犯罪率较高与社会不平等状况也是造成抢劫行为的重要原因。这个观点在2005

① C. Lee. “Panic: Myth or Reality?” *Contexts*. Vol. 1, 2002 (3): 21 – 26.

② K. J. Tierney, E. Kuligowski, C. Bevc. “Metaphors matter: Disaster myths, media frames, and their consequences in Hurricane Katrina”, *The ANNALS of the American Academy of Political and Social Science*, 2006: 57 – 81.

年美国卡特里娜飓风后的新奥尔良市得到验证。灾前社会状况与灾后留在城市中的居民的社会经济状况与抢劫行为的出现存在一致性特点。那么，社会背景是判断与分析灾变后的反社会行为的重要因素，而不是媒体将戏剧化模板“硬套”到每个灾害事件当中。2011 年 3 月 11 日日本地震海啸事件过程中社会稳定并没有发生抢劫行为就是另一例证。同时，媒体的报道模式使得灾变中的个体行为出现“污名化”现象，同样行为可能被描述为“抢劫物品”（looting goods）和“寻找物资”（finding supplies）两种极端状况。

3. **灾难症候群**（disaster syndrome）

恐慌逃离行为与反社会行为的出现被认为是“主动反应”（active response），而灾难症候群则不同。通常人们会假设灾后人们的悲观消极与无行动（inaction），这种消极观点也成为灾害反应的重要认知，并影响了灾害研究与实践。人类学学者安东尼·华莱士（Anthony Wallace）以“灾难症候群”概念来形容这种灾后早期出现的消极心理与行动，通常灾民会出现包含茫然、迷惑、震惊、冷漠等特征。[①] 但灾难症候群的观点由于早期灾害研究者的现实所见而受到挑战，与灾难症候群所认为的灾后行为的消极与无行动而言，其他研究发现，幸存者通常会快速转向其他可以做的工作，例如，搜寻、救人、清理建筑设施、协助伤员治疗等等任务。早期灾害研究发现，达到 1/3 的幸存者会在灾后半小时之内寻找失踪人员，其中 10% 采取投入积极救援角色之中。[②] 早期灾变行为的研究对当前灾害研究有重要影响，而关于灾难症候群的研究已经逐步被突现行为（emergent behavior）概念框架所取代，从而摆脱了悲观消极、静态被动的灾变行为传统认知。媒体将绝大部分篇幅用作正式组织的救援行动，而忽视对灾后突现

---

① A. Wallace. “Mazeway Disintegration: The Individual's Perception of Sociocultural Disorganization”, *Human Organization*, Vol. 16, 1957 (2): 23 – 27.

② D. Megan, J. Perez, B. Aguirre. “Local Search and Rescue Teams in the United States”, *Disaster Prevention and Management*, 2007 (4): 503 – 512.

行为的关注，造成大众将灾害中的搜寻救援完全认定为正式组织的行动，从而忽视了对突现行为的意义认知、支持与政策建构等。基于对突现行为的漠视而过分强调正式组织的认识，克兰特利曾经将对于正式官僚组织在灾害反应过程中的迷信归纳为重要的灾害迷思形式。该观点在组织脆弱性分析中已有论述，此处不再赘述。

关于灾害迷思的阐释角度和分类方式较多，如物价飞涨、传染病、避难中心使用等方面。而在灾变行为、灾害文化以及灾害反应作为综合考量体系之下，非理性恐慌逃离行为、反社会行为、个体行为角色冲突以及灾难症候群成为灾害反应中灾害迷思的主要面向。学者、大众、媒体、组织领袖等在面对这些议题时，其长期被社会建构的认知常常脱离实际，而这些基本认知通常影响到灾害反应过程中的价值、规范、信念、知识层面。

（二）从灾害文化到灾害反应

在分析灾害迷思对灾害反应的影响之前，需要厘清灾害迷思的社会文化建构过程即相信灾害迷思的原因。生活在信息时代的人们，每天不断接受各种渠道、形式的信息，大众媒体是当今社会各种信息传播的核心载体。灾害事件由于其自身影响力，自然成为媒体广泛报道的焦点事件。大多数民众通过各种媒体了解灾害发生前、发生时以及发生后的各种状况，可以说，媒体建构了人们关于灾难的认知。媒体灾害报道模式便成为研究焦点。卡斯帕森认为媒体报道的有关风险信息的方式，可能影响公共风险感知，并导致风险放大或风险扭曲。① 新闻传播学学者史密斯（Smith）认为，媒体通常聚焦具有戏剧性、非常规行为。其通过探索媒体报道灾害的模式分析了媒体塑造公共意识的过程。可

① R. E. Kasperson, O. Renn, P. Slovic, H. S. Brown, J. Emel, R. Goble, J. X. Kasperson, S. Ratick. "The Social Amplification of Risk: A Conceptual Framework", *Risk Analysis*, 1988 (2): 177 - 187.

见，以新闻媒体为代表的灾害大众文化与灾害迷思之间关系研究的切入点即灾害报道模式，是形塑与传播灾害迷思的节点，新闻类型、新闻访谈、所聚焦的灾害阶段、报道规模等都被认为是影响灾害迷思成为现实的关键要素。硬新闻（Hard news）是关于灾害事件的基本信息、客观事实等方面的新闻报道形式，主要关注灾害持续时间、强度等。软新闻（Soft news）更多包含着灾害中的人物故事与访谈，地方政府部门、灾民、医院部门、消防部门等都被纳入媒体报道中。费什（Fisher）还分析了灾害新闻采访中可能由于地方利益考量带来的夸大灾害程度的情形，在进一步分析新闻报道所聚焦的灾害阶段特征、报道规模以及比较不同灾害类型的报道模式基础上，他提出并论证了这样的命题，即“过度媒体聚焦、过度采取软新闻报道方式就越有可能导致灾害迷思”。[①]

灾害迷思对于社会组织、政府、公众的灾害反应存在潜在阻滞影响。灾害反应不仅仅强调快速，而且还要避免过度反应以及对灾变需要回应的适当性。灾害迷思中关于灾变行为假设的不正确可能会导致应急资源分配、信息公布、公众救灾参与、应急疏散等方面的应对失当。

（1）应急资源不合理分配。受到灾害迷思中关于抢劫行为与灾难症候群的影响，正式应灾组织的应急决策过程中可能将资源过度投入公共安全和应对灾难症候群领域中，从而相当程度上减少了对于灾民基本需要的资源供给。

（2）公共灾情信息发布困境。由于存在关于灾民恐慌逃离的预设，从而导致公共部门避免或延迟发布涉及灾情与风险相关的信息，而缺乏对灾区社会背景与现状的基本分析，采取“一刀切”的方式处置灾情信息显然有可能使事情朝不利方向发展。

（3）公众救灾参与困境。灾难症候群迷思的澄清表明，灾后

---

① H. W. Fisher. *Response To Disaster：Fact Versus Fiction And Its Perpetuation*, New York：University Press Of America, 2008, p. 76.

人们存在积极行动的可能，并且成为灾后及时救援的重要力量，可以成为应灾第一反应者。而关于灾民悲观无行动的预设使得正式组织在灾变反应行动预案编制过程中，将自组织与灾民志愿者等民间力量排除在应急反应体系之外。

（4）应急疏散困境。灾害恐慌逃离迷思的存在，使得政府与公众对灾变下人们疏散过程呈现简单化处理。实践中，由于忽视预警、风险感知等多方面因素，造成很多民众并没有出现恐慌逃离的状况，而是选择留在危险环境中。这就使得应急疏散不仅仅涉及路线、场所等工程要素，还有社会心理与动员的社会要素。如果依然遵循灾害迷思下的行为认知，显然不利于实现成功应急疏散。

三　社会学习与灾害恢复

灾害管理乃是动态循环过程，而并非仅仅是指灾害管理静态四阶段。灾害恢复（disaster recovery）在灾害管理周期过程中起到衔接作用，灾后恢复也常常被认为具有防灾减灾意涵。一般地，灾害恢复过程是针对灾民身心伤害的治愈、财产保护、社区重建以及社会秩序恢复。灾害恢复除了上述基本层面之外，还存在极为重要的面向即灾害社会学习。灾害社会学习是灾害文化功能实现的重要路径，灾后学习过程是围绕灾害事件而展开，即包含灾害出现的原因、影响以及社会应对之得失方面，通过对灾害应对的社会学习过程，影响社会与政府的灾害认知、价值判断以及行为规范，以期为未来的灾害应对提供相关有益经验。正式组织（政府）作为当今各国政府应对灾害事件的行动主体，其灾害适应行为是实现有效应灾的前提，而灾害社会学习的核心是围绕以政府为主导的灾害应对网络的问责过程而展开。灾害事件对于一个社会而言，既是挑战也是机会，它造成了社会功能中断与失序情形，同时也为该地区未来成功应对相同或类似灾害提供机会。将灾害事件转变为机会和能力提升的重要路径便是灾后社会学习。然而，新闻媒体所报道的灾情画面所展现出灾害应对中的问题，总是会在下一次或下几次的灾难中重复出现，灾后社会学习过程其实充满阻滞要素，这也是下文分析的重点。

（一）灾害事件作为灾后社会学习触点

从危机研究文献来看，学界一般将危机视为具备双重含义，即危险与机遇，危机具备向两极迅速转化的可能。与危机管理所注重灾害反应阶段不同，灾害社会学习的研究则注重灾后恢复阶段对于事件的认知过程。例如，组织学者一般从组织学习与管理沟通视角，强调灾害对于组织学习与变迁的影响作用；政策分析与公共行政学者通常视灾害为重要机会，它是实现政策变革的窗口期。可见，前两者都将灾害视为焦点事件（focusing event）成为灾后学习触点（trigger point）所引致的政策变迁。焦点事件一般被认为是具备一定突然性、相对少见以及具有一定伤害或是潜在影响的事件，通常作用于某个区域或社区并且能够被政策制定者与公众同时感知到。①

相对于长期存在的社会问题，焦点事件更能快速吸引公众舆论关注，从而使利益团体、政府、新闻媒体以及其他社会大众认识到新问题的出现。灾害事件常常与政治要素相联系。灾害事件在给社会带来影响的同时也考验政府应变能力，灾害不再仅仅是自然事件或是社会事件。于是，有学者将灾害所造成的危机情境定义为“先存熟知的社会政治秩序合法性象征框架的突然崩溃”，② 而在文化人类学的灾害研究中，灾害事件同样被赋予象征意义，被认为是一种符号而存在。可见，灾害事件对于社会政治的意义远远超出灾害本身，这便给政治系统带来

---

① T. A. Birkland. “Focusing Events, Mobilization, and Agenda setting”, *Journal of Public Policy*, 1998 (1): 53 - 74.

② P. ’t Hart. “Symbols, Rituals and Power: The Lost Dimension In Crisis Management”, *Journal of Contingencies and Crisis Management*, 1993 (1): 36 - 50.

压力、挑战。例如，新闻媒体的事件报道与解读。随着媒体高速发展，灾害事件作为一种重要符号被快速传播到公众或全球社会视域下，政府作为应对灾害主体，其应灾能力被暴露在媒体与大众面前。再如，现代社会人类对于安全议题的关注增加。随着现代化进程的深入，从“我饿”时代进入“我怕”时代，大众对于安全议题的关注也不断加深，灾变事件所造成的人员损失受到更多的关注。那么，灾害将政治与社会问题暴露出来，在面对内外部压力的情景下，政府作为灾害管理主体就存在灾害政策变革的可能，灾害事件便成为这一系列灾害政策议题设定的触点。

如今政府部门作为整体社会灾害管理的主体，灾害社会学习是以公共组织为首的组织学习，进而影响组织外的整体社会学习过程。组织学习的主要手段是灾害问责，灾害问责过程不仅仅是对行政官员关于自身行政行为、规范、价值的拷问，更是对过去灾害管理制度的反思，并最终体制化为日后灾害应对新策略，从而达成组织学习真正目的；而组织学习还可能影响社会成员的灾害学习，从中汲取有益灾害应对经验并以社会教育载体将其传递给大众，从而更新灾害认知与知识水平，达成整体社会成员层面的灾害恢复力的有效提升。

（二）灾害问责的阻滞要素分析

在灾害事件过后，一个具有自省意识的社会需要谋划未来应对灾害的方式以避免相似事件的再次发生，这也成为社会大众的一种迫切公共需要。灾后组织学习的美好愿景已经在陶德·拉波特、维克（Weick）等人所提出的高信度组织（high - reliability organization）理论中充分展现。高信度组织可以是核电厂、机场等。政府灾害管理体系应该朝向高信度组织发展，它能够迅速回应微弱的危险信号，能够避免简化问题并获得更多学习机会。波恩将高信度组织描述为兼具质疑性（puzzle）与活力（power）的组织。[①] 但是，大多数公共组织却不符合高信度组织要求，实际上，灾害社会学习的构想与执行层面依然面临多种阻滞。问责概念，往往是指当某些事物的进展不如预期或产生某些问题或错误时，相关问责主体（accountability holders）去询问或要求被问责者（accountability holders）提供事件报告，并承担相关责任过程。政府部门行政问责问题，在理论与实践层面历来存在着争论，无法将行政问责简单化处理。而就灾害问责的核心内容来看，诸如"发生了什么""谁或什么造成它的发生""谁应该负责""谁需要被处罚"等问题，是需要政治系统向组织内部与社会大众沟通。灾害问责过程的实质是组织灾后学习过程，这主要体现在关于灾害事件的科学认知、管理问题、改进方式等方面所进行的反思学习。而在灾害问责中，依然存在避责行为、政治符号操作、个体与组织行为限制、问责主体与责任悖论问题。

1. 避责行为

灾害学习的前提是对于灾害原因、过程、影响以及组织应对绩效等基本客观事实的认知，以此为基础的客观评定有利于灾害文化矫正。问责过程中，对于灾害发生原因与应对绩效的评定是后续责任认定的基础，而在灾害问责实践中，通常会出现避责博弈（blame game），即公共组织内外部之间及其组织内部之间存在对于灾害事件基本认知的观点博弈过程。[②] 在克里斯托弗·胡德（Christopher Hood）看来，这种现象在官僚政治下并不奇怪，并进而认为在政府官僚体系下，具有存在官员规避咎责的行为一贯倾向，并继而提出了一个制式反应的假设路径。其假设前提是政府官员有维护自我利益与规避咎责的行为：拒绝问题（PD）。通

---

① A. Boin, A. Mcconnell, P. 't Hart (eds.). *Governing after Crisis: the Politics of Investigation, Accountability and Learning*, Cambridge: Cambridge University Press, 2008, p. 14.

② A. Brandstom, S. Kuipers. "From 'Normal Accidents' to Political Crises: Understanding the Selective Politicization of Policy Failure", *Government and Opposition*, 2003 (3): 279 - 305.

常政府官员在面对危机事件并认为还可以掩盖真相时，会先拒绝承认存在问题，以免暴露更多错误，而因此遭受公众与媒体更多责难（blame）机会。

承认问题（PA）。当问题严重到无法掩盖的地步，承认有问题的存在或确认政策存在失败的情形。

承认问题，但拒绝责任（PA + RD）。承认问题的存在，但并没有表示属于自身该承担的责任范围，此时可能开始去找各种替罪羊或找寻一些可以减轻责任程度的借口。

承认问题，也承认责任（PA + RA）。承认问题或承认失败，此时需要对事件的前因后果做出解释，找出对自己最有利的解释。此外，也许需要一些受害者获得补偿，唯有到最后不得已时才引咎辞职。官员避责行为分析模式也可以扩展到政府以及政府部门的分析中，而组织行为与官员个体行为都存在避责倾向。①

避责行为是为了逃脱灾后行政与政治问责，试图掩盖灾害事件真相，并将自身责任范围作最小化、模糊化处理。这种行为倾向的后果是灾害事实与应变过程难以被社会所认知，甚至产生错误认识，从而使灾后社会学习过程中断或走向歧途，进而导致灾害认知、价值理念、行动策略、行为规范出现偏差。其实，焦点事件通常兼具危险与机会。如果能及时采取适当应对措施，可能会挽回局面而形成有利局面；而如果政府官员、部门仍采取避责行为策略，以自身利益为首要目的而置公众安全利益于不顾，拒绝推动自身政策改革行动，则灾害脆弱性不但没有得到扭转，反而程度加深。

2. 政治符号操作

政治系统在灾害事件过后，通常受到组织内外部的压力而将通过一系列政治行动挽救合法性危机，其中，灾害问责行动便作为具有符号象征意义的政府反思行动。通常在一场灾变事件过

---

① H. Christopher. "What Happens When Transparency Meets Blame - Avoidance?", *Public Management Review*, 2007 (2): 191 - 210.

后，都会出现地区或政府部门领导者引咎辞职，作为一种符号意义的政治操作可以缓解所面临的外界指责而却没有深入灾害问题本质。问责只限于灾害事件与组织应对的表面关系，而没有深入“制造风险”层面，更没有将问责导向内化到切实的行动策略的高度。有学者从风险、突发事件、危机三者的关系出发，认为问责的重点应当是风险管理中的“行政不作为”或“行政失当”。如果问责的重点转向风险管理，首先就要明确谁是风险的制造者。不可否认的是，任何风险的制造过程中都有人的因素，但风险制造的主体主要是社会结构、制度、政策和价值等层面的因素，而非某个个体。因此，如果将问责的重点转向风险管理，那么就应当主要问结构之责、制度之责、政策之责、价值之责，而非个体之责。[①] 相似地，从灾害脆弱性视角也可以得出类似的结论，即表面上看灾害发生所造成的损失是由不安全的状况（unsafe conditions）（如不合理的城市布局、建筑缺乏保护、经济落后、缺乏有效的应急准备与减灾措施等）和危险源共同引起的，而造成不安全状况的深层次原因却在于受灾群体在权利、资源方面的可得性差，这又是由政治和经济系统所造成的。[②]

灾害问责是灾害社会学习的重要手段。如果其被仅仅作为一项处理公共关系的政治符号，而缺乏对社会制度、结构、政策以及价值规范的反思，那么，灾害问责的实质意义不彰，灾后社会学习便停留在运动化、政治化层面，甚至落入肤浅组织学习状态，即照搬或简单模仿他国灾害管理制度，而无法在科学、制度层面基于本国或本地区灾害经验来推动组织灾后社会学习行为的开展。

3. 个体与组织行为限制

灾害问责试图对灾变事件充分调查，以组织有效灾害学习，

---

① 童星、张海波：《基于中国问题的灾害管理分析框架》，《中国社会科学》2010 年第 1 期。

② B. Wisner, P. Blaikie, T. Cannon, I. Davis. *At risk: Natural Hazards, people's vulnerability and disasters*, London: Routledge, 2003, pp. 49 – 51.

提升应灾能力，而在组织学习的知识经验体制化为政策措施过程中，却常常出现失败。比尔克兰（Birkland）较早关注灾变事件引致的政策变革。他分析了诸如原油泄漏、核辐射等灾害形式，并认为灾后立法与规制方面的变革正是说明灾后某种程度的学习表现。但是，这种看法被认为是片面的，灾后学习的面向不应该仅仅局限在政策转变层面，对于灾后社会学习应该拥有全方位的认识。学者采用特纳的灾后文化调试（cultural readjustment）定义，即将其视为一系列新的理念进入组织运作规范与实践中。在特纳看来，组织灾后学习过程，应该是宏观政策与微观行为层面的知识创造，它将事件经验转化并吸收（assimilation）到组织中个体与组织行为转变上。[①] 基于此观点的影响，多米尼克·埃利奥特（Dominic Elliott）将组织灾后学习过程细分为：焦点事件→知识获得（knowledge acquisition）→知识转化（knowledge transfer）→知识吸收（knowledge assimilation）→文化转变（cultural readjustment），通过一个完整灾害学习过程最终才能达成组织与个人价值与理念上的转变。[②] 从转变过程来看，知识吸收乃是完成文化转变的重要环节，它受到多种阻滞影响；从组织研究的文献来看，主要来自心理—文化、组织结构—领导力两个层面，前者强调个体行为习惯在行为转变方面的障碍影响，后者注重组织官僚结构体系带来的组织行为惯性造成的组织行为转变困境。那么，灾害问责要达到政策与行为的双重学习转变会受到来自个体文化心理与组织行为惯性的限制。

4. 问责主体与责任悖论

通过灾害问责来实现灾后组织社会学习，需要解决的是问责主体问题。如果将灾害管理主体大体划分为政府、专家系统、公

① B. A. Turner. "The Organizational and Interorganizational Development of Disasters", *Administrative Science Quarterly*, 1976 (3): 378 - 397.

② D. Elliot. "The Failure of Organizational Learning from Crisis - A Matter of Life and Death?", *Journal of Contingencies and Crisis Management*, 2009 (3): 157 - 168.

众三方，如今的问题是灾前阶段政府与专家系统的互动较多，而与公众的风险沟通行为较少；而在灾后，公众系统的压力将政府、公众、专家系统紧密联系，公共关系的处理是灾害问责的重要面向。如果问责主体缺乏大众与媒体的参与过程，如果依然呈现政府—专家系统的单一联系性，显然在问责效果与公共关系层面上是失败的，无法达成灾后社会学习预期。

另外，受到传统官僚行政思维模式影响，对于责任认知模糊，常常出现有“问”无“责”现象。有学者比较了行政管理模式嬗变过程中的问责理念，传统公共行政视阈下，将问责工作进行简单化处理，强调专业主义与内部控制以及行政人员对于标准、规则、程序的遵守。在新公共管理模式下，问责理念注重外部控制与客观测量，商业产出与客户模式被视为问责基础。而在新公共服务理念下，问责虽然还认可效率、结果导向的重要性，但道德责任、公共利益、公民权为中心的多面向责任体系被强调，改变了过去简单化处理问责问题的倾向。[①] 如今，组织责任与道德责任都存在于行政官员的责任范围内。如果忽视道德责任的重要性、坚持传统公共行政的问责思维，显然是不利于灾害问责有效性，理念与责任意识的模糊使得官员与政府行为难以通过问责机制实现矫正。

① J. V. Denhardt，R. B. Denhardt. *The New Public Service：Serving，not Steering*（*Third Edition*），New York：M. E. Sharpe Inc，2011，pp. 129 – 137.

第六章　灾害管理的重构：认知与话语

第一节　灾害概念再认识：概念结构与结构化概念

灾害具有自然属性和社会属性的双重性质，而社会科学领域内诸多学科对于灾害概念的不同认知也说明了灾害研究作为一种复杂科学的属性。通过分析关于灾害的多视角定义与研究，可以发现，构成灾害定义的元素包括：什么样的结果可以被称为灾害，又是什么样的原因（危险源）导致灾害，最后，这些认知总是试图证明危险源与灾害之间存在着什么联系即关系链。简言之，灾害定义要素由“结果”“危险源”“关系链”构成。不同学科从各自角度出发对这三个要素有不同的阐释，从而构成了灾害定义与研究的复杂图景。于是，从“危险源—关系链—结果”逻辑顺序对灾害概念进行梳理和分析，试图让灾害概念与灾害研究更加结构化，同时，还需廓清灾害领域的众多概念之间的逻辑关系。这两项工作对于认识该领域的基本术语与构建学术对话平台十分必要。

一　危险源

危险（hazard）与危险源（hazards）是灾害社会科学研究领域常被用到的基础概念。危险源一般是指极端并且有能力造成灾难的事件。美国联邦紧急管理署（Federal Emergency Management

Agency，FEMA）将危险源定义为可能造成致命的、人身伤害的、财产损失的、农业损失的、环境破坏的、阻碍商业的以及可能构成其他伤害和损失的事件和情形。[①] 可见，危险源被认为是可能造成负面结果的客观现实，可以是物体、情形或事件。

学科的特点影响着学者的思维角度，从不同类别的学科出发会得出不同的危险源存在。从自然科学角度来看，危险源常被设定在自然—科技领域内，研究者们更关注“自然—科技”危险源，即产生于生物圈、地质圈、水或大气循环等自然系统的极端事件，以及有毒物质排放、爆炸等工程技术领域的人为安全事故。从社会科学角度来看，危险源则常常出现在社会系统内部，社会的各个子系统中都有危险源存在，于是危险源的概念被拓展到社会、文化、制度、组织等层面。正因如此，亚历山大将危险源分为以下三类：自然危险源（natural hazards）、科技危险源（technological hazards）和社会危险源（social hazards）。[②]

以往通常的观点认为，危险源是客观存在的现实，而非人们的价值选择。在后来的危险源属性的分析脉络上，有两个理论分支贡献巨大。①风险社会理论。该理论拓展了人们关于危险源的认识范围，认定在风险社会中，危险源的“人化”特征与不确定性增加，从而改变了以往危险源的识别范畴。②风险的社会建构理论。持这一观点的学者认为，贝克、吉登斯、拉什等人的风险社会理论过于“抽象而难以操作”，于是将危险源的分析置于社会组织层面，其核心观点是：危险源不再被简单认为是客观的，而是社会行动主体的感知产物。

这样一来，危险源不再仅仅存在于自然—科技领域和社会层面，而是被扩展到人们制造出来的风险和感知到的危险。相应地，危险源也从造成灾害的单一自变量变成了受到社会层面与建

---

① Federal Emergency Management Agency，Multi Hazard Identification and Risk Assessment，Washington，DC：Federal Emergency Management Agency，1997.

② D. Alexander. *Confronting Catastrophe*，New York：Oxford University Press，2000，pp. 7 - 10.

构层面影响的因变量，危险源便具有了主客观连续统的属性。

二　关系链

在风险社会中，任何小的失误或故障（glitches）都会带来巨大失败。[①] 关系链作为灾害定义的重要构成要素，是危险源与结果之间的联系纽带，不同学科研究视角对于关系链的阐释与分析不尽相同且呈现出十分复杂的形态。其实，作为结果的灾害与作为原因的危险源之间存在着"一果多因"的复杂关系，在动态联系的世界中，很难只从一个因素推出结果出现的必然性；更何况如上所述，危险源已不再仅仅被认为是单一的、客观的因素，而是多样的、散落在主客观连续统之间。就关系链的探索来看，主要存在三种认识，即自然作用过程、自然—社会互动过程、社会建构过程。

在自然科学看来，危险源主要来自于自然领域，灾害被认为是一种客观损失，而危险源与这种结果之间的关系则是自然的、非人为因素的，是一个纯自然作用的过程。如马宗晋早在 1980 年代就发起成立了"综合减灾小组"，提出了三种"灾害链"，分别为："暴雨（台风）—暴雨—避灾—泥石流—洪泛—毁田、路、房—淹亡等"；"地震—雨雪—崩塌—沙涌—城内建筑（房、厂、生命线）破坏—交通阻塞—通信断路—泄毒失火等"；"干旱—沙尘—暴热—缺水—毁农、林、草—埋村、堵城"。[②] 在此基础上，史培军又提出了寒潮"灾害链"："寒潮—雪灾（霜冻、低温）—生物冻害（机械故障、结构破坏、农牧区受灾）"。[③] "灾

① A. Boin. "From Crisis to Disaster: Towards an Integrative Perspective", in R. W. Perry, E. L. Quarantelli (eds.) *What is a disaster: New answers to old questions*, Philadelphia: Xlibris, 2005, p. 156.

② 马宗晋、高庆华、陈建英等：《减灾视野的发展和综合减灾》，《自然灾害学报》2007 年第 1 期。

③ 史培军：《三论灾害研究的理论与实践》，《自然灾害学报》2002 年第 3 期。

害链”理论已经成为自然灾害综合减灾实践领域的主要指导思想之一。[①] 相对于人类早期将灾害发生归结为“上帝的行动”（act of god）而言，这种认识可以被归纳为“自然作用过程”（act of nature）论。自然科学既然认为危险源是自然的、客观的，那么，关系链就被顺理成章地理解为纯自然的作用过程。

在社会科学中，对关系链的认识有两类，分别是自然—社会互动过程和社会建构过程。

1. 自然—社会互动过程

在灾害结果发生的原因光谱上，自然作用过程并非是结果出现的唯一因素，政治—经济、组织—心理以及社会—文化层面同样是关系链的重要组成部分。于是，在结果发生的原因光谱上便增加了社会背景因素的考量，典型代表是史培军提出的寒潮“灾害链”，以及克里斯托弗·霍亨尼姆塞（Christoph Hohenemser）、罗杰·卡斯帕森（Roger Kasperson）及罗伯特·凯茨（Robert Kates）提出的“科技危害因果结构”，即认为灾害结果出现是由于“人类需求—人类需要的东西—技术的选择—开始事件—材料或能源的释放—暴露于材料或能源—人类/生物的后果”。[②]

以“突变”概念为纽带，集体行为理论与灾害研究有着紧密联系，并且，前者成为灾害研究的重要理论脉络。集体行为理论对于灾害关系链的研究具有深远影响。灾害与集体行为的出现，皆可视为对正常社会秩序的冲击，而突变出现原因与结果之间的关系则都存在着互动关系的逻辑认识。

（1）以尼尔·斯梅尔瑟（Neil Smelser）的加值理论（value - added）对灾害关系链认识的影响最甚，其在1963年出版的《集体行为理论》（*Theory of Collective Behavior*）中基于集体行为分析

① 童星、张海波：《基于中国问题的灾害管理分析框架》，《中国社会科学》2010年第1期。

② 谢尔顿·克里姆斯基：《理论在风险研究中的作用》，载于谢尔顿·克里姆斯基、多米尼克·戈尔丁的《风险的社会理论学说》，徐元玲、孟毓焕、徐玲等译，北京出版社，2005，第12页。

的情感路径，利用加值理论来剖析集体行为并提出集体行动的要素除了结构诱因、结构压力、信念传播、触发因素、行动动员五大要素之外，还有社会控制要素即对于结构诱因、压力消减与集体行动形成初期的控制能力两个方面。[1] 可见，集体行为的出现受到触发要素与控制要素的互动作用的影响。与此分析逻辑一致的是，在灾害研究领域，由本·威斯勒等人提出的“压力—释放模型”受到最广泛的应用，其主张灾害的发生主要受自然危险源与社会脆弱性相互作用的影响，即根植于经济与政治的权利和资源可及性差别造成了社会群体暴露于不安全情形之下（unsafe condition），这种状况与灾害事件相结合便造成了灾害结果。[2]

（2）从本土灾害社会科学研究经验来看，社会燃烧理论、风险—危机转化理论共同建构了具有中国本土经验话语导向的灾害关系链认知。牛文元教授提出了社会燃烧理论。该理论类比燃烧现象，即燃烧物质、阻燃剂和点火温度作为燃烧的基本条件分别，对应引起社会无序的基本动因、有助于社会动乱出现的各种要素以及具有影响力的突发事件。[3] 通过数量与质量的双重积累，由突发事件为诱因，导致了社会动乱的出现。而风险—危机转化理论认为，社会燃烧理论看到了从社会风险（前端）到公共危机（后端）之间的“连续统”，但相对较为宏观。于是，风险—危机转化理论基于全灾种、全过程的考量，将风险与危机概念分别基于公共性层面进行整合：风险是指一种可以引发大规模损失的不确定性，其本质是一种未发生的可能性；危机则是指某种损失所引发的政治、社会后果，其本质是一种已发生的事实。由此，风险在前，危机居后，二者之间存在着因果关系，造成危机后果的

---

① N. Smelser. *Theory of Collective Behavior*, New York: The free press of Glencoe, 1963, pp. 15 - 17.

② B. Wisner, P. Blaikie, T. Cannon, et al, *At Risk: Nature Hazards, People's Vulnerability and Disasters*, London: Routledge, 2004, pp. 45 - 51.

③ 牛文元：《社会物理学与中国社会稳定预警机制系统》，《中国科学院院刊》2001 年第 1 期。

根本原因是风险。[1] 同时，以多种类型的突发事件作为风险向危机转化的条件，从而将自然灾害突发事件纳入风险—危机转化体系之中，即灾害风险早已存在并在缺乏风险管理的情形下逐渐累积，越多的风险将会引致越严重的危机（灾害），而自然灾害突发事件是诱发自然灾害风险显化为危机的重要条件。

2. 社会建构视角的关系链分析

在关于危险源到灾害结果出现之间的演进过程的理解中，自然科学视角和社会—自然互动视角分别将关系链理解为纯自然过程和互动关系，社会建构视角对于关系链的理解则偏重于社会主观建构层面的重要影响。在社会建构主义视角的灾害认识观念下，危险源与灾害结果本身皆存有主观判定成分。各类社会主体分别从不同视角对灾害原因进行剖析，对灾害结果进行判定，关系链则是从原因走向结果的关系叙事基础，而原因与结果的双重多样性又造成灾害关系链的复杂认识。在风险社会中，不确定性极大地挑战了现存知识与传统认知，灾害事件的出现常常伴随的是关于灾害原因与结果间的作用关系论争，各种话语碰撞的本质，实际体现出灾害的社会建构特征。

在社会建构主义关于关系链的阐释话语中，专家、政府、利益团体、社会背景、文化等主体要素作用明显，各主体受限于自身知识、经验、利益、习惯、正式制度等方面而对关系链进行主观阐释。灾害关系链也超越了灾害事件本身范围而走向了更深层次的联系。关系链不再仅仅是自然过程与互动关系，还是多元主体要素共同建构的结果。正如蒂尔尼在对“风险客体”的社会建构特征进行研究时，将“事件可能性、事件特征、事件影响与损失、事件原因”等因素都纳入其分析范围。这些要素作为灾害关系链阐释基础具有明显的主观建构性，关系链的社会建构性则十分显著。

简言之，灾害定义中危险源与结果之间的关系链实质上是“一

---

① 张海波：《风险社会与公共危机》，《江海学刊》2006 年第 2 期。

果多因”，其中主要有三种关系链认识即自然作用过程、自然—社会互动过程、社会建构过程，灾害关系链也具有连续统属性。

三 结果

灾害定义构成的第三大要素——结果，即定义必然要对受损客体和受损程度进行界定。多视角下关于受损客体的界定也存在分歧，关于灾害结果的认识视角与判断标准的差异性，使得人们在讨论灾害时常常缺乏最基本共识。危机作为与灾害相关的概念，这种认识困境同样存在。曾有学者依照4C结构将心理学、政治社会视角、技术工程视角的危机认识结构化，4C结构分别为原因（Cause）→结果（Consequences）→警示（Caution）→应对（Coping）。不同视角下的危机界定标准与认识角度不同。[①] 在灾害认识中，自然科学所持的实在论强调受损客体是物理的、生物的、环境的，而这些损失程度同样可以用量化衡量。相比较自然科学，社会科学关于灾害结果的界定和衡量则更复杂，心理学家可能关注心理后果，社会学关注的是组织和社会影响，经济学关注的是直接与间接经济损失，政治学可能关注灾害的政治后果，等等。在社会科学看来，所受损的客体可能是政治系统、经济系统、社会系统、文化系统，而关于受损程度的界定具有不可量化性、不确定性。同时，社会建构主义关于结果的社会建构论更是将受损对象与程度推向了主观建构的领域，认为人类是透过社会—文化背景编制而成的“过滤镜”来感知这个世界的。

在受损程度分析上，一些表述灾害程度的概念还需要廓清，如灾害（disaster）、危机（crisis）、巨灾（catastrophe）、事件（incident）、意外事故（accident）、紧急情况（emergency）、灾难

① C. M. Pearson, J. A. Clair. “Reframing Crisis Management”, *The Academy of Management Review*, 1998（1）: 59-76.

（calamity）等，它们都是人们用来描述灾害事件所带来的影响。这些概念在学术研究和实践领域也存在混用和互换的现象，例如在灾害保险中，就存在“灾害保险”（disaster insurance）与巨灾保险（catastrophe insurance）两种表达；在灾害管理中，应急管理（emergency management）与灾害管理（disaster management）也具有同样的意义。①

有学者试图厘清这些概念的界限，浩依特莫（Hoetmer）定义紧急情形，打破常规的例外事件，但其影响范围不是全社会的，并且不需要超出常规的资源或手段来使社会从紧急情境中返回正常。在他的定义中灾害（disaster）则是被认为是灾难（catastrophes），是影响整个国家，并且需要外部资源来处理和恢复。② 波恩也指出灾害（disaster）是危机（crisis）的后端，危机（crisis）概念在美国灾害研究的术语使用中并不常见，这与美国长期以来灾害社会科学研究以社会学为主流有关，危机的概念常常在公共行政、政治学、国际关系、政治心理学中使用，灾害与危机概念间很少有学科交叉。③ 而在灾害管理的研究中，紧急情形（emergency）与危机有着最为接近的含义，克兰特利曾定义紧急情形（emergency）为“非预见但可预测的小范围常规事件”，并依程度将相关概念排序为：“紧急情形”—“灾害”—“巨灾”④ 那么，这些概念从程度上说依次为“事件”或“意外事故”—“紧急情况”或“危机”—“灾害”—“巨灾”。

---

① R. T. Sylves. *Disaster policy and politics: emergency management and homeland security*, Washington, DC: CQ Press, 2008, p. 233.

② T. E. Drabek, G. J. Hoetmer (eds.). Emergency Management: Principles and Practices for Local Government. Washington, DC: International City Management Association, 1991, pp. 131 - 160.

③ A. Boin. From Crisis to Disaster: Towards an Integrative Perspective, in R. W. Perry, E. L. Quarantelli (eds.). *What is a Disaster: New answers to Old Questions*, Philadelphia: Xlibris, 2005, p. 161.

④ E. L. Quarantelli. Emergencies Disasters and Catastrophes are Different Phenomena, http://dspace.udel.edu:8080/dspace/bitstream/handle/19716/674/PP304.pdf?sequence=1.

于是，可以得出由“危险源”“关系链”“结果”三要素构成的灾害概念结构图（见图6－1）。

原因 ⟷ 结果

客观 ↕ 主观

危险（源）	关系链	结　果
自然—科技	自然作用	物质后果
社会—政治	互动关系	社会后果
社会建构	建构过程	主观建构

图6－1　灾害概念的定义结构要素

综合自然科学与社会科学关于灾害的基本认识，可见，“危险源”“关系链”“结果”作为灾害定义的三要素都具有主客观连续统属性，因此，灾害概念实质上散落在主观与客观之间的认识光谱上。灾害本身具有自然和社会双重属性，灾害的多学科交叉研究极大地丰富并深化了人们对灾害的认识。从社会科学视角出发，对灾害从单一面向认知走向多面向考察，从非连续性认识走向连续性认识，从表面关系描述走向深层联系揭示，从客观实体导向走向社会建构导向。

第二节　灾害管理制度变迁：灾害链与危机政治

一　框架建构：危机政治与灾害链的结点

（一）灾害事件：从集体行动到政治压力过程

如今再也不能以孤立眼光来看待危机，在全面联系的复杂社会系统中，原先非政治性的问题可能成为政治性问题，原先不相关事物在灾变情境下可能变得联系紧密。有关灾害与集体行为的研究发现，人们在灾变条件下的行为变化实际受到与之相联系的社会系统影响，并形成连锁反应。受早期情感分析主导的集体行为理论影响，拉尔夫·特纳（Ralph Turner）将灾害中的集体行为过程概括为：骚动→谣言→定调→紧急规范。[①] 有学者将危机视为“先存社会政治秩序合法性象征体系的崩溃”，[②] 灾害危机事件造成社会功能中断，对于政治—行政系统同样存在冲击，即合法性危机。政府的灾害危机事件应对工作可以由“管理”与“解释”两部分组成，[③] 管理即是对灾害事件的制度与技术性应对，而解释则是对于由灾害事件引致的国民情绪管理。灾变事件中的集体行动过程受到国民情绪影响，而灾害危机状态作为深度不确定性情形的体现，政府、媒体、专家、大众等主体常常缺乏对事件最基本的共识，混乱无序的危机状态下便会出现各种关于灾害事件的解释，而灾害解释多样性会造成政治—行政系统解释权威性下降。同时，政治—行政系统本身作为灾害动力学研究的重要作用要素，其管理脆弱性会由危机显化，灾害危机也便有了政治性后果。缓解与消除灾害危机事件所形成的政治压力，需要政治—行政系统全面反思，推进灾害管理制度的有效变迁，不执迷于专业性，通过全面联系的新思维，注重科学性与社会性在灾害政策变革中的作用影响，保障灾害社会学习的有效性。

---

① R. Turner. “Rumor as Intensified Information Seeking: Earthquake Rumors in China and the United States”, in R. R. Dynes, K. J. Tierney (eds.), *Disaster, Collective Behavior, and Social Organization*. Newark, Delaware: University of Delaware Press, 1994, pp. 244 - 256.

② A. Boin, A. McConnell, P. ’t Hart. *Governing After Crisis: The Politics of Investigation Accountability and Learning*, Cambridge: Cambridge University Press, 2008, p. 3.

③ R. S. Olson. “Toward a politics of disaster: Losses, Values, Agendas, and Blame”, *International Journal of Mass Emergencies and Disasters*, 2000 (2): 265 - 288.

（二）框架建构的竞争：危机政治前的避责博弈

危机导致先存社会政治秩序合法性象征体系的崩溃，具有去合法性（de－legitimation）功能，挑战着先存所谓“安全”政治符号。危机管理亦被视为一个由“合法性”（legitimation）、“去合法性”“合法性再生”（re－legitimation）构成的动态过程。[①]政治—行政传统下，灾害危机事件的应对被视为政治工程，并依据政治逻辑来处理。灾后避责博弈（blame game）是对灾后政治行为的宏观概括。[②] 在克里斯托弗·胡德（Christopher Hood）看来，在政府官僚体系下，存在官员规避咎责行为的一贯倾向，继而提出了一个制式反应的假设路径，其假设前提是政府官员有维护自我利益与规避咎责的行为，即拒绝问题→承认问题→承认问题但拒绝责任→承认问题也承认责任。[③]

避责博弈的目的是减少政治与政策压力，其运作核心是框架建构的竞争（framing contest）。框架（frame）被视为记忆中的认知结构，[④] 在符号互动主义看来，框架是人或组织对于事件的主观诠释与思考结构，而框架建构（framing）则是对这一过程的概念表述，且被视为认知心理、意义建构以及社会互动研究领域的有效概念工具。框架建构的竞争实际上是各个主体对于事物诠释话语的争夺过程，其目的是为形塑成员认知。由灾害危机事件所造成传统社会、政治、行政主导话语的混乱（dislocation），政治话语空间被重新开启，更多主体进入并重新定义相关议题，从而

---

① P. 't Hart. “Symbols, Rituals and Power: The Lost Dimension In Crisis Management”, *Journal of Contingencies and Crisis Management*, 1993 (1): 36－50.

② A. Brandstom, S. Kuipers. “From ‘Normal Accidents’ to Political Crises: Understanding the Selective Politicization of Policy Failure”, *Government and Opposition*, 2003 (3): 279－305.

③ H. Christopher. “What Happens When Transparency Meets Blame－Avoidance?”, *Public Management Review*, 2007 (2): 191－210.

④ D. Kahneman, A. Tversky. “Choices, values, and frames”, *American Psychologist*, 1984 (4): 341－350.

开启了制度变迁过程。框架建构竞争是针对灾害危机的性质、程度、致因、责任、管理、政策等议题而展开的话语诠释竞争。波恩等人认为框架建构竞争不仅是对危机事件的诠释冲突特征的体现，更在于其对后危机时期的政治与政策的影响，并将框架建构类型划分为最小化事件影响、承认事件影响、最大化事件影响三种，不同类型的框架建构过程会导致政治与政策层面的差异性影响。[①] 本质上，框架建构竞争过程乃是对灾害危机现实的社会建构过程，危机事件将应急管理系统在政治与政策层面的脆弱性显化，使危机管理变革议题进入政策议程。从公共政策视角来看，一种社会状况成为问题并进行公共政策干预，受制于官员了解状况的手段与状况被界定成问题的途径。[②] 在该主题研究上，德博拉·斯通（Deborah A. Stone）总结出三种传统分析维度：政治主体特征、事件本质、语言与符号。她从社会建构主义视角出发考察政策议程，认为三种研究传统错失了灾害危机事件转化为政治与政策问题的核心——因果叙事（causal stories），[③] 它影响着问责过程、调查以及制度变迁导向。在灾害危机研究话语中，无论是框架建构竞争还是因果叙事，所聚焦的核心皆为灾害危机的动力演进过程，即灾害链。

（三）灾害链：灾害认知与管理政策产出的逻辑基础

灾害动力学旨在揭示灾害危机产生原因及其演进过程中各要素的作用机制，灾害链分析成为我国防灾减灾领域的重要范式。灾害动力学作为灾害科学研究的重要领域，为灾害学术研究与管

---

① A. Boin, P. 't Hart, A. McConnell. "Crisis Exploitation: Political and Policy Impacts of Framing Contests", *Journal of European Public Policy*, 2009 (1): 81 - 106.

② 约翰·金登：《议程、备选方案与公共政策》（第二版），丁煌、方兴译，中国人民大学出版社，2004，第249页。

③ D. A. Stone. "Causal Stories and the Formation of Policy Agendas", *Political Science Quarterly*, 1989 (2): 281 - 300.

理实践提供理念认知支持。长期以来，自然—技术传统的灾害链分析较为发达，如马宗晋早在1980年代就发起成立了“综合减灾小组”，提出了三种“灾害链”分析；史培军又增加了寒潮“灾害链”分析；克里斯托弗·霍亨尼姆塞（Christoph Hohenemse）、罗杰·卡斯帕森（Roger Kasperson）以及罗伯特·凯茨（Robert Kates）则提出了“科技危害因果结构”等。在灾害社会科学看来，关于灾害动力学演进过程的分析需要注重社会背景要素的考察，如尼尔·斯梅尔瑟（Neil Smelser）创设的“加值理论”、牛文元提出的“社会燃烧理论”及“风险—危机转化理论”等都为灾害动力分析提供了社会过程剖析的可能。可见，灾害链的认识无论在科学—技术传统还是在人文—社科传统下，都受到足够重视，对于灾害链的分析构成了灾害研究的基本话语演绎体系。它决定着学科分析传统、诠释话语以及研究范式。

在灾变条件下，弄清事实（sense making）可被视为政府决策基础与集体行动起点。灾害链是解释灾害动力演进过程的核心，它通过对灾害原因（危险源）、作用过程（关系链）以及影响（结果）进行理论诠释，以探寻灾变事件的客观本质。

从灾害概念的定义结构可以看出，就灾害链的探索现状来看，主要存在以下三种认识：自然作用过程、自然—社会互动过程、社会建构过程，它们分别散落于客观现实与主观建构所构成的连续统之间。①自然—科技传统视域下的灾害链认识。危险源主要源于自然—科技系统，而其作用后果常被认定为物质后果，原因与结果之间的联系性表现为自然作用过程，灾害链的科技倾向显著。②自然—社会互动视角的灾害链认识。在不否认致灾过程的自然作用前提下，强调社会背景要素对于灾害动力学演进过程的作用，将危险源逐步拓展到宏观社会背景，灾害现状乃是社会、政治、经济、文化要素与灾害事件共同作用之结果；还将灾害影响拓展到本地制度层面，而原因与结果之间的联系则属自然与社会之间的互动过程，使得灾害链与本地深层社会特征互联。③社会建构主义维度下的灾害链认识。在不否认灾害事件客观存在的前提之下，社会建构主义的灾害链思想认为，危险源、灾害结果、作用过程皆为社会相关主体依据自身知识经验、利益导向而建构的结果，在灾害发生原因、损失程度与范围、作用过程要素等灾害基本共识的解释场域中，社会主体的建构性影响明显，灾害链乃是社会主体建构与话语博弈的产物。

在传统传播媒介和新兴社会媒体所形成的公共舆论传播平台上，不同灾害链认知形式，在灾变事件中呈现一致或冲突的情形。对灾变事件的话语解释所呈现出的混乱无序，与灾变情境特征的不确定性有关，同时，人类社会对灾变事件认识形式也是重要影响变量。灾害链的差异性认知形式挑战了政治—行政系统的灾害解释权威性，而灾害链不仅体现在对灾变过程本质的认识追求，更会影响到政治—行政系统的灾后管理制度变迁过程。

二　灾害管理制度变迁类型学分析：三类灾害链作用

框架建构作为灾后政治—行政系统关于灾变现实的认知形塑过程，灾害链是框架的核心要素，不同形式的灾害链反映着各主体对客观现实诠释的差异性，而灾害链多样性的存在则影响着灾害管理制度变迁的路径。灾害危机事件通常被视为“政策窗口”，推动着政策议程、方案的变革。[①] 灾害管理制度变迁受到灾后政治的影响。政治—行政系统在完成应对灾变事件冲击之后，问责与组织学习成为灾后政治—行政系统的核心内容。问责是对灾害事件演进过程中相关主体要素作用的调查与咎责过程，而组织学习则是基于各种调查分析，在制度层面所进行的反思与改革。灾害链作为解释灾害危机动力演进过程的框架，直接影响着人们对于灾害危机事件的判定，并主导着随之而来的问责过程与组织学习过程的运作。

---

① T. A. Birkland. “Focusing Events, Mobilization, and Agenda Setting”, *Journal of Public Policy*, 1998 (1): 53-74.

官僚问责、法律问责、专业问责、政治问责作为问责的主要类型，[①] 四种面向的问责过程是对事件处理过程的全面调查与咎责。从制度变迁角度看，深层社会体制、危机管理模式、危机管理机制的变迁体现出不同程度的变迁方式。深层社会体制变迁乃是由深层体制因素对于危机演进的作用，从而导致深层社会制度层面的反思。危机管理模式变迁主要针对宏观社会在危机应对制度中的缺陷而展开。危机管理机制变迁则仅在于危机管理政策领域的重塑。框架建构作为问责与组织学习的基础，在技术导向、制度导向、建构导向的灾害链认知框架下，灾后问责与制度变迁方式呈现出新维度。

（一）技术导向灾害链与制度变迁

技术导向灾害链从科学技术视角诠释灾害动力学演进过程，强调危险源与灾害后果之间的客观联系性。在灾害危机的框架建构竞争过程中，技术话语构成认知框架的核心基础，危机问责与灾害管理制度变迁呈现出技术导向性。

危机问责作为灾后社会学习的起点，其中，问责主体、问责客体、问责内容、问责方式等乃是问责制度的基本要素。在技术导向灾害链认知框架之下，灾害危机被认定为客观作用的结果，责任主体或是被归结为自然原因或是被认定为技术问题，由行政、司法、人大、专家、媒体以及大众所构成的问责主体对灾害危机演进过程中的技术要素进行调查与分析，技术层面的反思成为灾后政策议程基础。技术专家或技术权威的话语主导着危机事件管理与反思的全过程。从制度变迁路径来看，技术导向的灾害链所引致的是应急管理器物层面变迁。当达成危机认知的技术导向共识之后，灾后政策议程围绕技术层面而展开，对于原有应灾设备、技术标准、操作流程、预警技术等方面所呈现出的缺陷加

① B. S. Romzek, M. J. Dubnick. "Accountability in the Public Sector: Lessons from the Challenger Tragedy", *Public Administration Review*, 1987 (3): 227 - 238.

以分析解决。显然，在此认知框架之下，灾害危机事件被认定为纯技术或纯自然问题，其制度变迁路径主要在应灾器物层面展开，至多触及应急管理的技术运作机制，而较少触及应急管理深层体制变革。技术导向灾害链认知共识的达成，显然对于政府合法性威胁程度较低，对事件技术层面的探讨并不会触及应急管理制度内核，在灾后认知框架竞争中，技术共识的达成显然受到事件责任主体的青睐。

（二）制度导向灾害链与制度变迁

制度导向灾害链视灾害危机是人类社会系统与危险源的共同作用之结果，强调灾害危机动力演进过程中的互动性与社会性。在灾害危机事件的框架建构竞争过程中，来自管理与制度领域的话语占据着对事件诠释的主导权，制度导向的灾害链将灾后问责与政策改革引向应急管理制度层面。

与技术导向灾害链认知所强调的客观作用过程不同，制度导向灾害链在不否认技术要素作用的同时，还将社会系统纳入灾害链形成过程。在制度导向认知框架之下，由多元问责主体所构成的话语场域中，应急管理制度、社会结构、文化背景在灾害危机演进过程中的作用成为基本议题，对本地社会系统的制度反思成为灾后问责的重要目标，问责客体与问责内容不再局限于技术层面，而拓展到应急管理制度层面。随着政策窗口的开启，制度导向的灾害链认知主导着灾害管理制度变迁，应急管理的体制性与机制性问题被纳入灾害管理政策反思之中。同时，对于应急管理制度形成背后的深层社会系统与文化系统因素，制度导向的灾害链认知也有触及。以灾变事件及其应对过程为触点，灾后社会学习过程还与社会结构、制度、价值等宏观层面要素相联系，深层社会要素的转变是应急管理制度变迁中的决定要素。在灾害危机的认知博弈中，制度导向的认知框架可能会威胁到政府合法性，但其对于应急管理制度的机制与体制内核的反思有利于应急管理制度创新与优化。

（三）建构导向灾害链与制度变迁

建构导向的灾害链认知强调灾害原因与结果之间联系的主观建构性，灾害链的形成实为多方话语博弈的产物。灾害危机与危险源之间本质上是一果多因关系，一般个人、专家、机构、官方、媒体等主体，依据自身知识经验、利益基点可得出不同的灾害链解释话语。该状况受到两股力量的推动而形成。①事件本身。灾害危机作为一种未预期事件，它的出现必然伴随着不确定性，从而挑战了现存知识与传统。②在新型社会媒体推动下，灾害链话语场域的边界被不断放大，必然出现解释话语的多样性。在建构导向的灾害链认知框架下，灾后问责与制度变迁方向、程度、方式、过程皆呈现出复杂性与非稳定性。

多元社会主体进入灾害链认知场域的话语竞争中，在风险社会与网络社会背景下，社会问责形式得以出现，于是，问责主体打破了官僚、专业、法律以及政治层面的划分而呈现出社会性。问责客体的范围亦被不断扩展，原先看似与事件发生不相关的主体成为问责对象。与技术导向和制度导向的问责体系表现出的明确指向性不同，建构主义认知框架下，问责内容亦表现为多样性与非稳定性。在灾害链认知话语竞争过程中，不同主体依据自身知识经验与利益给出了不同的灾害链解释，短期内无法产生占据主导地位的解释话语。而灾害问责过程难以漠视灾害链解释场域中的诸多话语。为维护问责过程的合法有效性，问责过程实际上受到多种解释话语力量竞争与平衡的影响。在建构导向的灾害链认知框架下，制度变迁也受到多元主体的建构过程影响，应急管理制度变迁路径与相关利益团体、个人、专家、政治—行政系统等主体的主观建构有关，制度变迁在多元博弈平衡中展开。建构导向的灾害链认知框架对于政府合法性挑战最甚，在多样、复杂、无序的解释话语中，难以准确把握国民情绪，官方处于被动应对之中，最终在各方博弈中寻求平衡。制度变迁作为各方话语博弈的产物而具有不确定性，其变迁内容可能触及应急管理制度内核，也可能造成宏观社会制度的突变。

第三节　社会脆弱性：一种灾害动力学演进分析的新话语

一　灾害动力学：传统视阈与新视角

灾害动力学旨在揭示灾害危机产生原因及其演进过程要素的作用机制。灾害动力学作为灾害科学研究的重要领域，对其分析的意义在于为灾害研究与管理实践提供了理念认知层面的支持。长期以来，自然—技术传统对于灾害动力学的分析较多，如马宗晋早在1980年代就发起成立了“综合减灾小组”，提出了三种“灾害链”分析；史培军又提出了寒潮“灾害链”分析；克里斯托弗·霍亨尼姆塞、罗杰·卡斯帕森以及罗伯特·凯茨提出的“科技危害因果结构”等。自然—技术传统视阈下的灾害动力学演进过程常常针对的是由自然或技术危险源为起点的灾害事故发生、发展的自然过程，此类灾害动力学分析方式对于灾害与社会之间的互动联系着墨较少。在灾害社会科学看来，灾害动力学演进过程的分析需要更加注重社会背景要素的考察，例如，斯梅尔瑟创设的“加值理论”、牛文元提出的“社会燃烧理论”，二者都为灾害动力分析提供了社会过程剖析的可能。然而，当前社会科学对于灾害动力学解释存在着宏大理论与碎片化困境，与灾害管理政策实践总是缺乏有效连接。

针对现有之不足，社会脆弱性概念可连接宏大叙事与微观管理，破除灾害社会科学领域的灾害研究与认知的碎片化现状。经过对风险、危机、灾害、社会脆弱性概念的分析以及研究传统的梳理，本研究依循关系链分析的过程路径，提出“风险—危机”转化模型，风险、危机、脆弱性以及触发因子之间的概念关系可以被理解成：从潜在风险转变成现实危机需要触发因素与脆弱性的相互作用。危机的出现不仅仅是单一“事件”造成，还与社会脆弱性范围内的社会因素作用过程相关。

二 理解灾害事件：基于社会脆弱性的话语方式

社会脆弱性作为灾害动力学研究的新视角，在面对灾害事件成因及其后果问题时，则会形成一套具有整合导向的话语体系用以解释灾害危机的演进过程。社会脆弱性作为自然灾害危险源与人类社会共同作用的表现，它是风险可能与危机现实转换的催化剂。一般地，社会脆弱性的构成要素可以分为社会（群体）脆弱性、政治脆弱性、经济脆弱性以及文化脆弱性，这些要素分别来自于社会、政治、经济、文化领域，也就是社会科学探索的领域。各个学科对于灾害脆弱性的研究可以被笼统地概括为以上四大部分。社会脆弱性研究散落于社会科学内部的各个学科之中。为了达成整合研究的目的，本研究另辟蹊径，试图从中观层面对社会脆弱性宏观叙事面向与微观管理面向进行整合（见图 6-2）。

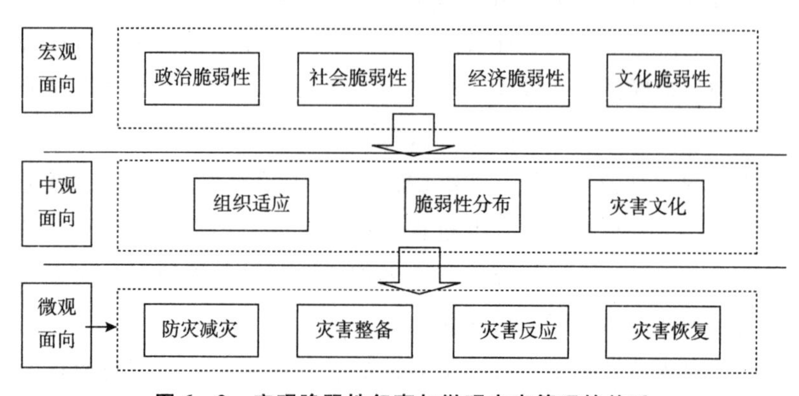

图 6-2 宏观脆弱性叙事与微观灾害管理的关系

经过对社会脆弱性的构成要素进行整合，本研究提出了组织适应、脆弱性分配以及灾害文化概念。这三个概念既是传统社会脆弱性的四要素作用体现，也是宏观面向作用于微观管理实践的媒介。组织适应与社会正式应灾系统有关，政府组织结构的官僚制特征与灾害危机特征之间存在着情境差距，正式系统针对灾变情境的组织适应过程乃是灾害管理的本质属性。由于组织适应与政治特征以及社会结构相关，组织适应行为同样也受到来自政治社会系统的限制，即组织适应限制，它是灾害的政治脆弱性的集中体现。社会（群体）脆弱性乃是灾变过程中的受影响群体的灾前社会状态的存续影响。社会变迁下的诸多社会结构与社会分层问题通过灾变事件得以显化，而群体间的风险暴露、应灾水平的不平衡性可以被理解为灾害的群体脆弱性与经济脆弱性的体现。灾害问题被视为一种社会问题，对其的干预是灾害管理的核心面向。灾害文化可被视作灾害的文化脆弱性，在风险文化、灾害迷思、社会学习层面的不足，同样会造成个体、家庭、政府、社会层面的减灾意识和防救经验及灾后恢复方面的滞后性，而不利于整体社会层面的灾害恢复力实现。

通过三个核心中层概念的整合，为灾害管理实践过程中如何评判与比较区域灾害社会脆弱性水平，提供了基本的认识框架和管理维度。那么，区域社会脆弱性的评判与管理可以通过图 6－3 的框架进行。

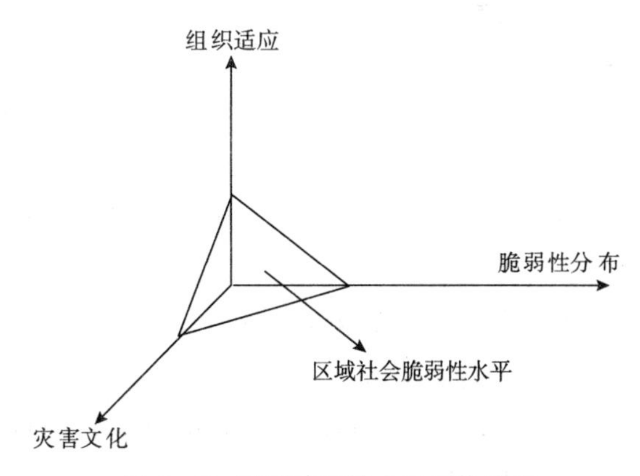

图 6－3　区域脆弱性水平评估结构

从图 6－3 可以看出，一个地域的灾害的社会脆弱性程度高低，取决于组织适应、脆弱性分布、灾害文化三个维度，同时，该地域的灾害管理就应从这三个维度上有序展开。组织适应维度之下，府际之间的协调、预案编制、体制内外应灾资源能力、组织结构、组织领导力、组织风险感知、组织自适应能力等都是考察组织适应水平的重要因素，它们也是我们认识灾害动力学演进过程中所必须纳入的组织适应力分析的核心要素，灾害管理中的组织适应水平的提升则同样需要在这些方面展开。在脆弱性分布维度中，群体所拥有的个体资本、社会资本、公共资本以及自然资本可视作影响群体脆弱性水平的核心构件，而针对这四种资本所进行的自然和社会配置过程则最终决定了灾害的群体脆弱性水平的高低。从灾害生命周期来看，群体脆弱性层面所涉及的考察要素，包括了群体风险感知水平差异、群体应灾能力差距、群体灾后恢复力差距等方面，灾害管理就是要对此类群体进行有效地辨别、确认、评估、分析以及政策干预，相关政策供给的缺乏就是群体脆弱性分布干预的不足，而导致灾害事件影响程度加剧。再看灾害文化维度，价值、规范、信念、知识是文化的重要层面，风险文化、灾害迷思、灾后社会学习为灾害文化的核心层面。区域中的个体风险感知、组织风险感知以及社会整体风险意识，决定了减灾与整备方面的动力和水平；地区内的大众、研究者、政府部门的灾害亚文化以及灾害认识与应对中的一些偏离现实的状况，则对有效的灾害应对起到阻滞作用；组织的灾后问责、灾害文化传播、社会整体学习过程所面临的限制，则限制了有效灾后学习的实现，使得灾害的社会脆弱性没有得到消减，反而产生或加剧了社会脆弱性。

不妨以自然灾害为例，利用本研究所构建的认识体系对其动力演进以及应对机制加以分析。针对发生在 A 地的重大自然灾害，可将社会脆弱性话语作为基础，全面认识 A 地的自然灾害事件及其应对方式。自然灾害的发生不仅仅是由于灾害事件本身，而且还需要对 A 地区的社会脆弱性进行全面分析。A 地的自然灾害事件所造成的社会影响是一个动力演进过程：各种自然危险源是客观存在，即风险可能，灾害出现并造成的社会后果，即危机现实。二者之间的联系需要的条件不仅仅是突发灾害事件本身，而是与灾害事件作用区域的社会脆弱性紧密联系，同样水平和程度的灾害事件在不同社会脆弱性水平的地区之间的影响程度不一，那么，社会脆弱性成为灾变后果的重要影响变量。A 地区的社会脆弱性水平受到组织适应、脆弱性分布以及灾害文化维度的影响，那么，对于事件的解读则可以从以上三个方面展开。

其一，组织适应与灾害事件。A 地区的灾害管理水平的重要表现即灾害的组织适应能力。组织预案适应与组织自适应成为组织灾害管理的核心过程。要针对 A 地区的灾害管理过程中的预案编制过程进行全面剖析，相关脆弱性评估工作、预案文本、应急演练、资源整备以及内外部的组织协调方案等工作应当成为评估 A 地区政府部门灾害管理绩效的核心。灾害损失的出现与政府的灾害预案适应绩效密切相关。A 地区的灾害管理过程不仅有预案适应，还常常存在组织自适应行为，而 A 地区是否能摆脱预案束缚与僵化，发挥灾害中的组织领导力与组织结构—功能适时调整，则成为 A 地区成功应对灾害事件的重要条件。为此，A 地区政府部门的组织风险感知过程、组织功能调整过程、组织结构调整过程中的众多议题，成为对于灾害事件解读与研究的主要内容。

其二，群体脆弱性分布与灾害事件。A 地区的灾害事件所造成的损失并非具有群体同质性，而群体的灾变行为议题以及社会公平议题仍然是社会科学视角的灾害解读内容。需要深入考察 A 地区的相关脆弱人群的个体资本、社会资本、公共资本以及自然资本状况，剖析资本分配现状背后的自然与社会作用过程，评估 A 地区政府部门对于脆弱性分布过程的公共政策干预绩效。A 地区发生的灾变事件所造成的伤亡人口统计分析，可以被用来解读灾害事件中的个体与群体行为状况，其目的是通过研究分析优化疏散路线、避难场所、社会服务等满足灾害公共治理的需要。

其三，灾害文化与灾害事件。A 地区的灾害事件发生之后，以关于 A 地区灾害事件报道为文本的分析，考察媒介、专家、利益团体、NGO 等对于事件的解读与知识传播过程。而 A 地区内的个体、群体、组织、学者、媒介的风险文化、组织文化、灾害迷思文化、问责文化现状，也是对灾害事件解读的重要维度，分析内容主要包括 A 地区减灾教育状况、组织风险感知、学术研究方式、媒介报道模式、灾后社会学习过程。

A 地区灾害事件所造成的损失必然冲击原有灾害管理过程与机制。那么，在社会脆弱性视角之下，组织适应、脆弱性分布、灾害文化可以是地区的社会强度，其在防止灾害事件演化为灾难中起到决定性作用，现有灾害管理体系的更张就必须要将社会脆弱性理念纳入减灾、整备、反应、恢复行动体系的设计之中。

第七章　灾害管理的重构：管理与政策

第一节　组织灾害恢复力建设

一　动态治理：树立灾害管理新系统观

灾变中的组织适应存在两重性：其一是预案适应，即通过预先存在的预案、计划、政策、指导原则来协调和控制组织行为实现有序灾害反应；其二是针对超出预案所预设的灾变情境的自适应，此时，组织创造与革新精神是灾变反应的重要条件。预案适应是有效应对常态危机或灾变情形的主要工具，它是组织应灾能力的基础。而自适应能力是应对超出常规预案之外的难以预见的挑战，组织灾变反应主要针对“残余风险”（Residual Risk）[①] 演化为危机的应对。残余风险被认为是一种特殊类型的风险，属于常规风险管理策略所无法消除或被忽视的一种风险类型，是人类知识体系可以感知到的风险之外的其他风险。残余风险的出现与客观世界、人类主观共同影响相关。那么，灾害自适应能力是组织面对超出常规预设、难以预见的残余风险现实化后的弹性与恢复力。组织灾害适应的两重性缺一不可，它们是组织成功应对灾害的必要构件，那么，组织灾害恢复力的建设方向应当结合灵活

① J. Handmer. “Emergency Management Thrives On Uncertainty”, in G. Bammer, M. Smithson. *Uncertainty and Risk: Multidisciplinary Perspectives*, London: Earthscan Publications, 2009, p. 232.

性（agility）与纪律性（discipline）。[①] 规范预案适应，“凡事预则立，不预则废”，而又要超越预案、超越封闭，提升组织弹性与恢复力，达成预案适应与自适应之间的有机平衡。

组织灾变应对的基本模式可以划分为“命令—控制”导向和“问题解决”导向。命令—控制导向强调灾害应对的正式组织主导地位，集中导向、层级控制、事前规划是其重要特征。问题解决导向则注重组织反应的“去中心化”决策与行动，以突现问题为导向，协调应灾的另类组织与资源。命令—控制结构倾向于封闭系统，而问题导向模式将应灾行动视为开放系统。现实中的灾害管理系统常常处在封闭与开放的连续统之间，而随着官僚制主导灾害管理过程，灾害应对系统走向封闭的倾向明显，其中，隐含的预设是灾害情形在正式组织预设范围之内，系统内部可以通过灾前规划将其解决，而对于常规灾难来说，“常态”灾害管理模式可以通过预案适应加以解决，而一旦超出常规情形，预案适应便会出现中断，组织适应情形也常常会超出预案所限定与规范的范围。从 DRC 类型学理论可以看出，灾害中的组织适应存在维持型、结构扩张型、功能拓展型以及自组织型，这四种组织适应类型的转变与更迭是依据组织结构与功能目标并伴随灾变情形的变化。维持型为代表的封闭系统在灾变中难以维系，必须要通过与系统外组织或资源产生互动，以便可以组成网络体系来应对灾变。灾害管理系统不再是封闭内部控制，而是需要走向互动网络组织形态，组织开放性是官僚应灾体系完成灾害适应的必然。从灾害的组织适应一般过程模型角度出发，组织灾害适应的起点是风险感知，进而经过一系列社会要素互动影响，形成灾害管理政策。要完成灾害中的组织适应，还需组织资源与目标方面的调试，新灾害管理系统观要求组织适应过程中的风险感知、资源、

① J. Harrald. “Agility and Discipline: Critical Success Factors for Disaster Response”, *Annals of the American Academy of Political and Social Science*, 2006: pp. 256 - 272.

目标领域被赋予开放性。

其一，开放式风险感知过程。风险感知过程作用于组织灾害管理的减灾、整备、反应以及恢复全过程。在减灾阶段，正式组织的风险感知是制定风险管理政策之基础；在整备阶段，灾害经验与风险感知是预案编制的基础；在反应与恢复阶段，灾变情境下的动态需要，同样要求政府感知并形成相关应对之策。无论在减灾、整备、反应还是恢复阶段，风险感知为官僚制组织体系下的灾害管理前提环节，并对组织灾害适应具有重要影响。随着风险治理理论的兴起，其系统论证了开放决策机制对于风险治理的重要性，摈弃“命令—控制”式的线性决策方式，确立更具弹性、开放的决策系统。在灾害管理中，追求管理主体、管理过程、决策的开放性，构建以脆弱性评估为基础的风险管理过程。

其二，协调多元的组织资源。组织灾害适应过程中，通过组织资源调试达成组织结构扩张以适应处理灾害之需要。组织资源能力是限制组织结构转变的重要因素，越多资源能力，就有越强的灾变应对能力。动态开放的灾害管理系统观试图在各层级政府之间、横向组织部门之间、体制内与体制外、常态期与灾变期之间重新合理配置应灾资源和责任，破除资源封闭壁垒，将灾害管理所需资源重新纳入新管理体系，构建多元应灾资源体系，保障组织灾害结构适应的顺利完成。

其三，弹性动态的组织目标。在具有灾害恢复力的应灾组织要求下，大多数组织结构保持不变而组织的目标功能发生转变，此类组织灾变适应形式被大多数大型官僚组织所采纳。相对于组织结构转变所需要的资源要素，组织功能转变需要更多的协调整合要素，即组织利用原有功能与资源改变其目标过程以及作为应灾系统的各个组织之间的协调分工。建立一个具有弹性调整能力的组织，随着组织边界逐渐被打破或渗透，组织的角色与责任需要重新划定，灾变条件下，保持组织间的信息沟通，确保合理角色与分工体系，同时，加强灾前跨组织协调与合作机制构建。

其四，建设适应型灾害管理结构。与“命令—控制”主导的应急管理体系相比较，以脆弱性评估为基础的风险管理被纳入适应型管理决策环节，面对深度不确定性，基于知识与认识有限性判断，摈弃线性决策方式并建立更具弹性与适应型的决策系统（见图7－1）。

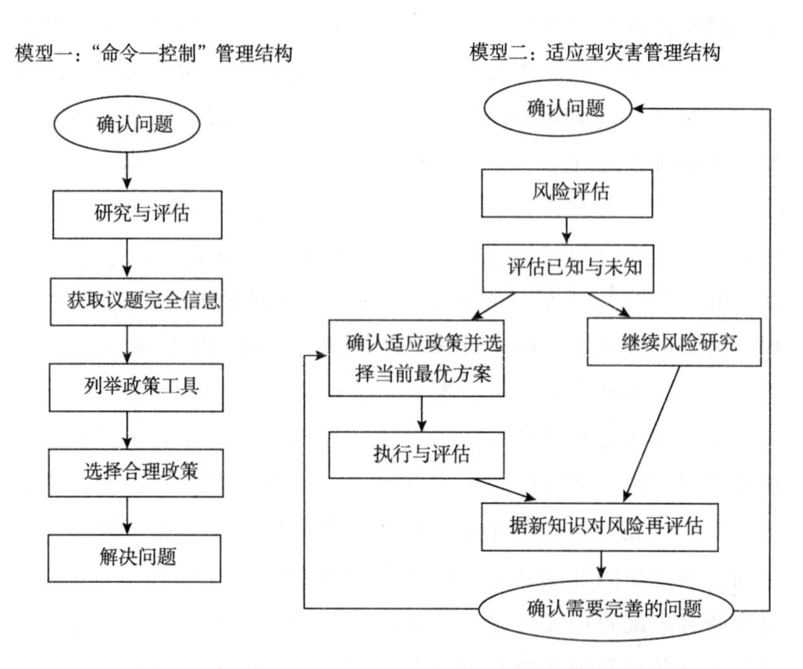

图7－1 "命令—控制"型与适应型灾害管理结构比较

资料来源：Morgan G. Best Practice Approaches for Characterizing, Communicating and Incorporating Scientific Uncertainty in Climate Decision－Making, Washington DC: Climate Change Science Program, 2009, p. 59。

适应型应急管理模式改变了以往"命令—控制"型的管理方式，主张在决策参与体系、知识管理、信息流动、组织结构、组织协调等方面，优化传统官僚制倾向的应急管理模式。如在组织结构上，主张建立具有高度弹性的组织结构，并且该体系内的组织可以在面对灾害冲击后的短期内实现自我再生（recreating）；在组织协调上，促使资源、信息、权责横向与纵向一致性流动，组织界限实现高度相互渗透；在信息沟通上，公开不确定性现状与知识差距；在组织决策管理上，结合社会科技系统以及社会生态系统，将决策过程推向更广视阈；在多主体参与上，强调主要利益相关主体进入应急管理组织并进入决策的各个阶段。

二　规范与自发之间的平衡：走向灾害恢复力组织的变革之道

追求组织灾害管理体系的开放性并非片面强调组织灾害自适应能力的绝对能力，从成功应灾角度来看，规范体系与自发适应二者缺一不可，是达成规范标准与自发适应之间的有机平衡，而不是固守封闭、教条、被动的灾害反应体系。那么，走向具有灾害恢复力的组织就需要规范和科学化灾害预案适应，提升组织弹性空间与自适应能力。灾害的不确定性本质，预示着灾害管理需要充分认识预案适应与自适应的各自作用。自适应行动不是对预案适应简单否定，而是需要理解为何、何时、如何根据情境需要超越预案规定。作为一个硬币的两面，自适应与预案适应不能分离，自适应能力的提升离不开预案适应并以之为知识基础。成功灾害管理总是在二者之间实现有效平衡，一些案例中预案效果明显而另外一些案例中自适应行为效果更佳，寻求开放系统，不拘泥于规范标准，应全方位认识自发与规范之间的关系。

（一）规范灾害的组织预案适应

以预案编制过程为基础，通过资源和能力建设达成灾害整备。提升组织灾害恢复力是一个循序渐进过程，预案适应是有效灾害管理的基础性工作。预案适应可分为预案编制、灾害整备、政策执行以及恢复评估四个过程，应将预案编制视为一个动态循环的更新过程，从风险管理到灾害反应再到灾害恢复都可视为预案制定、执行、反馈、评估、修改的过程。预案（plan）与预案编制（planning）是两个不同概念，前者注重预案文本而后者涵盖的概念范围更广，即包括预案文本在内的整个编制过程。预案编制过程中，对危险源识别和确认及分析、对灾变中行为的分析、对应灾能力的评估等，都是形成预案文本的分析基础与决策来源。预案则是预案编制的部分结果体现，是知识与实践的连接。预案编制是分析和解决问题的动态过程，预案则是消减风险可能以及指导无序和不确定性环境下的反应行为的文本规范。成功的组织预案适应离不开有效的预案，而坚持预案编制中的原则对实现有效预案至关重要。

其一，应对预案编制阻力，防止灾害管理预案化、复制化。预案作为组织灾害管理政策产出受限于组织风险感知，一旦组织的风险认知出现偏差，便会造成灾害预案编制阻力。例如，组织认为灾害风险不存在或不可管理，针对此类型的灾害风险预案便很难出现。再如灾害管理预案化与预案复制化倾向，即将预案文本的完成视为灾害管理终点，预案缺乏本地化风险特征而呈现“千篇一律”。应树立灾害风险可管理性理念，坚持风险管理本地化策略，有效推进预案编制过程的实现。

其二，实现开放式预案编制过程。如今，全灾种（all - hazards）策略已经成为灾害管理主流，它的出现是让人们在全方位动态空间下，全面思考风险可能及其后果，尤其在风险社会中，反思性思考方式尤为重要。那么，在预案编制过程中就需要关注多种危险源，将自然危险源、科技危险源以及社会危险源纳入分析体系，将灾害事件及其次生灾害相联系，在广泛联系的开放思维模式下识别、确认以及分析风险。那么，预案编制主体多元参与成为必要。一个好的预案编制过程，需要搭建组织内外部协调沟通平台，将正式组织、一般大众、非政府部门、私部门、专家团体以及其他社会组织等都纳入预案编制过程，在预案编制过程中实现自上而下与自下而上的双向结合。一方面集合专家系统与正式组织横向知识；另一方面获取社区支持，结合本地组织能力、资源现状推动预案编制本地化。

其三，保证预案编制分析过程科学化。危险源和脆弱性作为从风险向危机转化的催化剂，对于危险源和脆弱性的科学分析是预案编制的重要工作。有效预案编制必须首先确认危险源的存在，进而确定其可能影响的区域，基于该区域的社会脆弱性（social vulnerability）来分析可能造成的影响特征与损失状况。获得以上信息只是制定干预策略的部分基础，还需科学理解灾害中的群体行为，它对有效预案的实现同样至关重要。对灾变中的群体与个体行为反应的预设，影响应急疏散和灾害应对政策导向，基于错误行为假设，如灾害迷思（disaster myth）所设计的预案常常与现实不符而出现偏差，甚至在灾害应对中起到反作用。

其四，维持预案编制的动态发展性。预案编制过程并不是以预案文本的实现为最终目标，预案编制过程是一个持续动态过程，应将预案编制视为灾害管理的常态任务。由于灾害预案在最初设定的危险源可能在时间维度上会出现变化，同时，最初预案编制时所依据的技术、设备与社区背景也随着时间变迁而呈现出新特征，从而需要对原先的预案进行适当调试以保障预案有效性。灾害管理固然有常规的、抽象的模式存在，但灾害管理又是具体的，它也是地方的灾害管理，地方或基层是灾害管理的第一反应者。鼓励基层应灾组织实现基于本地化特征的灾害管理，是对一般灾害管理的更新发展。

其五，保持预案编制的弹性空间。预案乃战略而非战术。在灾害预案编制中，行动具体性被广泛强调并形成固定规范，但过度注重行动细节而忽视培育组织能力与组织弹性，会因预案所设置的危险源与灾变情形是有限的，使预案无法做到全面具体。对于预案的完全依赖是灾害管理脆弱性表现。目前种类繁多的预案似乎造成任何都在掌控之中的错觉，而一旦灾变情形与预案所设定的有所区别，灾害应对便会出现问题。过于繁冗的预案还会造成预案理解与执行上的混乱。预案编制应注重行动原则而非完全注重行动细则，合适的反应要比最快的反应更重要。在预案中给予适当的组织弹性空间，以提升组织基于反应战略的弹性应对能力。

其六，注重预案的执行性。一个预案文本的形成是预案编制过程的重要节点，预案的执行能力是决定预案适应成败的关键。

灾害整备与演习是实现预案适应的重要步骤，它们通过模拟训练与资源配置实现预案优化。一般地，灾害演习可以分为桌面推演（tabletop）、功能演练（functional）、全过程演练（full - scale），它们分别基于案例推演、专项功能测试以及仿真事件对预案进行测试与评估修订。演练对于预案适应功能实现十分必要，它可以发现预案中的相关问题，实现纵向与横向府际关系协调，达成预案优化。同时，灾害演习也是与公众系统沟通与教育的过程，让大众了解危险源来源与应对方式，以提升社区灾害恢复力。预案适应的基础是预案编制过程，而在整备与演练过程中组织共同参与协作、资源调配也是组织预案适应的关键。

（2）培育灾害的组织自适应能力

情境差距与组织适应过程是一个长期过程，单纯预案适应难以完成该过程，而以组织自适应为基础的长期能力建设才是灾害的组织适应之根本。组织自适应能力的培育主要可着力于应急管理结构、组织文化以及社会恢复力建设方面。

1. 弹性应急管理结构

组织灾变应对模式可以划分为“命令—控制”导向和“问题解决”导向。命令—控制导向强调灾害应对的正式组织主体，集中导向、层级控制、事前规划是其重要特征。问题解决导向注重组织反映的去中心化决策与行动，以突发问题为导向，协调应灾组织与资源。命令—控制结构倾向于封闭系统，而问题导向模式将应灾行动视为开放系统。组织自适应能力培育就应树立动态开放的灾害管理系统观，打破灾害危机的管理主体、资源体系、组织目标方面的壁垒。

以脆弱性评估为基础的风险管理应被纳入适应型管理决策环节，面对各种不可预知灾害危机事件，摈弃线性决策方式并建立更具弹性与适应型的决策系统。在决策参与体系、知识管理、信息流动、组织结构、组织协调等方面优化传统官僚制倾向的应急管理模式。如在组织结构上，主张建立具有高度弹性的组织结构，并且该体系内的组织可以在面对灾害冲击后的短期内实现自我再生（recreating）；在组织协调上，促使资源、信息、权责横向与纵向一致性流动；在信息沟通上，公正、公开不确定性现状与知识差距；在组织决策管理上，结合社会科技系统以及社会生态系统，将决策过程推向更广视阈；在多主体参与上，强调主要利益相关主体进入应急管理组织，并进入决策的各个阶段。

2. **组织文化**

价值、规范、信念、知识是文化的重要维度，在灾害文化语境下，它们共同影响着灾害管理政策产出、执行与评估环节。克服官僚组织文化限制，建设具有灾害适应力、恢复力导向的高信度组织（high reliability organization）文化。其中，组织风险意识、组织灾害学习、组织发展理念等方面对于培育组织自适应能力作用明显。

（1）组织风险意识。树立风险管理意识，强调风险的组织内部控制，如对重大政策项目开展社会稳定风险评估，并且还要能够回应微弱的危险源信号。在一个开放和富有弹性的思维模式下，全方位地认识各种风险可能的来源和后果，强调整体关联性，不执迷于专业性，全面提升自身的风险管理能力与责任意识。

（2）组织灾害学习。危机具备危险与机遇双重含义，并有向两极迅速转化的可能。灾害事件作为灾后组织学习触点，应完善组织的灾害问责，尊重专业，拒绝将事情简单化处理。灾害问责过程不仅仅是对行政官员的行政行为、规范、道德、价值的拷问，更是对灾害管理制度的反思，并将新的经验教训内化为灾害应对新策略，从而真正达成组织学习的目的。

（3）组织创新与组织发展。在弹性组织结构体系下，应灾资源应形成纵向与横向间的权责一致性分配。在此基础上，还应鼓励基层组织创新与发展。作为灾害管理的第一线反应者，基层应灾组织不能固守既有的经验模式，应客观理性地看待经验认知，避免沉溺于过去成功的经验而失去创新动力。在灾害危机条件下，应根据环境变化而改变，并找到最优方案。动态开放的灾害管理系统观下的基层组织，在注重执行的同时还需重视组织发展。

3. **组织的社会恢复力培育责任**

社会恢复力概念的前提是基于灾害危机已经出现的假设之下，从社会各个系统要素层面提升整体社会应灾能力，保证社会系统“弹回”（bouncing back）到原先状态。阿隆·威尔达夫斯基将恢复力定义为非预期危险成为现实后的应对能力和迅速恢复力。[①] 路易斯·康福特（Louise Comfort）将恢复力定义为利用现存资源和技能以适应新的系统和操作环境的能力。[②] 社会恢复力的主体范围更广，分为超越政府为主体的正式应灾体系和以社区为主体的应灾体系，而在整体社会主体层面强调对灾害危机的应对能力。一个具有社会恢复力的地区为灾害的组织自适应的实现提供价值、信念、能力、资源支持，社会恢复力与组织自适应二者相辅相成。社会恢复力的培育成为政府灾害自适应能力建设的重要目标。

社会恢复力概念并非是抽象的，它由一系列包括价值、信念、能力、资源等方面的应灾要素构成。那么，社会恢复力的培育就应该基于灾害管理要素而展开。如在社会恢复力的价值与信念层面，面对深度不确定性与无序，社会信任可作为灾害社会恢复力一项基本资源，越多的不确定性，越需要社会信任。在应急管理中，社会信任的获取就是要建立一个公平的决策机制，鼓励公共决策参与；提升部门管理能力，让民众对应急管理系统应对各种危机的能力有信心，正如吉登斯定义信任时强调：“信任是对人与系统的可依赖性的信心。”[③] 同时，政府还要通过灾害风险文化教育，培育个人安全文化。又如在能力建设方面，改变社会部分群体的权利、资源可得性差的境地，注重社会公平与共建共

---

① S. B. Manyena. “The Concept of Resilience Revisited”, *Disasters*, 2006 (4): 433 - 450.

② L. K. Comfort, et al. “Reframing Disaster Policy: The Global Evolution of Vulnerable Communities”, *Environmental Hazards*. 1993 (1): 39 - 44.

③ 安东尼·吉登斯：《现代性的后果》，田禾译，译林出版社，2000，第26页。

享，从而提升社会脆弱群体的灾害恢复力。再如应灾资源方面，培育和吸收国内外非政府应灾组织，将社会力量与国际力量纳入灾害社会恢复力的应灾资源建设体系。

规范性主导的预案适应与自发性导向的组织自适应，是现代政府灾害管理体系实现灾害危机情境适应的双重动力，作为灾害的组织适应的完整过程，二者缺一不可。以完善预案编制过程为基础来保障组织的预案适应的有效性，并树立动态开放的灾害管理系统观，在弹性的管理结构与开放思维空间下，注重组织文化与灾害管理的关系，注重社会恢复力与政府应灾体系的关系，全面提升灾害的组织自适应能力。

三　组织灾害适应管理：应急管理体系非理性扩张及优化

罗伯特·希格斯（Robert Higgs）于1987年出版了《危机与利维坦：美国政府增长中的关键事件》（*Crisis and Leviathan*：*Critical Episodes in the Growth of American Government*）一书。该书总结了关于政府规模扩张的多种解释。[①]

（1）现代化。现代化过程的复杂性与关联性使得政府规模扩张，因为原有的政府规模只能适应简单经济活动条件下的管理，难以成功协调和解决现代化这一复杂经济活动中的问题。

（2）公共物品。公共物品供给职能被认为是市场无法胜任的，因而成了政府规模扩张的原因。

（3）福利国家。政府进入家庭、宗教以及市场所难以干预的福利真空，公共政策对财富与收入进行无限制的再分配，这便造成政府规模的不断扩张。

（4）政治再分配。与现代化、公共物品以及福利国家的视角

① Robert Higgs. *Crisis and Leviathan*：*Critical Episodes in the Growth of American Government*，New York：Oxford University Press，1987.

不同，政治再分配假说尤其强调政府规模增长中的政治行为作用。

(5) 意识形态。那些致力于构建其理想社会的人们，热衷于寻求扩张政府权力。

(6) 危机。在危机事件中，政府控制力会不断扩张或是直接取代市场机制，而危机后政府规模会出现一定收缩，但很难减少到危机前的水平，即所谓政府规模增长的棘轮效应（ratchet effect）。

以希格斯为代表的“危机与政府规模”研究，强调从危机事件视角来研究政府规模的增长，其研究以经济史和实证方法为基础，讨论了战争、大萧条与美国政府规模的宏观关系，从而开拓了政府规模研究的新视域。本研究依循希格斯的研究维度，即危机事件对政府规模的影响，力图构建一套有别于传统宏大叙事与测量范式的经验解释话语，并应用于解决我国应急管理体制优化的问题。历经半个多世纪发展的灾害社会科学研究，则为该新解释框架的建构提供了话语基础。

（一）政府应急组织规模扩张的节点及其过程

危机事件涵盖了由自然危险源、社会危险源、科技危险源所引致的各类自然、人为以及混合型事件。不确定性（uncertainty）、紧急性（urgency）、威胁性（threat）、联系性（link）乃是危机事件的重要特征，危机事件冲击着原有社会政治秩序，并造成社会功能中断与社会失序。在政治—行政话语体系下，危机常被定义为“一种对社会系统的基本结构和核心价值规范所造成的严重威胁。在这种状态下，由于高度的不确定性和时间压力，需要做出关键性决策”。[1] 如今，现代政府主导着各类危机事件的应

① Uriel Rosenthal, Charles Michael, Pault' Hart. *Coping with Crises: the Management of Disasters, Riots, and Terrorism*, Springfield, Charles C. Thomas, 1989, p. 10.

对，无论由何种危险源引发的危机事件，其演进过程与处理方式中皆能找到政府主体的作用因素。危机对于政治—行政系统具有强大冲击力，动摇其合法性基础。危机事件影响政治—行政系统的重要表现，在于其常被视为公共政策变革的触点。正如政策窗口期（policy window）理论所揭示，危机事件可能会催生或加速政策变革议程，使之呈现出过程性，表现为：前问题阶段（pre－problem stage）、大事件引起的关注（aware of and alarmed about a particular problem）、解决问题阶段（solving）、关注减退阶段（gradual decline of intense public interest）、后问题阶段（post－problem stage）。[①]

"大事件"即危机事件影响着政府运作与思维方式，后危机时期的政策变革正是对前危机管理模式的补充与矫正。从应急管理模式的更新过程看，针对原有应急管理体系在危机事件中的效果分析与反思是迈向新应急管理模式的起点。例如2003年SARS事件后，我国建立的以"一案三制"为基础的应急管理体制、机制和法制；又如美国在"9·11"恐怖袭击事件后，对国土安全部的各项改革措施。这两起典型事件分别作为两国政府组织机构改革的触发性事件，影响着政府组织规模的变化。

社会组织层面的灾害危机适应类型可以划分为维持型、功能拓展型、结构扩张型以及突现型。维持型，即组织在面临灾害危机时，其结构与功能并无变化，与灾前组织系统之间存在延续性。功能拓展型，此类组织具有潜在应急功能且可很容易地加入危机反应中，其适应特点是组织结构保持不变而组织功能拓展，在面对危机时，大多原本不以危机反应为常态管理任务的组织都会转变其功能目标以完成危机应对。结构扩张型，此类组织维持原有的组织功能而在结构上需要扩张以适应处理危机的需要，结

① R. T. Sylves. *Disaster policy and politics: emergency management and homeland security*, Washington, DC: CQ Press, 2008, p. 10.

构要素常常与人员、设备、技术、资源有关。突现型，该类组织在灾前并不存在，其功能和结构都是全新的，当原有系统面对危机表现出无力甚至失控时，该类组织适应便会出现。四种类型的组织适应形式也适用于政府应对灾害危机情境的行为，政府部门的危机适应能力决定着危机管理的成败。

政府面对灾害危机的组织适应过程，实际上蕴藏着政府自身规模的扩张。应急管理是各级政府的重要管理职能，针对社会危险源、自然危险源、技术危险源所引发的群体性事件，以及各类自然灾害、工业事故、食品安全、金融危机事件等，需要不同的政府部门对其进行干预。危机事件的出现常常会显化原有政府部门在结构与功能上应对危机的缺陷，于是政府部门在后危机时期调试中便会出现组织结构扩张、组织功能拓展以及新组织突生，由此引致的结果便是政府人员、组织、支出、功能等方面的增长。

1. 政府组织结构性扩张

由危机所引致的政府组织规模增长并非具有同质性与抽象性，针对不同政府部门所引发的组织变革方式存在差异。结构性扩张与组织人员、资源等能力相关，它是在组织功能目标保持不变的约束条件下，针对危机应变过程中所存在的人员与资源方面的不足而进行变革。结构性扩张过程是政府组织规模的直接而明显的增长，在现有政府部门序列之内，强化和充实相关管理部门，提升其危机应对能力。因而尽管政府现有机构的功能目标不变，但在人、财、物的投入上都出现增长，从而导致政府规模扩张。在政府管理实践中，存在着针对各类危险源的危机管理常态性组织。为了回应由危机中所产生的社会需要，这些组织会打破常态运行所形成的资源供需均衡，通过资源的补充、强化以及更新，来完成组织对于灾变情境的适应。

危机状态下的组织结构扩张特征明显，资源分配以单一危机事件的应对为主，应灾资源的分配结构则呈现出非平衡性、临时性、分散性以及单灾种性等特征。非平衡性是指灾时状况所引致的组织资源增长同常态期资源需求与运行需求之间没有达成有机平衡，造成应灾资源的浪费。临时性是指灾变条件下的资源分配决策受到不确定性环境影响，其组织结构扩张缺乏长期战略思维。分散性则是指由于缺乏先存方案，使得灾变条件下由某个或某些政府部门主导应急过程并成为应急资源受供对象，长期下来便会造成应急资源分散在各个部门而难以有效整合利用。单灾种性则是指针对常发灾害拥有相对完善的资源与政策，而在复合灾害（complex disaster）所带来的深度不确定性条件下，却力不从心甚至束手无策。

2. 政府组织功能性拓展

灾害危机事件作为不确定性的现实化，政府常态管理过程中并非总是以此类事件的应对为组织功能目标。而突发事件的出现及其应对过程，常显示出政府职能的“缺位”“越位”和“错位”。为完成对此类事件的适应，政府部门必然要在职能上“补位”“归位”和“正位”，这就会对部门职能边界进行变革。功能性拓展常与部门职能边界的重新划定有关，在保持组织结构基本稳定的前提下，为相关部门新增加组织应灾功能。政府职能扩张通常是政府规模增长的基本形式，其在灾害危机应对中的显著表现便是多部门、多层级、多灾种的预案编制过程。通过预案设定政府各部门在应对危机过程中的功能边界、响应过程、行动方式，其结果便是应急功能进入新的组织功能清单之内。虽然在组织结构上仍然维持原先的状态，但在组织职能上已经增加了新功能，于是出现了结构稳定而功能拓展式的政府规模增长。

危机过程中政府部门通过临时增加或改变组织目标以满足灾变中的应急功能之需要，此类组织功能的调整可能会使应急管理体制出现目标重复与混乱。组织应急功能目标的重复性体现在多个组织针对同一危险源存在重复管理现象，此类现象可能引致各相关组织的应急功能目标及其实现行为之间缺乏有效的协调与沟通，其结果必然带来应急管理失序。灾变事件冲击着原有应急管理体制，并在整个行政体制内造成广泛影响，部门间的组织功能边界被模糊化，应急管理体制内的功能重新调试就成了灾变事件过后的重要任务。

3. 政府组织突现性扩张

危机所具有的不确定性、紧急性、威胁性、联系性特征常常会超出政府应急管理能力之所及，其在知识、技术、资源上所引起的供给短缺会产生政府决策的困境。灾害危机越严重就越会超出常规，当传统的应灾组织体系无法通过结构扩张与功能拓展以完成灾害适应时，一些具有新结构与新功能的组织便会出现，包括体制内与体制外的两种形式。为了维持政府合法性基础，政府部门需要在时间压力下完成对危机事件的有效回应。危机作为一种非预期情境，在现有政府编制序列与职能体系中难以单纯通过结构或功能转变来完成危机适应，而需要设立全新的组织，在组织结构上，纳入更多专业人员、技术、设备等，通过建立新结构以应对此类非预期事件，在组织功能上，通过建立新部门以专门应对危机，其形式如指挥部、工作组等综合协调性组织。从宏观政府组织规模而言，此类突现型组织的出现是组织结构与组织功能上的增加，必然引起政府规模的增长。在现实的政府管理过程中，突现型组织在灾时催生，而随着灾害周期的完结或被体制化或被精简，被体制化的可能性更高，这就直接扩展了政府规模。自组织则可被视为体制外突现型组织的代表，受利他主义情结的影响，灾区内外的群众会整合社会力量进入灾害危机事件的应对之中。突现型组织的出现对正式的政府灾害管理体系提出了更高层次的整合与规范的需求，从而间接扩展了政府规模。

概而言之，危机事件作为政府规模扩张的一个节点，政府管理与危机事件之间的“情境差距”迫使政府通过组织结构与功能的转变而达成对灾害危机的适应，伴随着政府组织的结构扩张、功能拓展和具有全新结构—功能组织的突现，政府的规模也在明显增长。值得注意的是，危机状态下的政府规模增长充斥着各种非理性要素，作为非常态管理手段，政府干预所需要的结构范围与功能边界需要在常态政府管理中加以调整，然而，政府组织规模却难以恢复到理性状态，各类结构性扩张、功能性扩张、突现性扩张的结果就成了新的常态组织运行形式。

（二）政府规模扩张的非理性要素作用

政治学与行政管理学对灾害问题长期以来缺乏关注，主要源于灾害问题总被视为技术性问题，至多属于政治偶发现象（political epiphenomena）；即使灾害问题进入政治研究场域，大多也是被当作政策问题加以研究。近年来灾害与政治互动的研究受到关注的原因在于：①灾害的政治影响。灾害被认为是会造成社会功能中断的事件，其影响主体可以分为社会大众与政治—行政系统，前者主要是对人民生命财产安全的影响，后者则是灾害管理政策及其应对方式中的脆弱性显化而带来的合法性危机，灾害成了政治系统稳定的影响变量。②灾害作为政治的后果。随着人们对灾害认知的转变，社会、文化、政治、经济系统都被视为灾害出现的重要因素。科层制政府主导的灾害管理系统已成为社会应灾的主体，应灾体系与政治—行政系统的联系增强，一旦灾害危机出现，应灾系统所受到的压力便容易转化为政治危机。政府应灾组织规模的扩张与优化过程同灾害情境下的政治特殊性相关，其中以风险建构主义与灾害的政治象征主义的影响为甚。

一种社会状况成为问题并对之进行公共政策干预，受制于官员了解状况的手段与状况被界定成问题的途径，[①]因而风险建构过程就是官员经验与问题社会界定的体现。风险实际存在于主观建构与客观现实之间的连续统，建构主义风险观认为，风险是由风险客体嵌入本地社会文化背景之中而得以确认，因而呈现出差异性，它是多元社会主体的价值选择的结果。有效的灾害应对体系需要将风险管理置于关键基础位置，而摆脱风险建构过程所造成的认知偏差，以风险理性来处理社会所面临的各类风险则是风险

① 约翰·金登：《议程、备选方案与公共政策》（第二版），丁煌、方兴译，中国人民大学出版社，2004，第249页。

管理之根本。

现实的挑战在于，受政府风险偏好的影响，政治理性会对风险理性空间不断挤压，政府、专家、媒介、大众以及相关利益团体在风险场域中的角力过程，使得政府风险感知结果出现风险过滤（risk filtration）或风险放大（risk amplification）。风险放大即风险被社会建构后其程度被放大，风险过滤则是低估风险程度以及只感知到部分风险、忽视了其他风险。风险感知的这些不同情况传导到政策制定领域，分别产生了政策适位与政策越位、政策缺位。[①] 在政治理性思维空间下，涉及政治利益的危险源定会被关注，如果关注过分就会出现风险放大；为了应对被夸大的风险，必然投入过多的资源，于是造成组织规模的结构性、功能性以及突现性的非理性增长。针对那些被放大的风险，政府会不断增加组织结构要素，调整各类组织功能目标，甚至通过建立新组织体系来完成灾害危机的应对。在此过程中，不排除有合理增长的成分，但科层制的刚性与风险建构的放大导致政府规模在呈现增长结果之后，对非理性增长难有足够的动力予以制约。

受风险建构的影响，政府规模增长过程与政府主体的风险感知、识别、评估有关，政府的风险偏好会引致政府部门在组织结构与功能调适上的差异。尽管自然危险源、社会危险源、科技危险源都成了政府应急管理的干预对象，但不同类型危险源在感知、识别、评估上会受到主观建构的不同影响，政府部门可能会将某些危险源视为特别重要，而其他危险源则被忽视。于是，现实中的政府规模扩张便具有非均衡性，导致政府应急管理组织能力的不合理配置。

在公共行政视角下，注重危机对于决策的影响，在充满不确定性、紧急性、威胁性以及联系性的决策环境中，决策困境及其突破成为危机管理的核心。在社会—政治视角下，则强调危机对

---

① 陶鹏、童星：《我国自然灾害管理中的“应急失灵”及其矫正——从2010年西南五省（市、区）旱灾谈起》，《江苏社会科学》2011年第2期。

于社会功能和政治秩序的破坏性影响。如今，对危机管理的微观技术层面已有充分重视，如注重探讨危机管理中的组织形式、协调过程、公共沟通、管理程序等，而对危机所具有的社会—政治意义仍缺乏足够研究。符号主义视角的危机认知与研究则将危机管理置于更广阔的社会政治背景中，将危机视为“先存社会政治秩序合法性象征体系的崩溃”，危机便具有了去合法性（de－legitimation）功能，挑战了先存所谓“安全”政治符号。危机管理亦被视为一个由合法性（legitimation）、去合法性、合法性再生（re－legitimation）构成的动态过程。①

政府部门的灾害危机应对过程由“管理”与“解释”构成，二者皆为合法性维持与再生所必需。“管理”取向强调对危机的干预方式与运作机制，“解释”取向则强调针对灾害危机动力学过程的国民情绪管理。一旦面临危机时政府部门呈现结构性或功能性不足，公众批评便会出现。为消减灾害危机过程中的冲突性，寻求危机共识，政府部门倾向于对现有组织体系进行结构资源方面的扩张，如增加危机相关部门的资源、人员等；或对现有组织功能做出新的调适，针对各灾种而重新设置与协调组织目标分工体系；或设立新的组织，如新避难中心的建立等。面对灾害危机之后的行政问责，已有组织的结构性、功能性以及突现性扩张，都可以帮助政府部门规避外界的批评，并将灾害危机动力演进过程的政府外部要素置于首要位置，如此操作便可将合法性损耗做最小化处理。

在缺乏现成的协调形式与组织实体状态之下，危机中的政府合法性维持需要政府部门做出组织灾害适应临时决策，最直接的形式便是由不同类型危险源所对应的政府部门做出结构与功能方面的调整。虽然这些部门灾前不具备应对此类危险源的功能，但由于此类危险源的属性与该部门的社会经济管理职能具有强相关

① P. 't Hart. “Symbols, Rituals and Power: The Lost Dimension in Crisis Management”, *Journal of Contingencies and Crisis Management*, 1993（1）：36－50.

性，那么，此类政府组织规模扩张就具有被动性与临时性。这种政府规模扩张的结果便可能导致政府应急管理组织体系的无序增长与多头、分散管理。

总之，由危机触发的政府规模增长过程，一方面是政府部门对于群众安全需求的合理回应，因为危机事件反映出正式应对管理体系的缺陷，政府部门的变革存在必然性；另一方面灾害危机作为有别于常态的决策环境，其决策过程及结果会受到政策共同体的经验、问题社会建构以及灾变条件下的特殊政治形态的影响，以政治理性来考量政府规模增长，结果往往导致政府规模增长的非理性，且为未来政府部门结构与功能的优化造成不良影响。

（三）我国应急管理体系的理性调试

2003 年 SARS 事件触发了我国应急管理制度的建设，以“一案三制”为基础的多层次、多部门、多风险面向的应急管理体系基本形成，包括以统一领导、综合协调、分类管理、分级负责、属地管理为主的应急管理体制。在完善与创新社会管理的背景下，我国政府的应急管理功能被不断强化，“四委员会一应急办”[①]“分级响应”等治理方式在面对多灾种管理环境中取得了显著成效。应急管理职能成为影响各级政府规模的重要变量，应急管理体制的优化则需要重新审视政府应急管理的政策设定过程、现实运作方式及未来发展趋势。在我国应急管理体制面临优化调整的今天，应当消解一系列非理性因素的负面影响，以理性维度为应急管理体制创新提出相关新思考。

1. 转变应急管理理念，构建风险的开放治理方式

基于“大社会—精政府”的认知理念，对政府部门的功能与结构做出理性调试已成为改革趋势。风险感知是政府应急管理决

① “四委员会”包括：国家防灾减灾委员会、国家安全生产委员会、国家食品安全委员会、社会管理综合治理委员会（原名社会治安综合治理委员会）。

策的重要基础。由于科层制下的风险管理存在着封闭性，还受风险建构与危机政治的影响，造成应急管理体系在多灾种环境下的应灾能力参差不齐。在幅员辽阔、国情复杂以及不确定性剧增的背景下，我国应急管理体系需要经受多灾种环境的考验，政府应急管理体系要避免出现“过大”与“过小”，需要走“精政府”的优化路径。于是在建构特征显著的风险认知下，政府部门的应急管理体系调试需要实现开放风险治理，广泛吸纳多元主体进入应急管理体制，在多元参与决策的管理环境中，通过不断沟通，确认、评估各类危险源及其应对方式，从而将科学化、民主化的风险治理理念作为应急管理体制优化的基础，避免因政府风险感知与危机政治操作所带来的应急管理体系的无序扩张与混乱。

2. 推动政府部门应灾资源整合与升级，消除体制结构性扩张的负面影响

结构性扩张作为组织的危机适应重要方式，其结果将会使部分组织在人员、设备、资金等方面出现增长。优化应急管理体制就需要改善组织应灾资源分配的结构，改变由体制结构性扩张所带来的资源非平衡、临时性、分散性以及单灾种分布状态。为此，整体性战略思维应成为我国应急管理体制优化的主导原则，立足于全灾种、全灾害周期的管理环境，整合散落在不同政府部门的应灾资源，注重府际之间、常规与非常规之间、应急与防灾之间的资源调配方式。

当前，我国应急管理制度已出现整合趋势，由于缺少类似美国国土安全部这样的全灾种管理部门，尽管通过各类综合的、部门的以及专项的预案将各政府部门资源纳入灾害应对之中，但应急管理体系的资源整合方式还属于单灾种模式。日本“3・11”大地震展现了复合灾害事件对现有灾害管理模式的冲击。因而应当考虑复杂与多元联系的灾害环境，打破固有的按行政条块配置应灾资源的方式。①将预案作为各部门资源调配的协议，加强预案执行、监督以及问责。②对预案应急功能小组进一步细化，注重功能小组之间及其内部的协调与资源分享。如在美国国家应变框架（National Response Framework，NRF）中，为更直接、更快速调动资源以应对危机而设立应急支援功能附件（Emergency Support Function Annexes，ESF）。其中，为便于应急功能小组协调行动，将小组中不同部门的角色分工进一步划分为协调部门（ESF coordinator）、责任部门（primary agency）以及支持部门（support agency）。③应急预案的部门参与层级可下降到各部门内部的二级机构，改变不经过本部门上级领导就无法横向协调的现状。④构建政府部门资源能力评估体系，并纳入相关数据库之中，为模拟演练提供参考，消除地方预案编制的模糊性。⑤改革府际应灾资源配置。地方政府是应急管理的第一反应者，应将应急管理资源向下转移，提升地方的应急管理能力，同时也承担相应的责任，提升地方政府的能力与工作主动性。

3. 协调与优化组织应急功能目标，理顺应急管理体制运行关系

组织功能拓展在政府规模增长中具有“隐性”特征，而政府组织内部的应急管理功能拓展，体现在各部门内部与部门之间的协调机构职能设定上。前者可能导致对于同一危险源的多部门重复管理现象，后者则可能引致协调机构职能定位模糊与能力短缺。于是协调与优化组织的应急功能目标就成为理顺应急管理体制的关键。应急管理体系运行目标是通过建构与实施有关减灾、整备、反应以及恢复政策来实现的。在庞杂的政府组织体系下，尤其在没有综合、专业的管理部门现状下，如何协调各政府组织参与应急管理并有序运转就成为核心问题。基于全灾种、全灾害周期的具有主动性与全程性的应急管理模式已成为主流，当前我国应急管理在应急反应与恢复阶段已有相关制度建构，在减灾与整备层面依然有较多提升空间。

其一，强化“委员会”的防灾减灾与风险管理职能。我国应急管理体制中各类委员会的职责是针对某类危险源进行风险干预，需要在多部门间协调政策制定与风险评估过程。但在专项委员会中的负责人常是领导副职，其权力干预与协调的范围有限，这便造成委员会运转失灵。灾时地方应急指挥部常常以地方“一把手”为指挥官，相应地可通过提升各类委员会的级别，增强其权威性与协调能力，真正履行其组织功能目标。

其二，进一步明确应急办职能，整合政府部门应急功能，注重基层应急办的执行功能。灾变事件导致政府组织的功能拓展型增长，各级应急办的设置便是重要体现。在我国应急管理体制之内，应急办（政府总值班室）并非具有如美国紧急事务管理局那样的综合管理能力，而是注重信息枢纽、灾时协调等功能，其结果导致应急管理的专业性与综合性不强。应“做实”应急办，提升应急办级别，整合散落在各部门的应急管理职能，增强其组织的专业性与综合性。还应注意到应急管理工作的特殊性，注意基层应急办的职能定位，与中央、省、市级的应急办注重协调和指导应急管理工作不同，较低层级的应急办应注重应急执行能力建设。

4. 规范与发展突现型组织，建立具备生成、准入与退出机制的弹性组织结构

自组织可被视为体制外突现型组织的代表，以临时指挥部为代表的政府临时应急协调机构则是体制内突现型组织的典型。在应急管理体制优化过程中，需要考虑这两种新组织的规范与整合。体制内突现型组织需要构建弹性组织结构，建立各类临时应急协调机构的生成与退出机制，依据灾害危机评估结果，合理调配临时协调机构的资源设置，并及时取消相关机构，防止由此引发的组织机构繁冗与管理成本增加。体制外突现型组织可作为正式应急体制力量的有效补充，加强能力建设并为其提供相关政策支持与资源保障，将其纳入健康有序的发展轨道。《中华人民共和国突发事件应对法》第二十六条规定：“县级以上人民政府及其有关部门可以建立由成年志愿者组成的应急救援队伍；单位应当建立由本单位职工组成的专职或者兼职应急救援队伍。”目前，我国应急救援的志愿者队伍建设还很滞后，亟待从两个方面予以加强：①放宽政策限制，鼓励成立与救灾有关的志愿者组织；

②建立志愿者参与应急救援的准入机制。[①] 对灾时突生的各类志愿组织要加以整合与培育，真正实现群防群治格局，体现举国体制的优势。

第二节　群体灾害恢复力实现

灾害管理与灾害研究已步入脆弱性科学研究范式时代，当前的灾害管理需要在脆弱性理论思考框架下，重新审视现行灾害管理的不足与缺失。传统官僚形态的灾害管理周期模型使灾害研究与管理的视阈局限在灾害应急反应、灾后重建、减灾、整备以及早期预警等方面，往往只关注灾害事件与正式组织功能本身，滞留在正式管理过程而陷入僵化与复制性的困境。如今，风险管理在危机与灾害研究中被广泛采用并视为解决当前“应急失灵”的一剂“良药”，利用风险管理框架来重塑灾害管理，强调主动性、全程性、综合性的管理框架成为重要发展趋势。而相对于人为灾害、科技灾难，自然灾害中的社会群体社会经济特征及其灾变行为对于灾害事件演进与损失有着重要影响。灾前社会状况与灾害损失有着存续性影响，那么，群体要素需要被纳入灾害管理实践与研究之中，以便突出灾害制度的群体性与本地性管理特征。

一　宏观战略：非脆弱性社会发展导向

要将非脆弱性社会发展作为群体灾害脆弱性消减的宏观面向。实现非脆弱性社会发展就是要从根本上改变社会弱势群体的权利与资源可得性差的困境。在市场经济下，市场分配结果往往存在社会意义上的不公平。从劳动收入看，劳动能力、受教育程度、就业机会等差异，会引起人们在劳动收入上的差别。那些劳

① 童星：《关于国家防灾减灾战略的一种构想》，《甘肃社会科学》2011年第6期。

动能力差、文化水平低、缺乏就业机会以及从事低薪职业的社会成员只能得到较少收入，甚至无法满足其基本生活的需要。从财产收入看，人们占有财产的不同导致来源于资本的收入出现差异，多产者与无产者收入差距悬殊，而且这种因财产引起的收入差距还会形成代际继承，从而出现社会伦理道德角度的收入分配不公。尤其在我国城乡二元结构体制下，城乡差别日益扩大，城乡二元化的格局相当明显，社会福利与服务政策覆盖面与水平尚存在差异。同时，我国东、中、西部的自然地理条件与经济发展条件存在差别，社会福利政策则呈现出地方特征，经济发达的东部地区在社会福利政策覆盖面广、水平相对高；中西部地区在经济条件限制下，社会福利政策的制定和执行主要靠中央财政的支持，社会福利的政策覆盖面相对不高，且水平有限。这种经济发展的不均衡性直接影响着社会福利发展状况。社会福利作为市场经济中的重要调节机制，通过财富与机会的再分配改变着人们的灾害风险状况。非脆弱性社会发展就是要确立公平、共享的价值取向，改变由社会制度造成的群体间灾害脆弱性水平差异。强化公共财政作用，缩小行业之间、地区之间、人群之间、城乡之间的社会福利水平差距，充分发挥政府公共财政的收入分配调节功能，通过加大中央财政对灾害脆弱水平较高地区与群体的扶持力度，改善行业之间、地区之间、城乡之间的应灾能力差距问题。

非脆弱性社会发展还应当妥善处理好灾害与发展之间的关系。人类科技发展在一定程度上消减了自然风险，而发展所带来的城市化则加剧着人类与自然之间的矛盾。同时，社会群体在灾害风险暴露、灾害整备、灾害应对、灾害恢复等方面呈现出能力差异性。发展可能导致灾害，灾害阻滞发展，而更好的发展战略可以防止或减少灾害损失。随着安全议题的逐渐兴起，改变片面追求经济增长的发展模式成为必要，将风险分析纳入社会发展战略规划之中，在发展中注入风险思维，尊重自然规律，尊重客观专业性，在全方位的思考空间下，全面评估发展政策、项目的风险可能及其后果，从而减少社会群体灾害风险暴露程度。尤其在经济建设过程中，应正确处理经济发展与环境保护之间的关系，正确处理土地使用与防灾减灾之间的关系。不能让经济发展造成社会整体灾害脆弱性加深，也不能让不合理的土地规划将部分社会群体置于灾害风险之中。那么，就灾害社会管理战略而言，在防灾减灾过程中要注重减灾的“过程性”，减灾政策必须与地方发展规划相结合，与其他政策一并纳入地方社会经济政策体系之中，进行统筹考量。还应注重发展规划过程中的公共参与，建立公共权利诉求机制，搭建社会群体共同参与的沟通平台，让灾害脆弱群体能够了解自身风险状况，参与到公共规划决策中，表达自身的灾害风险关注，保护自身利益，消减潜在风险。

二　群体脆弱性消减机制与服务：以社会管理为手段

群体脆弱性差异被视为群体间的风险暴露、应灾能力水平不同，灾害的社会功能破坏性导致其被视作一种社会问题。个体资本、社会资本、公共资本以及自然资本是影响群体灾害脆弱性程度高低的重要维度。在以群体脆弱性消减为基础的灾害风险管理框架以及群体灾害恢复力为基础的能力建设双重视角下，在宏观社会发展战略层面与微观风险管理机制层面的共同作用，是实现消减群体脆弱性与提升群体恢复力的基本路径。二者可以通过灾害管理为连接，在以公共性价值为依归的灾害社会管理框架下实现整合。灾害管理作为一种针对公共问题的政策制定、执行、评估、修订的公共政策过程，它不仅仅只关注灾害管理的过程性、技术性、执行性、科学性问题，还应该关注灾害管理的价值问题，价值基点在很大程度上决定了灾害管理的成败。公共性作为公共政策的基本属性，以公正、公平、公开为价值导向，以实现与最大化公共利益为基本目标。灾害管理中的公共性不彰的主要表现就在于对群体灾害脆弱性的漠视，由社会变迁而出现的部分社会弱势群体，长期停留在权利、资源可得性差的境地，进而使得部分群体更多地暴露于灾害风险、应灾能力不足以及资源短缺的境地。

社会管理是通过法制、体制、机制的创新与完善，以解决社会问题、协调社会关系、规范社会行为、化解社会矛盾、应对社会风险为基本任务，从而达成促进社会建设、改善社会环境、提升群众福祉、维护社会稳定、推进社会和谐的目标。灾害所造成的社会影响具有非均衡性，正如前文所分析指出，灾害群体脆弱性通过自然过程和社会过程在社会群体间进行分配，应灾能力不足和灾害引致的社会秩序与矛盾，则需要政府公共政策干预。那么，灾害社会管理就是以社会管理为基础，以灾害管理连接社会发展与群体脆弱性消减，以脆弱性连接灾害与社会群体，以解决群体灾害脆弱性问题为目标，并以公共性为依归，进而实现社会公平正义与社会发展。在社会管理框架下，群体脆弱性的消减分别可以从宏观社会发展战略与微观灾害管理机制两个层面共同着力，在社会发展与微观服务层面，改善社会群体的灾害风险暴露、应灾资源短缺、应灾能力不足、应灾意识薄弱等脆弱性表现。

需要以公共性为依归，确立灾害社会管理的本质属性。群体灾害脆弱性分布实际是权利、资源、政策、服务的价值分配过程。安全，或者说保护未来的短缺就成为公共政策的一项重要工作。[①] 灾害管理作为一种针对公共问题的政策制定、执行、评估、修订的公共政策过程，它不仅仅只关注灾害管理的过程性、技术性、执行性、科学性问题，还应关注灾害管理的价值问题。公共性作为公共政策的基本属性，它以公正、公平、公开为价值导向，以实现与最大化公共利益为基本目标。

灾害社会管理就是要通过社会服务将人力、物力、财力要素传递到相关社会群体，以完成群体灾害脆弱性的消减，保障人民

① 斯通：《政策悖论：政治决策中的艺术》，北京：中国人民大学出版社，2006，第92～93页。

基本生存安全。群体灾害脆弱性的重要表现是，部分群体在应灾设备、技术、场所、服务等方面的需求无法满足，灾害社会管理可以通过一系列资源投入与服务传递来回应灾害管理全周期内的基本社会需要，尤其要对部分灾害脆弱群体做出针对性的政策设计。

1. 灾害整备与社会管理

灾害整备是指对灾害危机的反应的准备程度，通过有效的整备可以使灾害应对更加及时、合理以及有效，减少灾变事件损失。受群体的社会经济状况、身体状况、教育背景等因素影响，风险感知与灾害整备水平呈现差异。其中，资源能力是决定灾害整备程度所不可忽视的要素。部分群体由于资源、技术、知识困境而放弃灾害整备。此时，灾害社会管理就应该进入该领域，通过社会服务对部分群体的灾害整备不足状况进行有效干预。可以分别从资源设备、技术支持、培训演练等方面提升群体灾害整备程度。

其一，资源设备。改变当前应急资源的“倒三角”分配现状，将应急资源与权责重新划分，补强“第一线”灾害管理组织的资源能力。在完成体制转变的同时，还应加强资源装备的投入，尤其注重提升脆弱社区的应灾资源水平。一般地，应灾资源设备可以包括常态应灾设备，如运输装备、营救装备、个体防护装备、信息装备、医疗装备、公共预警装备、公共避难所等。依据社区危险源特征，明晰应灾设备需求，针对性地投入相关资源，为脆弱的个人、家庭、社群提供公共应灾资源与设备。

其二，知识技术支持。灾害整备规划需要对灾害危险源、群体状况、社区状况进行脆弱性分析，并以此展开灾害整备。脆弱社会群体需要外部知识与技术支持以实现科学有效的灾害整备工作。

其三，培训演练。灾害社会服务是对人的服务，通过对社会成员的训练和预案演习减少灾害损失，尤其是对灾害脆弱群体来说，由于应灾所需的经济能力、行动能力不足，培训与演习则尤为重要。

2. **应急疏散与社会管理**

在灾害管理中，预案编制是灾害整备阶段的重要组成部分。在预案编制过程中，避免将群众视为同质的、抽象的，在应急疏散预案中，应注意到社区中群体的现实差异，即关注脆弱群体的疏散服务。在应急疏散政策设计中，需要对社区内的老、弱、病、残、孕，及文盲、社会流动人员等群体予以特别关注，使社区中每个公民受到公平的保护。那么，在应急疏散预案编制过程中，就应当识别脆弱群体的存在并评估其应灾能力，保障疏散路线与疏散过程的安全性和有效性；在应急疏散资源调配上，建立针对脆弱群体需要的疏散力量，采用符合其特征的疏散预警设备、药品、运输设备等；在避难场所服务上，需要建立针对脆弱群体的灾害服务项目以及吸纳专业服务人员。

3. **灾后恢复与社会管理**

灾后恢复可以从针对灾后公共救助、灾后重建、灾民生活风险干预、经济恢复、文化心理恢复等方面展开。无论是市场驱动型还是政府驱动型的恢复过程，这些结构要素都是灾后恢复的主要方面，并且通过一整套制度设计将灾后恢复纳入高效有序的轨道上。灾害社会管理视野下的灾后恢复显然更具服务性，通过优化灾后恢复的人、财、物的投入方式，提升灾后恢复政策的有效性以及资源可得性，从而改变灾害脆弱群体在灾后恢复方面能力不足的困境。

其一，灾后恢复中的社会组织管理。政府、市场、社会是社会服务的三种供给主体，社会组织是推进灾后恢复不可或缺的组成力量。灾害社会影响是多面向的，灾后恢复的社会需要亦是多样的，难以通过政府单一主体完成灾后恢复，社会组织可以弥补正式部门回应性不足的困境。在满足灾后脆弱群体的灾后恢复上，志愿性、专业性的非政府组织和自组织能够利用自身资源和比较优势满足灾后恢复的需要，于是，灾后恢复的社会服务就是要更好的培育和发展灾后社会服务组织。

其二，应急财政公共性。预算管理、收支管理、绩效评估等公共财政手段常被灾害管理所使用，而公共性作为应急财政的基本属性无法被忽视。以公共利益为目标，严格应急财政过程、手段、对象的公共性，保障应急财政的社会效益。灾害脆弱群体一般处于社会弱势群组，有效灾后社会服务的获取需要针对性的政策设计。例如，严格灾后财政支出过程，保障弱势群体的基本权利；积极创新税费支持手段，开展小型贷款，支持脆弱家庭与个人的再生产。

其三，积极创新灾害恢复的社会服务手段。灾害影响的多样性要求灾后社会服务必须要不断创新以回应社会需求。就业支持、个人心理服务、教育等灾后社会服务形式，对于灾害脆弱群体的灾后恢复至关重要。

三　群体灾变社会过程与管理政策设计：以灾害公共预警为例

灾害社会科学研究的重要经验，便是对灾变过程中的群体、组织以及个人的行为剖析进而产生有效政策设计，将灾害过程视作一种复杂社会与组织过程，从而补强传统科学技术灾害研究传统为基础的政策产出。群体的灾害脆弱性研究表明个体、组织以及社会认知与行为对于灾害制度绩效有着深刻影响，应当不断加深对于灾变的社会过程研究，形成更贴近灾变社会情境的管理政策。当前，我国灾害社会科学仍处于起步发展阶段，灾害管理实践与研究的影响仍然不够，这与当前我国灾害社会科学研究侧重宏观体系研究且并未与基础学科理论有效结合有着重要联系。社会科学必须发挥自身学科优势，注重灾害的基础理论研究，注重灾害研究与管理实践的紧密结合。在群体灾害恢复力建设背景下，社会科学需要探索群体在灾变过程中的行为特征及其影响要素，并将其用作指导灾害管理政策设计的实践之中。为此，本研究以灾害公共预警这一长期被视为具有较强技术性的管理政策，揭示灾害管理中的社会科学知识的运用情况，以求抛砖引玉。

灾害公共预警作为消减灾害损失的基本方式，已成为应急管理的重要政策工具。2012 年 7 月 21 日，北京暴雨灾害事件中，1.5 万人转移，79 人死亡，[①] 城市交通基础设施功能崩溃。该事件成为首都城市记忆难以抹去的一幕。暴雨灾难过后，人们对城市灾害天气应急管理进行反思，而灾害公共预警成为重要议题，其中，有从预警技术层面，如"预警信息发布平台""技术障碍"；也有针对应急管理层面，如"城市相关应急配套措施协调"；还有来自文化层面，如"居民应急知识""主动获取预警信息"，等等。灾害公共预警并非纯技术问题，还应是与社会背景紧密关联的复杂管理问题。关于社会与组织对灾害预警反应行为模式的认知，应成为灾害公共预警制度设计不可忽视的核心问题。

近几十年来，迅速发展的灾害社会科学研究对于灾害预警管理制度变迁有着深刻影响。我国大陆地区社会科学领域的灾害公共预警研究的时间不长，具有代表性的是由张维平领衔展开的应急管理预警体制与机制研究，[②] 钟开斌对日本灾害监测预警的做法与启示的研究，[③] 以及郭明霞等针对重大自然灾害的灾前预警体系构建研究。[④] 综合来看，当前我国大陆地区关于灾害公共预警的社会科学研究仍然处于起步阶段。而灾害公共预警早已成为境外灾害社会科学的重要研究对象并拥有较为成熟的理论与研究方法。依循灾害社会学注重群体灾变行为的研究传统，其中，既

---

① 新浪新闻：《北京"7·21"特大暴雨遇难者人数升至 79 人》，2012 年 8 月 6 日，http://news.sina.com.cn/o/2012-08-06/123124915289.shtml。

② 张维平：《政府应急管理预警机制建设创新研究》，《中国行政管理》2009 年第 8 期。

③ 钟开斌：《日本灾害监测预警的做法与启示》，《行政管理改革》2011 年第 5 期。

④ 郭明霞、张江波：《重大自然灾害的灾前预警体系构建研究——5·12 汶川大地震的深刻启示》，《社科纵横》2009 年第 7 期。

有宏观理论叙事也有田野研究支撑，尤其在理解个体疏散行为过程、保护措施选择、预警体系建设等方面。如德拉贝克对家庭成员疏散行为进行系列研究，重点分析了群体预警反应的影响因素；[①] 克兰特利[②]、佩瑞[③]、斯托林斯[④]、索伦森与美尔蒂[⑤]以及尼格[⑥]等人针对预警及其疏散行为的研究。虽然灾害事件存在种类差异以及描述性研究居多，导致该领域缺乏中层理论建构，[⑦] 但相关研究成果却深刻影响了政策设计者对灾害公共预警的认识，注重预警反应行为对于预警政策制定的意义，在多元交叉的学科背景下，试图建构更具整合特征的灾害公共预警管理模式。

（一）灾害公共预警：高度复杂的社会与组织过程

灾害预警通常被认为是灾害危险发生前，由相关部门发布的紧急信息，以最大限度地消减灾害损失。传统灾害公共预警管理强调在灾害风险科学分析基础上，通过完善预警技术来保障预警信息及时、准确的传达。灾害公共预警被视作一种技术话语，并以技术主义研究路线为主。自 1960 年代以来，存在两股重要学术力量改变了关于灾害公共预警管理的认知。其一，随着灾害公

---

① Thomas. E. Drabek. Understanding Disaster Warning Responses, *The Social Science Journal*, 1999, No. 3, pp. 515 –523.

② Enrico L. Quarantelli. *Evacuation behavior and problems: findings and implications from the research literature*, Columbus, OH: Disaster Research Center, Ohio State University, 1980.

③ Ronald W. Perry. "Evacuation decision – making in natural disasters", *Mass Emergencies*, 1979, Vol. 4, pp. 25 –38.

④ Robert Stallings. "Evacuation Behavior at Three Miles Island", *International Journal of Mass Emergencies and Disasters*, 1984, Vol. 2, pp. 11 –26.

⑤ John Sorensen, Dennis Mileti. "Warning and Evacuation: Answering Some Basic Questions", *Industrial Crisis Quarterly*, 1989, Vol. 2, pp. 195 –210.

⑥ Joanne M. Nigg. "Risk communication and warning systems", in T. Horlick – Jones, A. Amendola, R. Casale (eds.), *Natural risk and civil protection*, London: E&FN Spon, 1995, pp. 369 –382.

⑦ Russell R. Dynes, Bruna De Marchi, Carlo Pelanda. *Sociology of Disaster: Contribution of Sociology to Disaster Research*, Milano, Italy: Franco Ageli, 1987, p. 114.

共预警的社会科学研究不断深入，尝试通过对预警反应行为的分析来矫正预警管理失灵现象。在灾害社会科学看来，灾害公共预警不仅有技术分析路线，还应当存在社会科学研究空间，透过社会心理、社会结构以及组织行为视角，来了解个体、群体以及组织对于灾害公共预警反应行为模式，通过评估灾害公共预警效果以实现预警政策优化。其二，以风险社会理论为宏观叙事基础的风险治理理论。灾害公共预警是针对灾前状态下的风险告知与行动建议，它亦可作为一项灾害风险沟通过程嵌入社会背景，无论是具有宏大风险叙事特征的风险社会理论，[①] 抑或是风险的社会放大理论，[②] 再抑或风险的心理测量范式[③]，都充分演绎了政府、专家、大众、媒介、文化、社会、政治、组织以及个体，共同参与而呈现出风险沟通的复杂性。如今，对于灾害公共预警管理概念认知就应摒弃纯技术性理念，而将其视为针对复杂环境下的预警“管理”行动。灾害公共预警管理是通过有效灾害风险分析，及时、准确、有效、无偿地传递预警信息，促进灾害脆弱群体与组织的风险消减行动，实现减少灾害风险及其后果的相关管理机制总和。有效灾害公共预警管理必须具备的特征包括：有效预警信息，灾害预警信息必须经过科学全面的风险分析而得出，并能使预警内容能被准确理解与运用；高效传播平台，通过整合相关主体、技术与机制创新来满足灾害预警信息高速有效地传递到危险暴露群体；风险态度转变，通过社会与组织灾害风险文化建设，实现有效风险沟通；预警反应能力培育，通过资源整合与能力建设实现社会与组织的预警反应行动达成。

在复杂社会条件下，应当改变自上而下的、技术主义的灾害

---

① 乌尔里希·贝克：《风险社会》，何博闻译，译林出版社，2004。

② R. E　Kasperson，O. Renn，P. Slovic，H. S　Brown，J. Emel，R. Goble，J. X. Kasperson，S. Ratick. “The Social Amplification of Risk：A Conceptual Framework”，*Risk Analysis*，1988（2），pp. 177 – 187.

③ P. Slovic，E. U. Weber. *Perception of Risk Posed by Extreme Events*，Http：//www. Ideo. columbia. edu/CHRR /Roundtable/slovic_ wp. pdf.

公共预警模式，充分考察社会预警反应行为，将其视为预警管理绩效的重要影响变量。灾害预警反应行为被认为是一个连续统过程，即接受、理解、相信、个人化、决定行动。有学者将社会预警行为反应过程划分为四个阶段：风险确认，即是否存在威胁；风险评估，即是否需要防护；风险消减，防护措施是否可行；防护行动，即采取哪些行动；[①] 又有学者将预警反应过程分为：接收预警、理解预警信息、相信预警信息可信与准确、预警信息的个人诠释、确认预警信息真实与被他人注意、采取行动。[②] 约瑟夫·特雷纳（Joseph E. Trainor）与苏·麦克内尔（Sue McNeil）总结社会科学灾害预警反应研究文献，认为预警反应存在八个阶段，即接收、理解、相信预警、确认威胁、确认与个人相关、是否采取保护措施、保护措施是否可行、采取行动。[③]

本研究继承已有研究对灾害预警反应行为的时序逻辑分析，并将灾害预警反应过程结构化为“感知—态度—行动”，即对预警信息接收、认知以及行动达成的过程，依循此结构，通过事件树分析（Event Tree Analysis）以揭示从信息接收到预警期望行为达成的复杂过程中，每个环节的失败皆可引致预警管理失灵。具体地，在接收预警信息阶段，如预警信息平台无法覆盖到灾害脆弱或危险暴露群体；人们无法理解预警信息；以谣言为代表的信息源干扰或对于气象组织的缺乏信任导致人们不相信预警信息；危险暴露群体误认为灾害风险与自身无关；采取消极的、漠视风险的态度放弃采取保护；缺乏制定保护方案的知识；确定采取行动却缺乏资源与能力支持。而只有在诸多阶段朝向积极方向发

---

① Michael Lindell, Ronald Perry. *Behavioral Foundations of Community Emergency Planning*, Washington: Hemisphere Publishing Company, 1992, pp. 117 - 120.

② Dennis Mileti, John Sorensen. *Communication of emergency public warnings*, http: // emc. ed. ornl Gov /publications/PDF/CommunicationFinal. pdf

③ Joseph E. Trainor, Sue McNeil. A Brief Summary of Social Science Warning and Response Literature: A Report To Cot Netherlands, Disaster Research Center, University of Delaware, Miscellaneous Report, 2008, No. 62.

展，才会有灾害公共预警所期望的风险消减行为的出现。同时，在政府灾害公共预警管理的组织层面，组织间对于灾害风险沟通与协调应对也受组织风险感知、态度以及应急行动资源与能力限制，进而影响预警管理绩效。

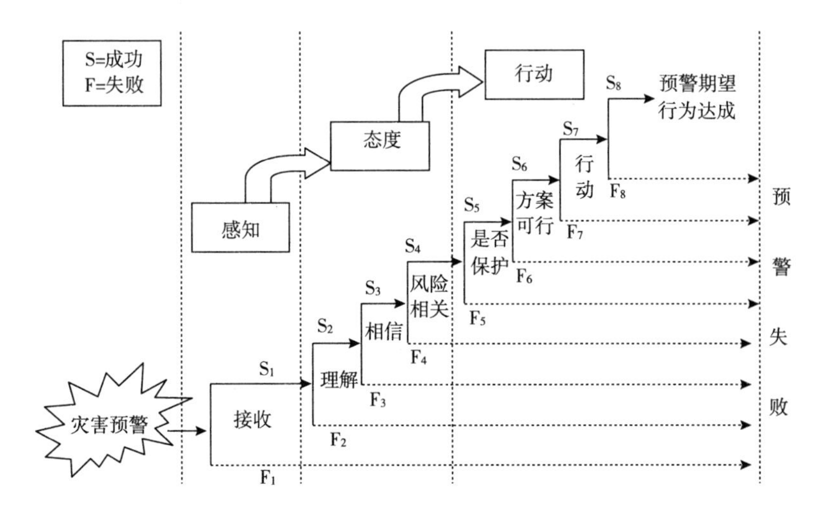

图 7－2　灾害公共预警反应行为的事件树分析结构

作为宏观管理环境的政治、社会、经济、文化，形塑着预警发送者、预警接受者、预警信息、行动资源等要素。有学者将影响预警反应行为要素二元划分为：接受结构要素与发送结构要素，前者包括社会结构、社会关系、社会心理、感知等；后者则包括信息准确性、明晰性、充足性、指导性、频率以及信息渠道等。[①] 在复杂性与不确定性交织的社会背景下，社会结构、信任状况、灾害事件特征、风险感知、资源可得性等要素可能导致预警信息扭曲与预警期望行动难以达成。公共预警过程可作为灾害危机反应阶段的基础机制，预警过程不仅仅是一种技术分析与信息传播过程，还应当是嵌入在复杂社会结构之下并受到多主体特

① Collen Fitzpatrick, Dennis S. Mileti. "Public risk communication", in Russell R. Dynes, Kathleen J. Tierney (eds.) *Disaster, Collective Behavior, and Social Organization*, London: Associated University Presses, 1994, pp. 71－84.

征影响的社会与组织过程。

（二）政策设计的碎片化倾向：我国灾害公共预警管理的理论检视

“预防为主”作为我国灾害应急制度的基本设计理念，灾害预警已成为灾害应急管理预案启动与行动响应的基础。近些年来，我国不断提高气象预警覆盖率，构建了“绿色通道”以提升灾害预警发布效率，致力于提高监测预报、预警发布、基层预警传递以及预警联动机制等。按照2011年7月11日发布的《国务院办公厅关于加强气象灾害监测预警及信息发布工作的意见》，“到2020年，建成功能齐全、科学高效、覆盖城乡和沿海的气象灾害监测预警及信息发布系统，气象灾害监测预报能力进一步提升，预警信息发布时效性进一步提高，基本消除预警信息发布盲区”。但是，我国灾害公共预警运行过程中仍然存在诸多困境，体制、认知、管理、价值理念等方面因素的断裂导致灾害公共预警管理模式碎片化倾向显著。

1. 公共政策过程断裂，预警政策效果评估机制缺失

作为政府应急反应基础机制之一的公共预警，考察其有效性的维度不仅是技术评估话语体系，还应当有其公共政策话语分析。灾害公共预警作为一项公共政策，应当聚焦预警政策产出与调试全过程，政策效果评估至关重要。一般认为，灾害预警系统由两部分组成即分析（assessment）与传播（dissemination），[①] 而政府部门发出灾害公共预警并不意味着政策的终结，而是预警管理的开始。灾后组织学习要求政府部门重新反思与优化各项管理机制，而政府灾害公共预警评估也理应成为应急系统优化的重要面向。从灾害公共预警的政策目标来看，其试图通过及时、全

---

① Joanne M. Nigg. “Risk communication and warning systems”, in T. Horlick - Jones, A. Amendola, R. Casale (eds.), *Natural risk and civil protection*, London: E&FN Spon, 1995, p. 370.

面、准确地发布预警信息，期望人们采取合理措施以消减灾害风险与损失。可见，灾害公共预警政策还应注重预警反应行为的反馈，从而做出符合现实情况的政策调试。我国政府气象部门作为灾害预警信息发布平台，具有较强的自上而下式的灾害风险沟通特征，灾害公共预警政策强调预警信息的制定与发布过程，而对于预警信息利用率、预警反应行为变化等应用效果评估缺乏有效聚焦。预警政策效果评估机制的缺失导致灾害公共预警政策的有效性难以维持。而缺乏弹性适应能力的预警政策面临动态变化的外部环境，极可能产生失灵情形，在灾害公共预警语境下，缺乏群体心理与行为维度的预警信息应用效果评估，必然导致灾害公共预警政策评估停留在预警技术与管理结构层面，而难以从社会背景层面深入审视政策效果，导致灾害公共预警政策过程呈现出碎片形态。

2. 灾害公共预警政策公共性不彰，制度价值基点扭曲

灾害管理作为一种针对公共问题的政策制定、执行、评估、修订的公共政策过程，不仅关注灾害管理的过程性、技术性、执行性、科学性问题，还应关注灾害管理的价值问题。灾害公共预警政策价值基点乃是公共性，对于公共预警的公共品属性是考察灾害公共预警的基本维度。一般认为，市场可以高效率地供给私人物品，但对公共物品供给存在失灵，于是，政府介入其中并起着核心作用。灾害公共预警信息的技术性、无偿性使得政府部门成为其基本配置主体。而政府亦存在失灵情形。灾害公共预警作为政府部门的重要职能，需要及时、准确、无偿播发或刊载气象灾害预警信息，而在一些灾害过程中灾害预警信息有效性、无偿性存在诸多争论，如“7 · 21”北京暴雨灾害中，民众手机接受到预警信息率较低，舆论焦点集中于预警服务无偿性与预警技术实现问题上。其实，制度与技术转变的基础是价值理念的变化，政府部门的公共性价值理念认识决定了灾害公共预警制度发展，灾害公共预警领域不应拒斥与市场、社会的合作，公共物品领域并非完全排斥市场与社会机制，而多元主体力量的加入可提升公共财政支出效率，更能有效实现公共性价值目标。

3. **灾害公共预警政策缺乏脆弱性分析，社会服务性不足**

灾后社会问题与灾前社会状态存在一定存续性联系。安全，或者说保护未来的短缺已成为公共政策的一项重要工作。[1] 公共政策是对权利、资源、政策、服务，以公正、公平、公开为导向的价值分配，并致力于公共利益最大化目标。而政府行为存在“趋中性”即政府出台政策、提供服务时难以照顾到一些特殊的边缘群体，或者只考虑到这些群体的一般性需求，而难以估计到他们的某些特殊需求。[2] 如前所述，灾害公共预警过程是一个高度复杂的社会过程，“人们的预警反应行为受到人口学、社会、文化、经济、心理等多重要素影响”,[3] 有效的灾害公共预警必须考虑到群体的个人与社会特征以促成预警期望行为的实现。

但从我国灾害公共预警管理特征来看，仍然强调以技术路线为基础的灾害风险分析，而忽视本地化、群体化灾害风险暴露情形分析。气象影响风险评估工作已有序开展，如推进以社区和乡村为单位的气象灾害调研、建立灾害风险数据库以及编制分灾种气象灾害风险区划图项目不断推进，而当前风险评估体系还未实现与灾害的社会脆弱性评估相结合，无法有效“瞄准”灾害脆弱性群体，进而影响了灾害公共预警效率。另外，缺乏有效的灾害社会脆弱性评估体系，影响了灾害公共预警的社会服务性。一般认为，老、弱、病、残、孕群体与贫困地区为灾害脆弱性程度较高地区。当前，我国灾害公共预警还处在扩大覆盖面阶段，通过

---

① 德博拉·斯通：《政策悖论：政治决策中的艺术》，顾建光译，北京：中国人民大学出版社，2006，第92~93页。

② 严新明、童星：《市场失灵和政府失灵的两种表现及民间组织应对的研究》，《中国行政管理》2010年第11期。

③ Havidán Rodríguez, Walter Díaz, Benigno Aguirre. “Communicating Risk and Warnings: An Integrated and Interdisciplinary Research Approach”, University of Delaware, Disaster Research Center, Preliminary Paper, 2004, No. 337.

重点加强农村偏远地区预警信息接收终端建设，提升基层预警信息接收、传递能力，而针对灾害脆弱群体与地区的个性化预警服务制度与技术仍未纳入预警制度建构之中，灾害公共预警的社会服务特征仍有待提升。

4. 人文社会科学知识体系利用度不高，预警政策的社会属性不足

社会科学对于灾害问题的研究、对于灾害认知与实践的意义重大，尤其在对灾害社会属性的分析上，弥补了灾害自然科学—技术工程研究传统的不足，为灾害研究全面发展作出贡献。灾害公共预警政策正是灾害自然属性与社会属性相交叉的典型领域，科学技术灾害研究传统聚焦灾害风险及其影响强度、范围、时长等分析，社会科学灾害研究传统则聚焦人类灾害预警反应行为模式及其深层影响要素。灾害公共预警机制设计并非科学技术灾害研究传统“独占”之领域，还需要社会科学领域的知识支撑。当前，我国灾害公共预警政策产出过程中，社会科学研究者并未能充分发挥决策支持能力。预警政策中的知识体系断裂状况原因复杂，总体来看，一方面是由于灾害管理研究与实践领域对于灾害概念的认识偏误，将灾害限定在纯自然过程事件而忽视社会背景在灾害结果产生过程中的负面作用，从而导致对灾害社会属性未能被足够关注；另一方面，当前我国灾害社会科学研究还处在起步发展阶段，灾害基础理论与相关经验研究还未充分发展与本土化，导致灾害社会科学研究知识体系未能较好的服务于灾害公共预警研究、设计以及应用领域。知识体系断裂的影响，集中体现在灾害公共预警政策难以与社会文化、预警反应行为、期望预警行为、预警社会服务性等方面紧密结合，缺乏与本地社会、经济、文化、政治背景的适应。

5. 灾害公共预警与整体应急反应体系缺乏整合，预警管理效率不高

灾害公共预警作为具有预防性与主动性特征的政策工具已被广泛采纳，而预警部门与应灾部门间的协调整合问题乃是整体应急管理体系成败的关键。一旦灾害事件出现，各类应灾组织与机构便开始启动非常态运作机制以应对危机。灾害预警信息作为划分应急响应级别、方式的决策依据，应急管理组织以此为纽带实现组织结构与功能的转换以达成灾害危机适应，而我国灾害公共预警与诸多应急管理机制间仍缺乏整合与协调。

（1）灾害风险会商制度还未继续优化。现代社会的不确定性剧增，灾害危机常呈现出复杂特征。如今很难只从气象部门的技术话语来推断整体风险及其结果，那么，风险沟通必将成为现代组织协调应对灾害危机的基础。如，参与部门范围不够导致部门间风险认知差距加大，因多领域学者与专家尚未加入而使得风险认知与沟通局面尚未形成，由于大众参与机制不足使灾害经验难以被利用。

（2）预案管理与灾害预警结合程度不足。社区是预警系统有效运行基础，而目前的预案管理难以依据响应预警级别，并结合本部门、本地区的灾害影响特征做出风险分析，科学、有效的应急管理失去预案基础。

（3）谣言控制机制、灾害风险文化培育机制以及应急资源投入与能力建设机制的缺失，使得灾害公共预警管理失去整体应急管理系统的有效支撑，容易导致灾害预警信息低效与无效情形。

（三）整合政策设计模式：灾害公共预警管理的必然选择

灾害公共预警管理的碎片化倾向导致其管理价值、目标、模式以及治理结构上存在偏差。随着灾害管理研究的演进，基于整合范式的灾害研究与管理应用受到广泛重视，尤其在不确定性、风险社会特征剧增以及全球治理革命的宏观背景下，灾害公共预警管理的整合模式正是汲取来自社会科学领域的灾害研究成果，为灾害公共预警走向有效“管理”提供了基本发展框架（见图 7－3）。

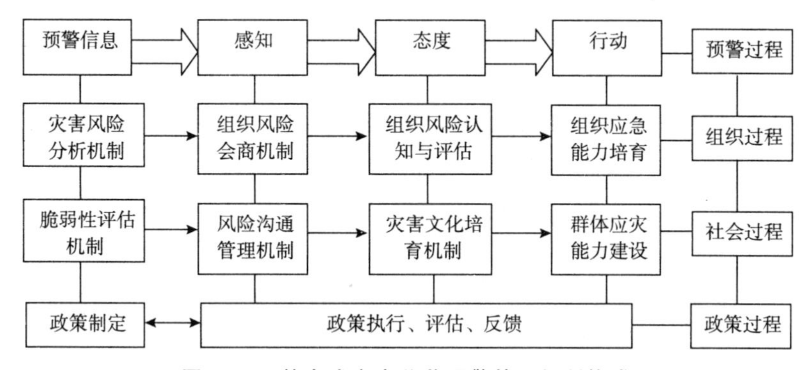

图7-3 整合式灾害公共预警管理机制构成

整合式灾害公共预警管理机制的建构体现了以灾害预警反应过程为基础，充分聚焦复杂组织与社会的过程，针对预警信息、感知、态度以及行动的连续统干预过程，体现灾害预警作为公共政策的本质属性。首先，从灾害预警信息来看，作为预警政策制定阶段，预警信息在整合灾害风险分析与脆弱性评估的基础上，科学全面地分析灾害风险及其可能后果，并有针对性的瞄准高风险地区、脆弱人群、基础设施等。其次，在组织与社会预警信息感知阶段，排除由于组织与社会风险沟通不畅所带来阻滞影响，分别建构组织风险会商与风险沟通管理机制，保障预警信息能够及时、准确、无偿、有效地传递到组织与社会群体。再次，在风险感知管理基础上，通过教育与宣传机制建设推动社会整体灾害文化的转变以及组织风险认知与评估能力的提升，从根本上矫正组织与社会对于灾害预警信息的认知态度。最后，在预警反应行动阶段，改进组织与社会群体应灾资源与能力不足，分别建构相关应急能力培育与资源投入机制，同时，通过预警政策效果的评估、反馈实现灾害公共预警政策优化。具体地，整合式灾害公共预警管理应从管理过程、价值目标、决策以及应急系统层面的整合而展开。

1. 将连续统、动态性管理过程作为整合式灾害公共预警管理的本质

灾害公共预警管理必须服从其管理属性。传统预警管理模式过程主要体现为危险源分析、发布，预警信息的制定与发布成为制度全部，忽视了评估、反馈对于管理的意义，从而割裂了完整政策过程。灾害公共预警的本质目的是消减灾害风险及其损失，预警反应作为评估预警信息有效性的核心维度，为预警机制的完善与创新提供基本参考。在整合模式下，灾害公共预警管理过程则表现为危险源的分析和发布、预警反应评估、政策优化。其中，预警反应评估聚焦群体与政府部门的预警反应行为。群体的灾害预警信息感知、态度以及行动层面成为管理重点，如群体对于正式渠道接收到的预警信息是否准确、及时，是否受到来自其他信息渠道的信息等，群体在接收到预警信息后是否理解信息内容以及风险态度差异如何，正确有效感知风险并倾向采取保护行动后，是否受到资源与行动能力上的限制等；又如在政府部门的灾害预警反应层面，在接收到预警信息后部门内部是否形成相关风险消减行动，灾害预警信息对于政府应急管理体系的支撑效果如何，部门间在灾害风险会商、疏散行动、资源调配与供给等方面是否形成协调合作等。整合式灾害公共预警管理试图强调以人为本的理念，将政策评估机制纳入预警管理过程，在全过程、动态循环中完成预警政策的灾害危机适应。

2. **以公共性为基础，优化治理结构，提升灾害公共预警的社会服务与创新能力**

在整合模式下，强调以公共性为制度价值基点，防止灾害公共预警管理出现价值偏离。坚持预警服务公益无偿原则，又要防止政府失灵情形，充分将市场与社会机制吸纳到灾害公共预警服务供给体系。从灾害需求层面来看，群体灾害公共预警需求呈现多样化特征，预警信息传播需要顾及群体的地理、人口学以及社会经济特征，而灾害脆弱群体常常存在预警信息接收、风险态度以及行动能力上的困境，应推动治理结构转变以增强灾害公共预警对于群体多样化、个性化需要的回应能力。多主体参与模式下的政策与技术创新，能力优势显著，如处于偏远地区的公共服务水平低下则需要强化财政支出的公共特征，同时也可发挥社会力量参与到预警基础设施建设中；又如对于行动能力受限的群体，通过与市场机制结合实现技术创新，使其能够有效接收到预警信息并采取相关行动；再如新社会媒体技术积极引入灾害公共预警服务，以及深化与通信服务商的合作，以提升灾害公共预警效率等。其实，作为政府重要公共服务职能的公共预警服务，其作用不仅局限于预警信息的制作与发布上，而更应当将其视作一项公共服务，以公共性为基础，强调政府主体责任，充分利用多元合作供给优势，为大众提供有效灾害公共预警服务。

3. 开展脆弱性评估，弥合科学分析与政策产出间的差距，为灾害公共预警管理提供全面决策支撑

对于灾害问题的认知已经从超自然事件、纯自然事件步入自然—社会互动影响阶段，自然灾害损失已被视为自然危险源与社会互动的结果，社会背景要素对于灾害动力学演进及其影响有着重要作用。灾害脆弱性研究便是基于以上认知而发展完善起来，如今已经成为灾害研究领域的重要范式。在自然灾害研究中，脆弱性一般是被定义为暴露于自然危险源之下而没有足够能力来应对其影响，包括环境、社会、文化、政治、经济等方面。脆弱性评估便是基于本地社会特征，强调宏观灾害风险对本地社会影响结果的分析。传统灾害风险分析是基于科学与监测为基础而作出的区域影响评估，对灾害影响范围、强度、时间等基本信息作出判断。而从科学分析结果到本地预警管理政策产出之间仍然存在差距，即宏观风险分析与本地化政策实践联系性不足。那么，脆弱性评估可以作为弥合该差距的基本分析工具。在灾害公共预警管理中，地方政府与部门应结合灾害预警信息与脆弱性评估维度，有效识别社会脆弱群体、关键基础设施、区域等，为灾害公共预警管理决策提供本地知识支撑，干预预警反应行为。另外，脆弱性评估强调社会背景要素对于灾害预警的影响，整合模式下的脆弱性评估则需要社会科学的知识参与，力求通过科学、全面、客观的分析框架，完善灾害公共预警管理。

4. 以全系统建设视角，整合灾害公共预警管理相关机制，提升预警制度绩效

灾害公共预警管理作为灾害管理过程中的一项重要机制，它的有效运行脱离不开灾害管理系统中其他机制的支撑与协调。实现灾害预警管理目标需要经历信息感知、态度以及行为转化阶段，在每一个阶段皆受到社会与组织过程的深刻影响。在全系统建设视角下，灾害公共预警管理目标的实现路径便是通过建设与完善相关管理机制。

在预警信息感知阶段，为保障预警信息的及时、准确的传递，通过预警服务的治理机构，在多元主体参与背景下，提升预警传播平台的传播广度与深度，同时，通过谣言控制机制来实现双向沟通过程，及时回应大众对于灾害信息的动态需求，维持正式沟通渠道的有效性；而在应灾组织层面，越多组织参与、流畅开放多元的沟通使预警系统功能越有效，需要完善统一预警与灾情信息系统，构建多层级、多部门参与的风险会商机制。

在预警信息态度干预阶段，灾害公共教育可造成社会预警反应行为的巨大差异。一方面通过社会灾害文化宣传教育，使人们能够理解灾害预警信息，增强灾害认知能力；另一方面通过改善灾害公共预警信息结构，为大众提供包括灾害信息特征、行为指引、疏散场所等全面信息；通过改善政府应急管理组织的灾害风险分析方式与工具，增强组织识别与评估脆弱性水平，使得组织能够有效感知到风险存在并以积极态度应对。

在行动转变方面，一方面通过干预社会群体应灾社会资本、个体资本、自然资本以及公共资本的自然与社会分配过程，提高社会服务水平，改变群体应灾能力与资源可得性差距问题；[①] 另一方面是要强化灾害预警信息作为应急组织协调联动的基础，加大应急管理财政投入，提升组织应灾资源水平，通过有效预案编

---

① 陶鹏、童星：《分布与消减：灾害的群体脆弱性探析——兼论我国灾害社会管理的构建》，《苏州大学学报（哲学社会科学版）》2012 年第 4 期。

制、应急演练及组织适应能力建设，从而实现灾害公共预警管理消减灾害风险的政策目标。

第三节　灾害社会恢复力的文化培育

一　灾害文化：灾害恢复力建设的重要维度

随着基于灾害文化视角的灾害研究的开展，灾害的概念、原因、过程以及灾害结果等层面得以全新诠释，丰富了灾害研究理论体系，加强并提升了灾害管理实践的能力水平。如今，灾害文化已经成为灾害管理与研究层面不可忽视的重要一环。2005 年，在日本兵库县（Hyogo）召开的世界减灾会议上，会议发表了《兵库宣言》（*Hyogo Declaration*）与《2005～2015 兵库行动纲领——建构国家与社区的灾害恢复力》（*Hyogo Framework for Action* 2005－2015：*Building the Resilience of Nations and Communities to Disasters*）。[①] 在该宣言和行动纲领中，预防、整备、反应、恢复等各个环节的社区恢复力（resilience）培育，成为未来减灾行动的纲领性要求。同时，灾害恢复力研究范式的兴起也彰显出这一理论在灾害管理与研究中的突出意义。在当前的灾害恢复力研究中，组织视角、政治视角、社区视角的研究相对成熟，如路易斯·康福基于组织结构视角对设计适应型的防灾应灾系统做了深入研究，提出了自组织和集体动员对于实现灾害恢复力的重要性；[②] 有学者基于社区灾害恢复力视角，探索灾害亚文化对于防

① United Nations. Hyogo Framework for Action 2005－2015：Building the Resilience of Nations and Communities to Disasters. 2005，http：//www. unisdr. org/eng/hfa/docs/HFA－brochure－English. pdf.

② L. K. Comfort. "Designing Adaptive System for Disaster Mitigation and Response：The Role of Structure"，in L. K. Comfort，A. Boin，C. C. Demchak（eds.）. *Design Resilience*，Pittsburgh，PA：University of Pittsburgh Press，2010，pp. 13－32.

灾减灾的重要意义，并提出了社区视角的灾害整备机制模型（Community－based Disaster Preparedness Mechanism，CMPM），其中，灾害亚文化、本地预警机制、疏散线路与设施构成的灾害疏散过程成为不可或缺的“三角”。[①] 随着灾害文化研究的发展，研究者开始注意到文化视角的灾害恢复力研究的重要性。

如前文所述，文化通过其在价值、规范、信念以及知识层面的深远影响。与组织、脆弱性分布相同，灾害文化也深刻影响并塑造一国或一个地区的灾害管理行为方式。在官僚制体系主导的应灾体系下，文化要素常常在灾害管理各个阶段被忽略。在正式应灾体系之下，正式应灾政策与程序被充分强调，而对于作为软实力的文化要素常常缺乏正式制度建构，从而使得灾害文化对于灾害管理的积极意义被忽略，导致灾害管理缺乏本地性特征而呈现出“水土不服”现象。而文化作为一项重要社会资本，是整体社会应对灾害能力的重要力量，它补强了正式应灾体系之不足，自下而上地提升了社会个体、群体、组织以及整体社会的防灾、减灾、应灾、恢复层面所需要的意识、技术、知识、经验等。

于是，灾害文化可以作为灾害的恢复力建设的路径之一，其作用表现又非宏观抽象，而是表现在灾害研究与管理的各个阶段。当前，灾害文化已逐渐成为灾害风险消减的重要环节，在灾害预案与执行中，文化要素被积极提倡。在灾害应对阶段，灾害文化的作用备受重视，其中，对于灾害迷思的深入探讨，在改进灾害研究与认识的同时，也使大众全面正确地认识到灾害情境的本质以及人的灾害反应行为，为正式应灾体系有效应对灾变提供了重要的决策依据，同时，透过公共媒介系统的传播，减少了因为知识偏差所造成的社会失序和损失。而在灾害恢复层面，灾害文化的意义则更加显著，灾后社会学习能力关乎一个国家、地

---

① S. Tanaka，M. Takahashi．“To Strengthen Community－Based Disaster Preparedness Mechanism：Disaster Subculture and Post－Disaster Reconstruction Governance”，http：//geog. l it. nagoya－u. ac. jp/makoto/t o_ strengthe n_ cdp. pdf.

区、民族的生存与可持续发展。

二　减灾文化：作为防灾减灾的有效政策工具

减灾文化作为灾害文化的重要构成，直接与防灾、整备相联系。结构性减灾工具已经受到较多重视并拥有悠久传统，非结构性减灾工具的意义也逐渐被发掘。其中，减灾文化作为非结构性减灾方式，可以成为灾害恢复力建设的重要政策工具。从主体上区分，个体、组织乃至整体社会层面是减灾文化的三大维度，而在灾害恢复力建设中，减灾文化积极作用的发挥则需要在此三大维度上展开。

1. 培育个人安全文化

玛丽·道格拉斯和阿隆·威尔达夫斯基利用理想类型学的划分方式，将人类的风险态度划分为个人主义、宿命论、等级主义以及平等主义，从而将个体风险态度做了清晰梳理。个体风险态度的多样性直接影响着个体行为差异，从而导致个体脆弱性程度的差别。正式减灾系统的作用能力有限，防灾减灾系统应当是通过合作治理而达成“群防群治”格局。面对人们不同的风险态度与行为方式，在正式减灾系统能力有限的条件下，个体的脆弱性程度消减也应当成为重要的个体责任，个体的风险干预意识与能力，成为群防群治的灾害治理结构的必要组成。于是，应当积极培育个人安全文化，通过教育系统、公共宣传、专家座谈等多样化方式，达成减灾文化的有效输入与培育。从单一社会个体层面，逐步培育起个人安全文化，改变个体以往的风险态度与风险行为方式，树立个人安全责任观，提倡积极的安全态度与规范个体行为，从根本上达到消减个体灾害风险暴露程度，提升个体的灾害恢复力。

2. 树立组织减灾文化

社会组织作为防灾减灾的中坚力量，其作用能力与方式受到各种限制。组织减灾文化的树立就是要从源头上打破各种壁垒，完善和提升社会组织层面的防灾减灾能力。

（1）政府部门必须树立风险“可管理”的意识。政府部门的减灾态度与行为，直接影响着社会整体减灾实践。长期以来，政府部门的组织风险文化表现出态度消极性、责任模糊性、政策选择性等特征，其核心根源在于政府部门对于风险属性认知模糊与偏见。以脆弱性为链接，使得风险可能与灾害后果之间的联系变得更具具体性与人为性，灾害管理则是以消减脆弱性为基础的管理过程。所谓“抽象的”风险具有了可管理的内涵，通过一系列的管理行为来推动文化、经济发展、行政体系等方面的改善，就可以减少灾害脆弱性。同时，排除政治系统对于灾害管理体系的负面干扰，通过科学分析、科学投入来实践以脆弱性分析为基础的风险管理政策。于是，通过树立组织的积极风险管理观念，减灾文化得以不断发展且意义深远。

（2）私部门与第三部门组织的减灾文化建设。作为社会组织的重要构成，私部门与第三部门在社会发展过程中的作用明显，这也体现在灾害管理之中。灾害的群防群治格局的实现，需要私部门与第三部门的积极参与。在这种通过灾害实践检验的有效治理结构之下，私部门与第三部门组织的作用需要进一步明晰，而减灾文化可作为其能力培养的重要面向。其中，在市场与社会行为过程中，强调组织的社会责任观念，注重日常组织行为对于灾害发生、演化以及损失结果的负面影响，树立防灾减灾的主体意识，推动社会整体的灾害恢复力提升。

3. 构建社会灾害文化

当代风险问题与人和文化的矛盾有关。如果在社会风险文化中缺乏风险意识启蒙，缺乏将风险意识内化为自我控制行为，那么，防灾减灾在社会文化层面上缺乏重视与干预。自省与反思能力成为一个社会存续与发展的必备条件。人类社会发展过程中，不断地处理着人与自然的矛盾，在不同历史阶段所变现的特征不同，从“敬畏自然”到“征服自然”和“向自然进军”，人类打破生态循环限制，在创造大量社会财富的同时，对自然生态也造成了不可逆损伤。随着人类现代化程度的不断深入，自然灾害所造成的社会损失也呈现日益加剧的现象，使人们逐渐意识到发展也可以导致灾害，而灾害会阻止发展。其中，文化的改变对于可持续发展与减灾意义显著。[①] 加强自省与反思，并注重社会日常活动过程成为建设积极社会灾害文化的有效路径。在贯彻科学发展理念的当今中国，追求人与人关系的和谐，追求人与自然关系的和谐，可以被视为正确的社会灾害文化构建方式。

三　反迷思文化：灾害危机传播与研究的历史使命

灾害迷思作为人们对于灾变情境与行为反应方面的认识偏差，其中，对于灾变过程中出现的如恐慌逃离行为、反社会行为、灾难症候群等认识，影响着灾害管理政策与干预方式。对于基本灾害事实的曲解与误读，降低了灾害管理效能的实现。而灾害同时也可作为一个社会建构概念，学者、大众、媒体、组织领袖在面对灾害问题时，从各自的角度和利益诉求出发，共同造成了灾害迷思情形。于是，灾害的传播与灾害学术研究成为反迷思文化的重要主体，其有助于厘清灾害认知的混乱现实，并提升与增强公共灾害知识水平。这最终影响到灾害文化的价值、规范、信念以及知识要素层面，会改变灾害迷思对个体、群体、组织等的灾害反应方面的阻滞影响，以保障应急资源的合理分配，实现科学畅通的灾害信息沟通系统，设计受灾群体或个体的救灾参与机制，保证灾害疏散过程的合理高效。

首先，灾害危机的媒介传播系统。媒介对于形塑大众意识十分重要，其在灾害危机传播中的作用具有二重性特征。一方面，媒体向大众传播了灾害信息，使民众对现实状况有了基本了解，保障了民众的知情权；另一方面，媒体传播也会形成并强化灾害

---

① D. S. Mileti. *Disasters by Design: A Reassessment of Natural Hazards in the United States*, Washington DC: Joseph Henry Press, 1999, pp. 26 – 30.

迷思。那么，媒介传播系统在灾害危机的叙事报道中，应当意识到自身作用的两面性，在保障公民知情权的同时，还需要坚持灾害报道的全面真实性、及时性、价值中立性、社会责任性、专业性原则，做到全面真实地反应灾变事情，滚动及时地报道灾情变化，保持客观中立的立场，坚持媒体社会责任底线。同时，合理处理灾害报道的软新闻与硬新闻管理，注重专业知识在灾害叙事中的运用。

其次，灾害学术研究体系。灾害具有自然与社会双重属性，灾害研究对于灾害属性的探索极其重要。作为公共灾害知识与经验的发现与总结，灾害研究的发展可以内化为灾害文化之中，并影响灾害的社会恢复力水平。灾害迷思的存在正是灾害研究的着力点之一。其中，针对灾害过程中的人与群体的行为反应方式的深入探讨，可以扭转大众对于灾变条件的认知偏差，而灾害自然科学研究则有益于形成灾害科学认知。同时，积极搭建灾害学术研究与灾害管理以及大众沟通之间的平台，使灾害研究成果能有效推动灾害管理政策完善，使灾害研究能够成功推进大众灾害认知水平与行为方式转变。破除灾害迷思文化，形成正确灾害认知与应对方式是传播媒介与灾害学术研究的重要历史使命。

四　问责文化：灾害社会学习的实现路径

灾害社会学习是灾害文化功能实现的重要路径。灾害社会学习是以灾害问责为方式手段，以灾害出现的原因、影响以及社会应对之得失方面为内容，通过对灾害应对的社会学习过程，最终达成影响社会与政府的灾害认知、价值判断以及行为规范，以期消减灾害风险并为未来的灾害应对提供相关有益经验。作为当前灾害管理的核心力量，政府部门及其人员必然成为灾害问责对象。如今，一旦灾害出现，政府部门便可能会面对自下而上的和自上而下的两种问责压力。可见，灾害的问责文化已经逐渐形成。而作为灾害的社会恢复力建设的问责文化，则包含着问责文化与文化问责双重面向，问责文化的形成只是在达成形式意义且易催生形式意义，而文化问责则是对问责文化深层含义的发掘，更加全面实效且富有积极意义。问责文化的形成可能通过官员问责制度，惩处相关人员，而其作用范围与长效性不足。针对文化的问责则更注重灾害社会学习所指向的价值、规范、信念以及知识层面，并且形成整体社会的反思与自省。那么，有效的灾害社会学习的实现需要从实现与改进问责文化为基础。

（1）明晰权责分工，消除责任悖论。各级政府、职能部门以及人员岗位的责任分工越是明晰，则问责机制的运转越有效。改革和理顺岗位之间、部门之间、府际之间、现今与历史之间在灾害风险制造和灾害管理过程之中的权责关系，明晰各主体之间的职责分工，成为灾害问责的基础保障。同时，针对问责过程中的责任悖论问题，要强调行政主体的全面责任观，消除责任模糊现状。

（2）实现文化问责，防止政治符号操作。在问责内容上，不仅仅要针对行政官员本身，还要以风险制造为责任起点，针对主要是社会结构、制度、政策和价值等要素进行全面反思与政策回应，力图通过政府部门的文化转变，来引导社会整体层面的灾害文化变迁。还要防止出现灾害问责“运动化”与短期化倾向，通过构建灾害问责机制，实现灾害问责的常态化和长效性。

（3）打破个体与组织行为惯性限制，达成灾害制度的有效变革。灾害事件可视为重要的政策窗口，为政策变革带来契机。政策转变议程的设置可以带来政策层面的积极转变，而在实践层面，常常呈现“上有政策、下有对策”现象。那么，要达成实质意义上的问责文化，就应当消除组织与个人行为惯性对于政策实施的阻滞影响，加强对政策执行与政策绩效评估，达成灾害管理政策优化之目标。

（4）拓展问责主体范围及内容，增强问责的社会性。灾后政府部门与外界的联系加强，改变以往上级政府部门为唯一问责主体的局面，强化政治参与，积极纳入公众、专家、第三部门、人大、司法、媒体。在多元问责主体视阈之下，灾害管理的反思视角便呈现出多维性，可以极大地提升灾害问责绩效。而灾害问责不应当仅仅停留在政府主体层面，多元参与格局下的灾害反思扩大了灾害问责的内容，从而达成社会各个主体对于自身行为与态度的文化反思。

（5）改善政府监督与回应，消除避责行为。避责行为的负面效益极大，往往以部门或官员自身利益为首要考量而置公共利益于不顾，掩盖事件真相，拒绝承认事件与政策改革，使灾后社会学习失去展开空间。这样，社会的灾害脆弱性不但没有得到扭转，反而程度加深。因此，应该对避责行为加以干预，重视和改善针对政府部门的司法监督、舆论监督、行政监督等，还应积极回应社会媒体对于灾害事件的知情权。通过改善政府监督和加强政府部门、人员的责任伦理建设，以消除灾害事件中的避责行为。

参考文献

一　中文著作

安东尼·吉登斯：《失控的世界》，周红云译，南昌：江西人民出版社，2001。

安东尼·吉登斯：《现代性的后果》，田禾译，南京：译林出版社，2000。

安东尼·吉登斯：《现代性与自我认同》，赵旭东等译，北京：三联书店，2000。

戴维·毕瑟姆：《官僚制》，韩志明、张毅译，长春：吉林人民出版社，2005。

富兰克·H. 奈特：《风险、利润与不确定性》，北京：中国人民大学出版社，2005。

罗伯特·希斯：《危机管理》，王成、宋炳辉译，上海：学林出版社，2004。

诺曼·奥古斯丁：《危机管理》，北京新华信商业风险管理有限责任公司译，北京：中国人民大学出版社，2004。

斯通：《政策悖论：政治决策中的艺术》，顾建光译，北京：中国人民大学出版社，2006。

乌尔里希·贝克，安东尼·吉登斯，斯科特·拉什：《自反性现代化》，赵文书译，北京：商务印书馆，2001。

乌尔里希·贝克：《风险社会》，何博闻译，南京：译林出版社，2004。

乌尔里希·贝克：《世界风险社会》，吴英姿、孙淑敏译，南京：南京大学出版社，2004。

谢尔顿·克里姆斯基、多米尼克·戈尔丁：《风险的社会理论学说》，徐元玲、孟毓焕、徐玲译，北京：北京出版社，2005。

薛澜、钟开斌、张强：《危机管理：转型期中国面临的挑战》，北京：清华大学出版社，2003。

马克思·韦伯：《经济与社会》（上、下），林荣远译，北京：商务印书馆，2004。

贝尔：《资本主义的文化矛盾》，严蓓雯译，南京：江苏人民出版社，2007。

弗兰克·富里迪：《恐惧的政治》，方军、吕静莲译，南京：江苏人民出版社，2007。

童星：《现代性图景》，北京：北京师范大学出版社，2007。

童星、张海波：《中国转型期的社会风险及识别：理论探讨与经验研究》，南京：南京大学出版社，2007。

杨雪冬：《风险社会与秩序重建》，北京：社会科学文献出版社，2006。

薛晓源、周战超：《全球化与风险社会》，北京：社会科学文献出版社，2005。

查尔斯·葛德塞尔：《为官僚制正名——一场公共行政的辩论（第四版）》，张怡译，上海：复旦大学出版社，2007。

法默尔：《公共行政的语言——官僚制、现代性和后现代性》，吴琼译，北京：中国人民大学出版社，2005。

戴维·奥斯本，彼德·普拉斯特里克：《摒弃官僚制：政府再造的五项战略》，谭功荣等译，北京：中国人民大学出版社，2002。

赵鼎新：《社会与政治运动讲义》，北京：社会科学文献出版社，2006。

赵成根：《国外大城市危机管理模式研究》，北京：北京大学出版社，2006。

温茨:《环境正义论》,朱丹琼、宋玉波译,上海:上海人民出版社,2007。

应松年:《突发公共事件应急处理法律制度研究》,北京:国家行政学院出版社,2004。

萨缪尔·亨廷顿:《变化社会中的政治秩序》,王冠华等译,上海:上海人民出版社,2008。

赵士林:《突发事件与媒体报道》,上海:复旦大学出版社,2006。

二 中文期刊

陈振明:《中国应急管理的兴起——理论与实践的进展》,《东南学术》2010年第1期。

高小平、刘一弘:《我国应急管理研究述评(下)》,《中国行政管理》2009年第9期。

高燕:《从社会管理视角看日本社会的防灾应急制度体系与对策》,《浙江社会科学》2011年第6期。

金太军、赵军锋:《公共危机中的政府协调:系统、类型与结构》,《江汉论坛》2010年第11期。

李保俊、袁艺:《中国自然灾害应急管理研究进展与对策》,《自然灾害学报》2004年第3期。

林闽钢:《危机事件与集体行动逻辑》,《江海学刊》2004年第1期。

刘岩:《风险文化的二重性与风险责任伦理的建构》,《社会科学战线》2010年第8期。

刘正奎、吴坎坎、王力:《我国灾害心理与行为研究》,《心理科学进展》2011年第8期。

吕芳:《灾区公共服务中的吸纳式供给与合作式供给——以社区减灾为例》,《中国行政管理》2011年第8期。

马成立:《开展灾害社会学研究的构想》,《社会学研究》

1992年第1期。

马宗晋、高庆华、陈建英等：《减灾视野的发展和综合减灾》，《自然灾害学报》2007年第1期。

牛文元：《社会物理学与中国社会稳定预警机制系统》，《中国科学院院刊》2001年第1期。

彭宗超、钟开斌：《非典危机中的民众脆弱性分析》，《清华大学学报（哲学社会科学版）》2003年第4期。

沈承诚、金太军：《脱域公共危机治理与区域公共管理体制创新》，《江海学刊》2011年第1期。

史培军：《三论灾害研究的理论与实践》，《自然灾害学报》2002年第3期。

斯科特·拉什：《风险社会与风险文化》，王武龙编译，《马克思主义与现实》2002年第4期。

童小溪、战洋：《脆弱性、有备程度和组织失效：灾害的社会科学研究》，《国外理论动态》2008年第12期。

童星、张海波：《基于中国问题的灾害管理分析框架》，《中国社会科学》2010年第1期。

童星：《熵：风险危机管理研究新视角》，《江苏社会科学》2008年第6期。

王世彤、顾雅洁：《公共危机管理与社会资本互动分析》，《科学学与科学技术管理》2005年第10期。

薛澜、张强、钟开斌：《危机管理：转型期中国面临的挑战》，《中国软科学》2003年第4期。

薛澜、钟开斌：《突发公共事件分类、分级与分期》，《中国行政管理》2005年第2期。

张海波、童星：《公共危机治理与问责制》，《政治学研究》2010年第2期。

张海波：《社会风险研究的范式》，《南京大学学报（哲学·人文科学·社会科学版）》2007年第2期。

赵延东：《社会资本与灾后恢复——一项自然灾害的社会学

研究》，《社会学研究》2007 年第 5 期。

郑杭生：《社会建设和社会管理研究与中国社会学使命》，《社会学研究》2011 年第 4 期。

钟开斌：《回顾与前瞻：中国应急管理体系建设》，《政治学研究》2009 年第 1 期。

三 英文著作

A. Boin (ed.). *Crisis management*, London: Sage, 2008.

A. Boin, A. Mcconnell, P. 't Hart (eds.). *Governing After Crisis: The Politics of Investigation, Accountability and Learning*, Cambridge: Cambridge University Press, 2008.

A. Kirby. *Nothing to fear: Risk and Hazards in American Society*, Tucson: University of Arizona Press, 1990.

A. Kreimer, M. Munasinge (eds.). *Environmental Management and Urban Vulnerability*, Washington D. C.: World Bank Discussion Paper, 1992.

A. Oliver - Smith, S. M. Hoffman (eds.). *The Angry Earth: Disaster in Anthropological Perspective*, New York: Routledge, 1999.

A. Oliver - Smith. *The Martyred City: Death and Rebirth In The Peruvian Andes*, New Mexico, US: University of New Mexico Press, 1992.

A. Schnaiberg. *The Environment: from surplus to scarcity*, New York: Oxford University Press, 1980.

A. Wilden. *The Rules Are No Game*, London: Routledge and Kegan Paul, 1987.

B. Phillips, D. Thomas, A. Fothergill. *Social Vulnerability to Disasters*, Boca Raton, Florida: CRC Press, 2010.

B. Wisner, P. Blaikie, T. Cannon, I. Davis. *At risk: Nature hazards, people's vulnerability and disasters*, London: Routledge, 2004.

C. M. Pearson, C. Roux – Dufort, J. A. Clair (eds.). *Organizational Crisis Management*, London: Sage, 2007.

C. Perrow. *Normal Accidents: Living with High Risk Technologies*, New York: Basic Books, 1984.

C. Tilly. *From Mobilization to Revolution*, Reading, MA: Addison – Wesley, 1978.

D. A. McEntire (ed.). *Disciplines, Disasters and Emergency Management: The Convergence and Divergence of Concepts, Issues and Trends from the Research Literature*, Washington, DC: FEMA, 2006.

D. Alexander. *Nature Disasters*, London: UCL Press, 1993.

D. L. Miller. *Introduction to Collective Behavior and Collective Action* (2*nd ed.*), Springfield, IL: Waveland Press, 2000.

D. S. Mileti. *Disasters by Design: A Reassessment of Natural Hazards in the United States*, Washington DC: Joseph Henry Press. 1999.

E. Enarson, B. H. Morrow (eds.). *The gendered terrain of disaster: through women's eyes*, Greenwood, CT: Praeger, 1998.

E. H. Schein. *Organizational Culture and Leadership*, San Francisco: Jossey – Bass, 2004.

E. Klinenberg. *Heat wave: A social autopsy of disaster in Chicago*, Chicago: The University of Chicago Press, 2002.

E. L. Quarantelli (ed.). *What Is a Disaster? Perspectives on the Question*, London: Routledge, 1998.

E. Singer, P. Endreny. *Reporting on Risk: How the Mass Media Portray Accidents, Diseases, Disasters and Other Hazards*, New York: Russell Sage Foundation, 1993.

F. L. Bates, W. G. Peacock. *Living Conditions, Disasters and Development*, Athens, GA: University of Georgia Press, 1993.

G. Bammer, M. Smithson. *Uncertainty and Risk: Multidisciplinary Perspectives*, London: Earthscan Publications, 2009.

G. Bankoff, G. Frerks, D. Hilhorst (eds.). *Mapping Vulnerabil-*

ity: *Disaster*, *Development and People*, London: Earthscan, 2004.

G. F. White. *Natural hazards*: *local*, *national*, *global*, New York: Oxford University Press, 1974.

G. Haddow, J. Bullock, D. Coppola. *Introduction to Emergency Management*, Oxford: Elsevier Science, 2008.

G. Morgan. *Images of Organization*, London: Sage, 1986.

G. Platt, C. Gordon (eds.). *Self collective Behavior and Society*: *Essays Honoring the Contributions of R. H. Turner*, *Greenwich*, CT: JAI Press, 1994.

H. E. Moore, Frederick L. Bates. *And the winds Blew*, Austin, Texas: Hogg Foundation for mental health, University of Texas, 1964.

H. E. Moore. *Before the Wind*: *A Study of the Response to Hurricane Carlo*, Texas: University of Texas, 1964.

H. E. Moore. *Tornadoes Over Texas*: *a Study of Waco and San Angelo in Disaster*, Austin: University of Texas Press, 1958.

H. Kunreuther, M. Useem (eds.). *Learning from catastrophes*, New Jersey: Pearson education Inc, 2010.

H. Rodriguez, E. L. Quarantelli, R. R. Dynes (eds.). *Handbook of Disaster Research*, New York: Springer - verlag, 2006.

H. W. Fisher. *Response to Disaster*: *Fact versus Fiction and Its Perpetuation*, New York: University Press of America, 2008.

I. Burton, R. W. Kates, G. F. White. *The Environment as Hazard*, London: Oxford University Press, 1978.

J. Adams. *Risk*, London: UCL Press, 1995.

J. Birkman. *Measuring Vulnerability to Natural Hazards*: *Towards Disaster Resilient Societies*, New York: United Nations University Press, 2006.

J. Logan, H. Molotch. *Urban fortunes*: *the political economy of place*, Berkeley, CA: University of California Press, 1987.

J. R. Hall, M. J. Neitz, M. Battani. *Sociology on Culture*, New York: Routledge, 2003.

J. V. Denhardt, R. B. Denhardt. *The New Public Service: Serving, not Steering (Third Edition)*, New York: M. E. Sharpe Inc, 2011.

J. Franklin (ed.). *The Politics of Risk Society*, Cambridge: Polity Press, 1998.

K. C. Lundy, S. Janes. *Community Health Nursing: Caring for the Public's Health. 2nd ed*, Massachusetts: Jones and Bartlett Publishers, 2009.

K. Hewitt (ed.). *Interpretations of Calamity*, Boston: Allen and Unwin, 1983.

K. Hewitt. *Regions of Risk: A Geographical Introduction to Disasters*, Essex: Longman, 1997.

K. S. Shrader - Frechette. *Burying Uncertainty: Risk and Case Against Geological Disposal of Nuclear Waste*, Berkeley: University of California Press, 1993.

K. T. Erikson. *Everything in Its Path: Destruction of Community in the Buffalo Creek Flood*, New York: Simon and Schuster, 1976.

K. T. Erikson. *Everything in its path: Destruction of community in the Buffalo Creek flood*, New York: Simon & Schuster, 1976.

K. Hewitt, I. Burton. *The Hazardousness of a Place*, Toronto: University of Toronto Press, 1971.

L. K. Comfort, A. Boin, C. C. Demchak. *Design Resilience*, Pittsburgh, PA: University of Pittsburgh press, 2010.

L. K. Comfort. *Managing disaster*, Durham: Duke University Press, 1988.

M. Dennis, T. Drabek, H. J. Eugene. *Human Systems in Extreme Environments: A Sociological Perspective*, Boulder: University of Colorado, 1975.

M. Douglas, A. Wildavsky. *Risk and Culture: An Essay on the Se-*

lection of Technical and Environmental Dangers, Berkeley: University of California Press, 1982.

M. Maxey, R. Kuhn (eds.). *Regulatory Reform: New Vision or old Course*, New York: Praeger, 1985.

N. Luhmann. *Risk: A sociology theory*, New York: Walter de Gruyter, 1993.

N. Smelser. *Theory of Collective Behavior*, New York: The free press of Glencoe, 1963.

P. Slovic (ed.). *The perception of risk: Risk, society and policy series*, London: Earthscan, 2000.

R. A. Stallings (ed.). *Methods of Disaster Research*, Philadelphia: Xlibris, 2002.

R. A. Stallings. *Promoting Risk: Constructing the Earthquake Threat*, New York: Aldine de Gruyter, 1995.

R. C. Bolin, L. Stanford. *The Northbridge Earthquake: Vulnerability and Disaster*, London: Routledge, 1998.

R. E. Kasperson, K. Dow, D. Golding, J. X. Kasperson (eds.). *Understanding Global Environmental Change: The Contributions of Risk Analysis and Management*, Worcester, MA: Clark University Press, 1990.

R. H. Turner, J. M. Nigg, D. H. Paz. *Waiting for Disaster: Earthquake Watch in California*, Berkeley: University of California Press, 1986.

R. H. Turner, L. M. Killian. *Collective Behavior*, Englewood Cliffs, NJ: Prentice-Hall, 1957.

R. J. Daniels, D. F. Kettl, H. Kunreuther (eds.). *On Risk and Disaster: Lessons from Hurricane Katrina*, Philadelphia, PA: University of Pennsylvania Press, 2006.

R. Palm, J. Carroll. *Illusions of Safety: Culture and Earthquake Hazard Response in California and Japan*, Boulder: Westview Press, 1998.

R. R. Dynes, K. J. Tierney (eds.). *Disaster, Collective Behavior, and Social Organization*, Newark, Delaware: University of Delaware Press, 1994.

R. R. Dynes. *Organized Behavior in Disaster*, Lexington, MA: Heath Lexington Books, 1970.

R. T. Sylves. *Disaster policy and politics: emergency management and homeland security*, Washington, DC: CQ Press, 2008.

R. W. Kates, J. H. Ausubel, M. Berberian. *Climate Impact Assessment*, New York, NY: Wiley, 1985.

R. W. Perry, E. L. Quarantelli (eds.). *What is a disaster: New answers to old questions*, Philadelphia: Xlibris, 2005.

R. Williams. *The long revolution*, London: Chatto and Windus, 1961.

R. K. Merton, R. A. Nisbet (eds.). *Contemporary Social Problems*, New York: Harcourt, 1961.

S. L. Cutter. *Living with Risk*, London: Edward Arnold, 1993.

S. M. Hoffman, A. Oliver - Smith (eds.). *Catastrophe & Culture: The Anthropology of Disaster*, Santa Fe: School of American Research Press, 2002.

T. Dietz, R. W. Rycroft. *The Risk Professionals*, New York: Russell Sage Foundation, 1987.

T. E. Drabek, G. J. Hoetmer (eds.). *Emergency Management: Principles and Practices for Local Government*, Washington, DC: International City Management Association, 1991.

T. E. Drabek. *Human system responses to disaster: An inventory of sociological findings*, New York: Springer - verlag, 1986.

T. F. Saarinen (ed.). *Perspectives on Increasing Hazard Awareness*, Boulder: University of Colorado, Institute of Behavioral Science, Natural Hazards Research and Applications Information Center, Boulder, 1982.

U. Beck. *Ecological Enlightenment: Essays on the Politics of the Risk Society*, Atlantic Highlands, NJ: Humanities Press, 1995.

U. Rosenthal, A. Boin, L. K. Comfort. *Managing Crises: Threats, Dilemmas, Opportunities*, MA: Springfield, 2001.

U. Rosenthal, M. Charles, P. 't Hart (eds.). *Coping with crises: The management of disaster, riots and terrorism*, Springfield IL: Charles C Thomas, 1989.

W. F. Ogburn. *Social Change: With Respect To Cultural and Original Nature*, Oxford England: Delta Books, 1966.

W. G. Peacock, B. H. Morrow, H. Gladwin (eds.). *Hurricane Andrew: Ethnicity, gender, and the sociology of disasters.* New York: Routledge, 1997.

W. J. Petak, A. A. Atkisson. *Natural Hazard Risk Assessment and Public Policy: Anticipating the Unexpected*, New York: Springer, 1982.

四 英文期刊

A. Boin. "Preparing for Critical Infrastructure Breakdowns: The Limits of Crisis Management and the Need for Resilience", *Journal of Contingencies and Crisis Management*, 2007 (1): 50-59.

A. Brandstom, S. Kuipers. "From 'Normal Accidents' to Political Crises: Understanding the Selective Politicization of Policy Failure", *Government and Opposition*, 2003 (3): 279-305.

A. Fothergill, L. A. Peek. "Poverty and Disasters in the United States: A Review of Recent Sociological Findings", *Natural Hazards*, Vol. 32, 2004: 89-110.

A. Raport. "On The Cultural Responsiveness of Architecture", *Journal of Architectural Education*, 1987 (1): 10-15.

A. Wallace. "Mazeway Disintegration: The Individual's Perception of Sociocultural Disorganization", *Human Organization*, Vol. 16, 1957 (2): 23 - 27.

B. A. Turner. "The Organizational and Interorganizational Development of Disasters", *Administrative Science Quarterly*, 1976 (3): 378 - 397.

B. H. Morrow, E. Enarson. "Hurricane Andrew through women's eyes: Issues and recommendations", *International Journal of Mass Emergencies and Disasters*, Vol. 14, 1996 (1): 5 - 22.

B. Phillips, B. H. Morrow. "Social Science Research Needs: Focus On Vulnerable Populations, Forecasting, and Warnings". *Nature Hazards review*, Vol. 8, 2007 (3): 61 - 68.

B. Fischhoff. "Risk Perception and Communication Unplugged: Twenty Years of Process", *Risk Analysis*, 1995 (2): 137 - 145.

C. A. Heimer. "Social Structure, Psychology, and the Estimation of Risk", *Annual Reviews of Sociology*, 1988 (14): 491 - 519.

C. B. Mayhorn. "Cognitive aging and the processing of hazard information and disaster warnings", *Nature Hazards Review*, Vol. 6, 2005 (4): 165 - 170.

C. Bahk, K. Neuwirth. "Impact of Movie Depictions of Volcanic Disaster on Risk Perception and Judgments", *International Journal of Mass Emergencies and Disasters*, 2000 (1): 63 - 84.

C. G. Jardine, S. E. Hrudey. "Mixed Messages in Risk Communication", *Risk Analysis*, 1997 (4): 489 - 498.

C. Lee. "Explaining Choices among Technological Risks", *Social Problems*, 1988 (1): 22 - 35.

C. Lee. "Panic: Myth or Reality?", *Contexts*. Vol. 1, 2002 (3): 21 - 26.

C. M. Pearson, J. A. Clair. "Reframing Crisis Management", *the Academy of Management Review*, 1998 (1): 59 - 76.

C. Cohen, D. Werker. "The Political Economy of Nature Disaster", *Journal of Conflict Resolution*, 2008 (6): 795 -819.

D. A. Buck, J. E. Trainor, B. E. Aguirre. "A Critical Evaluation of the Incident Command System and NIMS", *Journal of Homeland Security and Emergency Management*, 2006 (3): 1 -27.

D. Elliot. "The Failure of Organizational Learning from Crisis – A Matter of Life and Death?", *Journal of Contingencies and Crisis Management*, 2009 (3): 157 -168.

D. Megan, J. Perez, B. Aguirre. "Local Search and Rescue Teams in the United States", *Disaster Prevention and Management*, 2007 (4): 503 -512.

E. L. Quarantelli, R. R. Dynes. "Response to Social Crisis and Disaster", *Annual Review of Sociology*, Vol. 3, 1977: 23 -49.

E. L. Quarantelli. "Conventional Beliefs and Counterintuitive Realities", *Social Research: An International Quarterly of the Social Sciences*, Vol. 75, 2008 (3): 873 -904.

E. L. Quarantelli. "Disaster Crisis Management: A Summary of Research Findings", *Journal of Management Studies*, 1988 (4): 373 - 385.

E. L. Quarantelli. "What is a Disaster?", *International Journal of Mass Emergencies and Disasters*, 1995 (3): 221 -229.

E. Vaughan. "The significance of socioeconomic and ethnic diversity for the risk communication process", *Risk Analysis*, Vol. 15, 1995 (2): 169 -180.

E. J. Lawson, C. Thomas. "Wading in The Waters: Spirituality and Older Black Katrina Survivors", *Journal of Health Care For The Poor and Underserved*, 2007 (18): 341 -354.

F. H. Norris, M. J. Friedman, P. J. Watson, C. M. Byrne, E. Diaz, K. Kaniasty. "60, 000 Disaster Victims Speak: Part I. an Empirical Review of the Empirical Literature, 1981 -2001", *Psychiatry*, Vol. 65, 2002 (3): 207 -239.

F. William. "Risk and Recreancy: Weber, the Division of Labor, and the Rationality of Risk Perceptions", *Social Forces*, 1993 (4): 909 - 932.

F. Buttel. "Social science and the environment: competing theories", *Social Science Quarterly*, 1976 (57): 307 - 323.

G. A. Kreps, T. E. Drabek. "Disaster Are Non - routine Social Problems", *International Journal of Mass Emergency and Disaster*, 1996 (2): 129 - 153.

H. Christopher. "What Happens When Transparency Meets Blame - Avoidance", *Public Management Review*, 2007 (2): 191 - 210.

H. Fischer. "The sociology of disaster: Definitions, research questions and measurements", *International Journal of Mass Emergencies and Disasters*, 2003 (21): 91 - 108.

H. Granot. "Disaster Subcultures", *Disaster Prevention and Management*, 1996 (4): 36 - 40.

H. J. Friedsam. "Reactions of older persons to disaster - caused losses", *The Gerontologist*, 1961 (1): 34 - 37.

J. C. Ollenburger, G. A. Tobin. "Women, Aging, and Post - Disaster Stress: Risk Factors", *International Journal of Mass Emergencies and Disasters*, Vol. 17, 1999 (1): 65 - 78.

J. Flynn, P. Slovic, C. K. Mertz. "Gender, race, and perception of environmental health risks", *Risk Analysis*, Vol. 14, 1994: 1101 - 1108.

J. Glassman. "Rethinking over determination, structural power and social change: A critique of Gibson - Graham, Resnick, and Wolff", *Antipode*, Vol. 35, 2003 (4): 678 - 698.

J. Harrald. "Agility and Discipline: Critical Success Factors for Disaster Response", *Annals of the American Academy of Political and Social Science*, 2006: 256 - 272.

J. R. Brouillette, E. L. Quarantelli. "Types of Patterned Variation in Bureaucratic Adaptations to Organizational Stress", *Sociological Quarterly*, 1971 (41): 39 - 46.

J. Twigg. "Disaster Reduction Terminology: A commonsense approach", *Humanitarian Practice Network*, 2007 (38): 1 - 30.

J. F. Short. "The social fabric at risk: Toward the social transformation of risk analysis", *American Sociology Review*, 1984 (49): 711 - 725.

K. Dow, T. E. Downing. " Vulnerability Research: Where Things Stand", *Human Dimensions Quarterly*, 1995 (1): 3 - 5.

K. J. Tierney, E. Kuligowski, C. Bevc. " Metaphors matter: Disaster myths, media frames, and their consequencesin Hurricane Katrina", *The ANNALS of the American Academy of Political and Social Science*, 2006: 57 - 81.

K. J. Tierney. "Toward a Critical Sociology of Risk", *Sociology Forum*, 1999 (2): 215 - 242.

K. S. Vatsa. "Risk, Vulnerability, and Asset - based Approach to Disaster Risk Management", *International Journal of Sociology and Social Policy*, Vol. 24, 2004 (10): 1 - 48.

L. Clarke, J. Short. "Social Organization and Risk: Some Current Controversies", *Annual Review of Sociology*, 1993 (19): 375 - 399.

L. K. Comfort, et al. "Reframing Disaster Policy: The Global Evolutionof Vulnerable Communities", *Environmental Hazards*, 1993 (1): 39 - 44.

L. K. Comfort. "Self - Organization in Complex Systems", *Journal of Public Administration Research and Theory*, 1994 (3): 393 - 410.

L. Sjoberg, A. Wahlberg. " Risk Perception and the Media", *Journal of Risk Research*, 2000 (1): 31 - 50.

M. B. Takeda, M. M. Helms. "Bureaucracy, meet catastrophe:

Analysis of the tsunami disaster relief efforts and their implications for global emergency governance", *International Journal of Public Sector Management*, 2006 (2): 204 - 217.

M. J. Watts, H. G. Bohle. " The space of vulnerability: the causal structure of hunger and famine", *Progress in Human Geography*, 1993 (17): 43 - 67.

N. Dash, H. Gladwin. " Evacuation Decision Making and Behavioral Response: Individual and Household", *Natural Hazards Review*, Vol. 8, 2007 (3): 69 - 77.

P. 't Hart. "Symbols, Rituals and Power: The Lost Dimension In Crisis Management", *Journal of Contingencies and Crisis Management*, 1993 (1): 36 - 50.

R. Bolin. "Disaster impact and recovery: A comparison of black and white victims", *International Journal of Mass Emergencies and Disasters*, Vol. 4, 1986 (1): 35 - 50.

R. Eldar. "The Needs of Elderly Persons in Natural Disasters: Observations and Recommendations", *Disasters*, Vol. 16. 1992 (4): 355 - 358.

R. R. Dynes. " Problems in emergency planning ", *Energy*, 1983 (9): 653 - 660.

R. Turner. "Earthquake prediction and public policy", *Mass Emergencies*, Vol. 1, 1976 (3): 179 - 202.

R. W. Perry, M. K. Lindell. " Aged citizens in the warning phase of disasters: Re - examining the evidence", *International Journal of Aging and Human Development*, Vol. 44, 1997 (4): 257 - 267.

R. E. Kasperson, O. Renn, P. Slovic, H. S. Brown, J. Emel, R. Goble, J. X. Kasperson, S. Ratick. " The Social Amplification of Risk: A Conceptual Framework", *Risk Analysis*, 1988 (2): 177 - 187.

S. B. Manyena. "The concept of resilience revisited", *Disasters*,

2006 (4): 433 - 450.

S. Cutter. "The Forgotten Casualties: Women, Children, and Environmental Change", *Global Environmental Change: Human and Policy Dimensions*, Vol. 5, 1995 (3): 181 - 194.

S. L. Cutter, B. J. Boruff, W. L. Shirley. "Social Vulnerability to Environmental Hazards", *Social Science Quarterly*, 2003 (2): 242 - 261.

S. Raynor, R. Cantor. "How fair is safe enough? The cultural approach to societal technology choice", *Risk Analysis*, 1987 (7): 3 - 13.

S. Zaharan, L. Peek, S. D. Brody. "Youth mortality by forces of nature", *Children, Youth and Environments*, Vol. 18, 2008 (1): 371 - 388.

S. N. Eisenstadt. "Bureaucracy, Bureaucratization and Debureaucratization", *Administrative Science Quarterly*, 1959 (4): 302 - 320.

T. A. Birkland. "Focusing Events, Mobilization, and Agenda setting", *Journal of Public Policy*, 1998 (1): 53 - 74.

T. Gabor, T. K. Griffith. "The assessment of community vulnerability to acute hazardous material incidents", *Journal of Hazardous Materials*, 1980 (8): 323 - 333.

T. R. LaPorte. "High Reliability Organizations: Unlikely, Demanding and At Risk", *Journal of Contingencies and Crisis Management*, 1996 (2): 60 - 71.

U. Kulatunga. "Impact of Culture towards Disaster Risk Reduction", *International Journal of Strategic Property Management*, 2010 (14): 304 - 313.

W. J. Petak. "Emergency Management: A Challenge for Public Administration", *Public Administration Review*, 1985 (Special Issue): 3 - 7.

W. C. Bogard. "Bringing social theory to hazards research: conditions and consequences of the mitigation of environmental hazards", *Sociological Perspectives*, 1989 (31): 147 - 168.

致　谢

当博士论文画上句号时，一种生活方式也就此结束。也曾闭门枯坐，苦读一本本经典著作；也曾被沮丧环绕，一字一顿地敲打着键盘；也曾胸中狂喜，为点滴进步而感动。从南京到美国特拉华州，从南京大学社会风险与公共危机研究中心到美国特拉华大学灾害研究中心，攻读博士学位的三载是忙碌的，很庆幸的是，我的心境并未被奔波与杂事所扰，而保持内心平静则成为我新近的生活体悟。回顾博士学习的三年，刚入学时，面对社会风险与公共危机管理研究领域，首先是感到彷徨与沮丧，我想这也许就如“深度不确定性”情境下的灾民心情吧！而这种心境并未持续很长时间，听课、阅读、交谈以及写作，让我很快对灾害研究产生了浓厚兴趣，逐渐解决了灾害的“研究适应”问题，并时常能感受到学术研究所带来的智趣。回顾博士学习生涯，有太多要感谢的人。也许我没有最华丽的辞藻，但我所表达的情感平凡而真实。

首先要感谢我的恩师童星教授。正是他的悉心指导与周至关怀，使我可以把当初朦胧的想法变成今天的洋洋万言。童老师总是以求真、务实、本诚，为个人治学、办事、做人的原则。记得与童老师的第一次交谈，他说：“灾害危机研究领域到处是研究问题”，这句话让我有了走出彷徨与沮丧的信心。而这篇论文缘起于童老师在授课时谈到的“旱灾”与“中国南方雪灾”问题。他对于这些问题的精辟解读启发了我的论文写作。与童老师的合作研究过程总是充满感激与快乐，他也始终将扶持学生摆在第一位，这让我感受到导师人品之高洁。师恩难忘，我将永铭心中。

今后一定加倍努力，争取早日成才，以不辜负童老师的殷切期望！

还要感谢我的硕士导师林闽钢教授。在南京大学硕士研究学习期间，他对我总是十分关心，给我很多学习锻炼的机会。受他的影响与鼓励，我逐步对学术研究生活产生兴趣并立志走上学术研究的道路。林老师对论文的写作规范与逻辑思路的评析，让我深受启发！

在南京大学学习的五年，我与南京大学劳动人事与社会保障系的全体老师结下了深厚的友谊，听他们的课，学习他们的论著使我受益匪浅。在此，我要感谢庞绍堂教授、朱国云教授、周沛教授、顾海教授、范克新副教授、任正臣副教授、周文幸副教授、严新明副教授、高传胜副教授。还要特别感谢张海波副教授，他的研究是使我能够快速进入灾害研究的基础。还要感谢南大政府管理学院 2009 级行政管理专业全体博士研究生，大家的团结与互助使我感受到亲人般的温暖。

作为一名联合培养博士生，我要感谢美国特拉华大学灾害研究中心的合作导师 Joanne Nigg 教授。在访学的一年里，她所开设的“风险社会学”课程对我的论文写作十分受用。而与她几乎每周一次的交谈中，我总不断求问论文写作过程中遇到的问题，她的细心解答以及所开出的书单总能使我找到突破的方向。还要对灾害社会学研究领域的两位最顶尖学者 Enrico. L. Quarantelli 教授与 Russell Dynes 教授表示感谢，他们为我能够顺利访学提供了重要帮助。感谢 Benigno Aguirre 教授，他所开设的“集体行为”是一门“残酷”的阅读课程。回头想想，这门课对博士论文的写作帮助极大。感谢 Joseph Trainor 副教授，他所开设的“灾害管理学”教学生动，使我初步了解灾害管理中的各种理论与实践困境。感谢 DRC 图书资料管理员 Pat Young 女士，直至今日，她还为我的研究提供文献检索与资料查找帮助。还要感谢 DRC 的同窗好友，韩自强、石正义、Lucia Velotti、Yvonne Rademacher、Takumi Miyamoto、Alex Greer、Ray Chang、Eva Wilson、Rochelle Brittingham，与他们的交流时常能迸发出新的思想火花。

感谢家人、朋友对我的关心、支持与鼓励，感谢爱妻李瑾的默默付出与理解。在润色书稿之际，女儿陶灵犀的出生使我们真切感受到“幸福来敲门”的滋味！

陶　鹏

2012 年 10 月

南京仙林

图书在版编目(CIP)数据

基于脆弱性视角的灾害管理整合研究/陶鹏著.—北京：社会科学文献出版社，2013.3
(风险灾害危机管理丛书)
ISBN 978-7-5097-4273-0

Ⅰ.①基… Ⅱ.①陶… Ⅲ.①灾害管理-研究-中国 Ⅳ.①X4

中国版本图书馆CIP数据核字（2013）第022992号

·风险灾害危机管理丛书·
基于脆弱性视角的灾害管理整合研究

著　　者/陶　鹏

出 版 人/谢寿光
出 版 者/社会科学文献出版社
地　　址/北京市西城区北三环中路甲29号院3号楼华龙大厦
邮政编码/100029

责任部门/皮书出版中心（010）59367127
责任编辑/徐小玫　周映希
电子信箱/pishubu@ssap.cn
责任校对/牛立明
项目统筹/周映希
责任印制/岳　阳
经　　销/社会科学文献出版社市场营销中心（010）59367081　59367089
读者服务/读者服务中心（010）59367028

印　　装/北京季蜂印刷有限公司
开　　本/787mm×1092mm　1/20
印　　张/14.6
版　　次/2013年3月第1版
字　　数/251千字
印　　次/2013年3月第1次印刷
书　　号/ISBN 978-7-5097-4273-0
定　　价/55.00元